海上雷达有源诱饵干扰理论与集群干扰方法

胡生亮　吴兆东　罗亚松　等著

電子工業出版社
Publishing House of Electronics Industry
北京·BEIJING

内 容 简 介

本书从海上雷达有源诱饵的工作原理出发，首先分析干扰的动态对抗过程，并推广至多诱饵的情形；其次考虑干扰对抗的非合作性，提出干扰有效性评估方法；最后从常态化伴随护航与动态化机动干扰角度，研究海上雷达有源诱饵集群与自主干扰方法。

无论是雷达相关专业的学生，还是从事雷达相关领域研究的技术人员，本书都能为其提供系统且实用的指导，帮助读者了解海上雷达有源诱饵干扰理论与集群干扰方法，为推动行业创新和发展提供有力支持。

图书在版编目（CIP）数据

海上雷达有源诱饵干扰理论与集群干扰方法 / 胡生亮等著. -- 北京 : 电子工业出版社, 2025. 8. -- ISBN 978-7-121-50934-6

Ⅰ. TN959.72

中国国家版本馆 CIP 数据核字第 2025WL8004 号

责任编辑：张正梅
印　　刷：北京市大天乐投资管理有限公司
装　　订：北京市大天乐投资管理有限公司
出版发行：电子工业出版社
　　　　　北京市海淀区万寿路 173 信箱　邮编 100036
开　　本：720×1 000　1/16　印张：11.5　字数：220.8 千字
版　　次：2025 年 8 月第 1 版
印　　次：2025 年 8 月第 1 次印刷
定　　价：89.00 元

凡所购买电子工业出版社图书有缺损问题，请向购买书店调换。若书店售缺，请与本社发行部联系，联系及邮购电话：（010）88254888，88258888。

质量投诉请发邮件至 zlts@phei.com.cn，盗版侵权举报请发邮件至 dbqq@phei.com.cn。

本书咨询联系方式：zhangzm@phei.com.cn。

海上雷达有源诱饵是海上雷达制导对抗中针对末制导雷达导引头的一种有源干扰装备器材，它由有源干扰载荷与舷外载体平台构成，通过主动辐射雷达射频信号，模拟舰船回波信号，结合与被保护舰船的相对位置，对海上制导武器雷达导引头实施欺骗干扰。早在 20 世纪 70 年代，西方国家就提出了海上雷达有源诱饵的概念，至 20 世纪 90 年代，各类形式诱饵登上了海上攻防对抗电磁博弈的舞台。进入 21 世纪，随着数字射频存储技术的成熟与应用，海上雷达有源诱饵扮演着越来越重要的角色，已成为海上雷达制导对抗的主要手段之一。

近年来，雷达末制导技术快速发展，舰船等海上机动平台面临更加严峻的威胁，在干扰方面，对海上雷达有源诱饵的响应速度、可控性、续航能力等提出了更高要求。从平台角度看，基于现代智能化的自主平台作为载体，海上雷达有源诱饵具备了功能集成、机动灵活、自主可控等新质特征，使其在雷达制导对抗中构建常态化的、集群化的有源干扰态势成为可能。在此背景下，如何充分探索挖掘智能自主平台赋能下的海上雷达有源诱饵干扰效能，提升干扰对抗能力，是摆在雷达对抗领域科研工作者面前的重要任务。

本书内容由 6 章构成，具体安排如下。

第 1 章，海上雷达有源诱饵概况。本章概述了海上雷达有源诱饵的发展与应用现状，介绍了海上雷达有源诱饵的基本工作原理，分析了海上雷达有源诱饵角度欺骗干扰模型，阐述了现阶段海上雷达有源诱饵干扰的局限性。

第 2 章，海上雷达有源诱饵干扰动态分析。本章首先就单个海上雷达有源诱饵，结合制导武器、雷达有源诱饵以及舰船态势动态变化过程，理论推导了有效干扰临界条件；其次，拓展至多雷达有源诱饵干扰情形，讨论了多诱饵干扰下的单脉冲雷达角度响应以及有效干扰临界条件，并提出了空间干扰模型；最后，通过仿真对有效干扰临界条件的适用性与可行性进行了验证。

第 3 章，基于概率推理的海上雷达有源诱饵干扰有效性评估方法。本章首先介绍了正向概率推理与反向概率推理的基本原理；其次，考虑干扰对抗非合作性，分析了雷达有源诱饵干扰的非合作要素，推导了有效干扰概率的计算公式，给出了多雷达有源诱饵空间组合干扰的有效性评估流程；最后，通过仿真验证了评估方法与干扰效果的一致性。

第 4 章，基于改进粒子群优化算法的集群干扰阵型优化方法。本章针对舰船所处海上复杂多变的对抗态势及其干扰防卫需求，研究了集群干扰阵型优化问题。首先，分析了干扰阵型优化问题的基本要素并构建了优化数学模型；其次，在标准改进粒子群优化（PSO）算法基础上，提出了多种策略改进的 3M-APSO 算法；最后，通过仿真验证了算法寻优性能，并归纳总结了集群干扰的三种基本阵型。

第 5 章，基于改进差分进化算法的集群干扰目标分配方法。本章进一步考虑舰船面对实际制导武器来袭情形，研究了雷达有源诱饵集群干扰目标分配问题。首先，分析了集群干扰目标分配问题基本要素并构建了数学模型；其次，提出了基于任务组合的改进差分进化算法并仿真验证了算法适用性；最后，结合应对多波次打击的干扰需求，提出了融合阵型优化与目标分配的集群梯次对抗动态策略，并验证了梯次动态对抗策略对干扰效果的提升作用。

第 6 章，基于深度强化学习的雷达有源诱饵自主干扰方法。本章基于深度强化学习方法，探索构建雷达有源诱饵自主干扰智能体。首先，明确了自主干扰问题边界，设计了状态空间、动作空间表示以及收益函数；其次，针对智能体模型构建与训练，设计了决策神经网络，考虑决策过程与干扰过程的时效差异以及集群多智能体特征，提出去中心化异步递进训练结构；最后，通过仿真验证了决策模型、训练结构与算法有效性。

本书是作者团队长期从事海上雷达有源诱饵的技术攻关、设计研制、工程应用、对抗研究等相关工作成果与经验的总结凝练。在编著过程中，参考了国内外广大同仁的相关文献和著作，并得到了电子工业出版社的大力支持与帮助，在此一并表示感谢。

由于时间、能力等限制，书中还有不足之处，我们期待有机会聆听各位同行指正并加以修正。

作者

2025 年 5 月

目录

CONTENTS

海上雷达有源诱饵概况 第1章

1.1 引言

本章在介绍海上雷达有源诱饵的发展与应用现状基础上，从单脉冲雷达导引头目标距离方位获取过程出发，基于数字射频存储转发技术，介绍了雷达有源诱饵的基本工作原理，分析了海上雷达有源诱饵的角度欺骗干扰模型，理论推导了其产生功率质心干扰结论，并介绍了雷达有源诱饵运用的主要阶段，阐述了现阶段海上雷达有源诱饵干扰的局限性以及目前的主要做法。

1.2 海上雷达有源诱饵的发展与应用现状

雷达有源诱饵是雷达对抗中针对末制导主动雷达导引头的一种欺骗干扰手段[1]，在海上运用中，通常被称为海上雷达有源诱饵。根据空间位置关系，海上雷达有源诱饵通常置于被保护舰船之外，因此又被称为舷外有源诱饵，它与舷内有源干扰和舷外无源干扰共同构成了现代海上雷达制导对抗的主要软手段。现阶段，干扰源寻的（Homing on Jamming，HOJ）技术的发展与广泛应用，使得传统舷内有源干扰增大了被掩护目标暴露自身位置的风险[2]；箔条、角反射体等舷外无源器材基于结构与材料设计，通过反射、吸收或者散射电磁射频信号的形式进行干扰，随着机器学习、深度学习等在雷达领域的广泛应用，其被识别的风险也日益增大[3-4]。

与前两者有所区别，海上雷达有源诱饵与被掩护目标空间位置关系解耦，表现出了较好的隐蔽性，为破解舷内有源干扰的现实困难提供了一种可行路径；同时，基于雷达信号处理技术，有意制造特定特征的射频信号，具有干扰多样性特点，可降低干扰信号被识别风险，是舷外无源干扰的有益补充。当前，世界各国海军逐渐重视海上雷达有源诱饵装备器材的研究与发展。从本质上看，自 20 世纪 90 年代至今，利用海上雷达有源诱饵“有源干扰载荷”与“移动平台”的有机组合，根据移动平台的差异，出现了火箭推进式、伞降式、水面漂浮式、空中机载式、无人艇式等多种形式的海上雷达有源诱饵。这里根据移动平台的不同，进行简要介绍。

1. 火箭推进式雷达有源诱饵

火箭推进式雷达有源诱饵以美国的 Nulka 为主要代表，其也是目前世界上列装最为广泛的一种海上雷达有源诱饵，如图 1.1 所示。

（a）Nulka 干扰场景

（b）发射场景

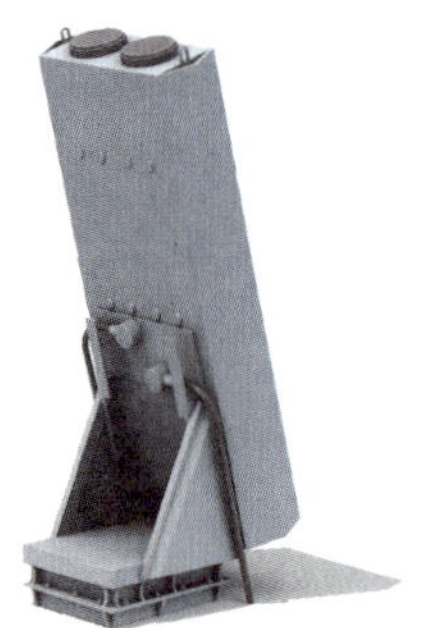
（c）MK 53 发射系统

图 1.1　Nulka 海上雷达有源诱饵

Nulka 海上雷达有源诱饵的概念是 20 世纪 70 年代由澳大利亚国防科学与技术组织提出的，经过一系列论证后与美国共同研发，并于 2001 年正式列装。公开报道显示，Nulka 已经装备在美国、澳大利亚、加拿大等多国海军超过 150 艘水面舰艇上[5]。Nulka 诱饵通过 MK53 发射系统发射，基于预编程方法，可以在火箭发动机控制下，精确部署在距离水面舰艇 1 km 范围内、高度约 100 m 的位置处。其滞空时间大于 55 s，采用转发式干扰工作模式，工作频段在 I/J 波段（6～18 GHz），在发射后可以进行自主干扰，效果是使反舰导弹偏离水面舰艇[6]。2014 年，为应对新型雷达导引头的发展，美国对 Nulka 系统进行升级增强（E-Nulka），将工作频段扩展到 K 波段（20～40 GHz），并与其当前电子战系统进行了适配。

2. 伞降式雷达有源诱饵

伞降式雷达有源诱饵以英国 MK251 SIREN 诱饵与以色列 C-GEM 诱饵为主要代表，如图 1.2 所示。

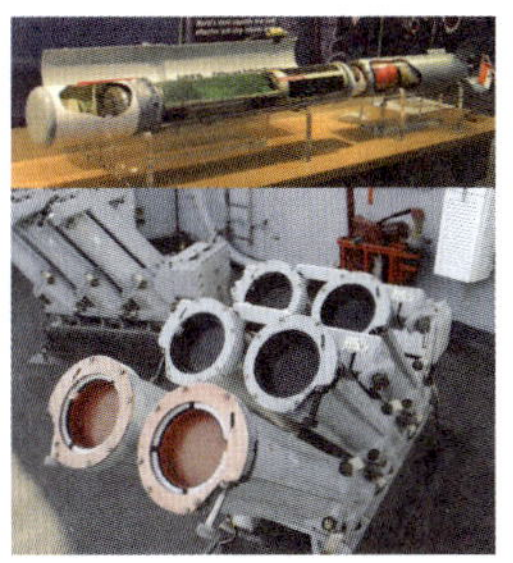
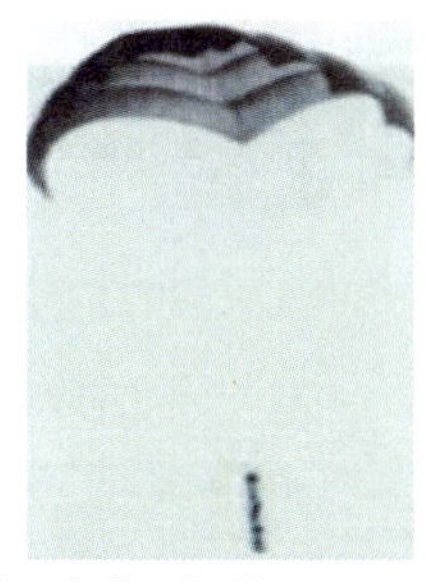

（a）SIREN 诱饵发射装置与使用场景

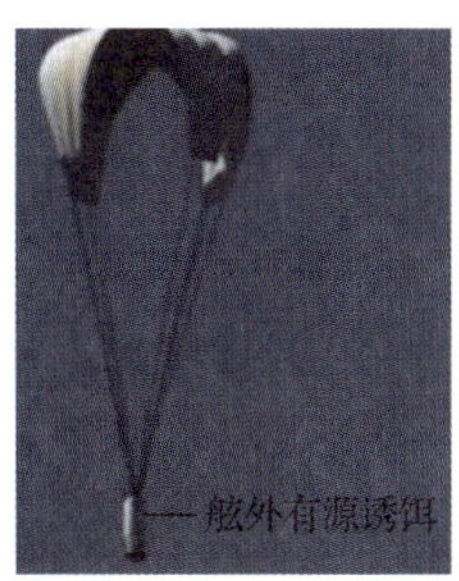

（b）C-GEM 诱饵与使用场景

图 1.2　伞降式雷达有源诱饵

SIREN 诱饵由英国 Marconi 公司研制，于 2003 年集成在北约 Sea Gnat 诱饵发射系统中，它是通过火箭发射到距离舰船 500 m 内位置附近，然后通过降落伞，依靠伞翼让其缓慢降落并保持较长的滞空时间，期间可发射大功率干扰信号对制导雷达进行干扰。SIREN 诱饵工作在 I/J 波段，在发射之前，可通过舰载控制软件编程设置干扰模式。C-GEM 是由以色列 Rafael 公司研制的针对现代单脉冲与相干压缩雷达导引头的舷外有源诱饵，其工作频段在 6～18 GHz，可覆盖 360°范围并且可以同时对多个方向反舰导弹进行干扰。尽管没有强调其载体形式[7]，但是根据 Rafael 公司的宣传，C-GEM 仍然是采用了伞降式工作方式，如图 1.2（b）所示。据公开报道，2022 年以色列在 Sa’ar 护卫舰上使用 C-GEM 成功进行了对抗测试。

3. 水面漂浮式雷达有源诱饵

水面漂浮式雷达有源诱饵的一类装备是美国 Litton 公司于 20 世纪 90 年代初研制的 AN/SSQ-95 有源电子浮标，这也是美国海军当前在役装备。AN/SSQ-95 使用声呐浮标外壳，通过舰载设备抛射入水中，工作频段在 8～20 GHz，其特点是可适应高海况环境，且工作时长不小于 1 h。另一类装备是使用水面船只来充当有源诱饵的载体，主要有 Marconi 公司在 20 世纪 90 年代中期研制的拖曳式舷外有源诱饵（Towed Offboard Active Decoy，TOAD），将干扰机部署在小船上，并通过被保护舰船拖曳的方式来实施干扰[8]，如图 1.3 所示。

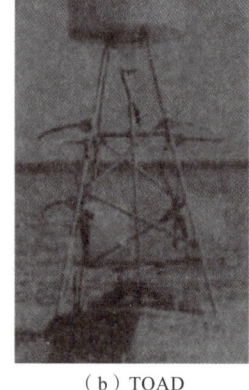

（a）AN/SSQ-95

（b）TOAD

图 1.3　水面漂浮式雷达有源诱饵

4. 空中机载式雷达有源诱饵

20 世纪 90 年代期间，美国曾对无人机（Unmanned Aerial Vehicle，UAV）式雷达有源诱饵进行了实验性探索，提出了 FLYRT 系留式旋翼无人机有源诱饵与 EAGER 固定翼无人机式雷达目标诱饵。2017 年，美国海军同 Lockheed Martin 公司签订了一份对可配备在直升飞机上的有源干扰任务载荷 AN/ALQ-48 的采购合同。根据开源情报，该干扰载荷可以为水面舰艇提供威胁信号检测与有源干扰对抗手段。2019 年，法国国防创新局对标 Nulka，对外征集了新一代雷达有源诱饵 VESTA，其构想是将火箭推进装置与六轴无人机相结合，期望干扰时间达到 20 min，进而为舰船提供更具可控性、机动性、自主性和持续性的保护。上述空中机载式雷达有源诱饵如图 1.4 所示。

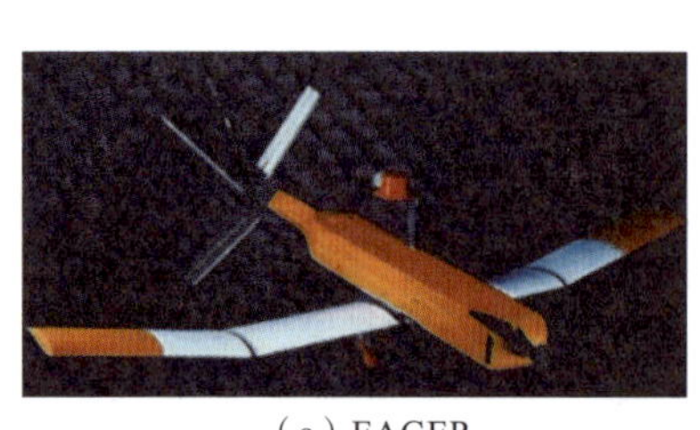

（a）EAGER

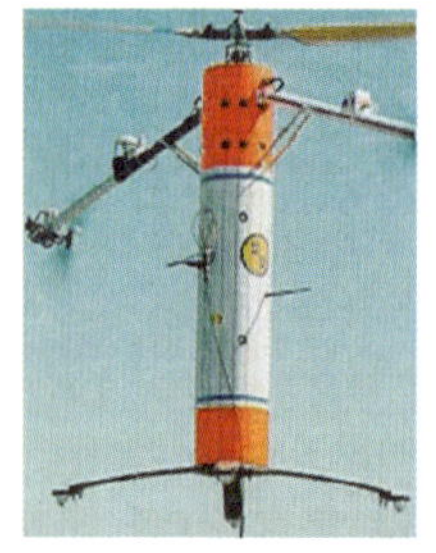

（b）FLYRT

图 1.4　空中机载式雷达有源诱饵

（c）AN/ALQ-48

（d）VESTA

图 1.4　空中机载式雷达有源诱饵（续）

5. 水面艇载式雷达有源诱饵

21 世纪初，美国等西方国家提出了使用无人艇（Unmanned Surface Vehicle，USV）作为海上雷达有源诱饵的移动平台。2007 年，美国海军研究实验室（Naval Research Laboratory，NRL）在其高速海洋水面无人艇（High Speed Unmanned Sea Surface Vehicle，HS-USSV）上搭载了有源电子战载荷，开展了有源诱饵长时间护航干扰实验，并通过岸基雷达导引头，模拟验证了 USV 作为有源诱饵的载体，会产生破坏雷达导引头对舰船跟踪回路的干扰效果[9]。2013 年，美国国防研究报告《美海军无人艇作战应用》明确指出，在未来海战场中，USV 将作为电子战任务载荷平台，尤其提到了 USV 作为雷达有源诱饵载体来对抗反舰导弹的角色作用[10]。2016 年，以色列 Elbit Systems 公司推出 Seagull 无人艇，将电子战模块作为其有效任务载荷之一。Lockheed Martin 公司推出 RAVEN 水面舰艇电子战系统，明确了其可以基于 USV 平台执行干扰任务。公开报道显示，2019 年，英国 Thales 公司在北约海军电磁作战（Naval Electro Magnetic Operations，NEMO）演习中，将 Accolade 有源干扰载荷搭载在 Halcyon 无人艇上并模拟了主动雷达制导反舰导弹攻击场景，在考虑反舰导弹掠海飞行和 USV 平台非稳定工作的前提下，验证了 USV 雷达有源诱饵舷外干扰的可行性与有效性。受此次试验激励，同年，加拿大海军在其 Hammerhead 无人艇上计划集成 Elbit Systems 公司的有源干扰载荷，作为其海军雷达有源诱饵反导项目的一部分[11]。上述水面艇载式雷达有源诱饵如图 1.5 所示。

结合装备器材现状与雷达制导对抗的发展，海上雷达有源诱饵的发展表现出以下 5 个特点：

（1）由消耗性装备向可回收性装备发展；

（2）由短时间工作向长时间续航发展；

（a）加拿大 Hammerhead 无人艇

（b）美国 HS-USSV 电子战载荷

（c）以色列 Seagull 无人艇

（d）英国 Accolade-Halcyon 无人艇

图 1.5　水面艇载式雷达有源诱饵

（3）由预编程发射后不管向双向通信可控发展；

（4）由人为操作介入向高水平的智能自主方向发展；

（5）由单一作战向集群化方向发展[12]。

上述各种不同载体形式的雷达有源诱饵表现出了各自的优缺点。结合发展需求，综合比较各类不同载体形式的雷达有源诱饵的特征，如表 1.1 所示。

表 1.1　不同载体形式的雷达有源诱饵特征对比

载体形式	可控性	机动性	常态化	长续航	数据链	可回收
火箭式	中	中	弱	弱	优	弱
伞降式	弱	弱	弱	弱	优	弱
水面漂浮式	弱	弱	中	中	弱	弱
空中机载式	优	优	弱	中	优	优
水面艇载式	优	优	优	优	优	优

表 1.1 将雷达有源诱饵针对不同需求的适用性定性地划分为优、中、弱三个层级，从中可以看出，水面工作艇作为雷达有源诱饵的载体时，能够有效应对目前干扰的新发展，除此以外，水面平台具有技术高度集成的特点，支持构建雷达有源诱饵集群，为集群化与自主化的雷达制导对抗提供了可靠的实现路径。

1.3 海上雷达有源诱饵的工作原理

1.3.1 单脉冲雷达导引头目标位置参数获取

海上末制导雷达导引头主要采用单脉冲体制，通过辐射高频脉冲电磁波信号，在经水面舰船后产生反射回波，利用接收机处理提取出待攻击目标的位置信息，这里主要讨论目标距离和方位信息获取。单脉冲体制雷达导引头接收机比较器的结构包括 4 个接收天线和 3 个处理通道，如图 1.6 所示。

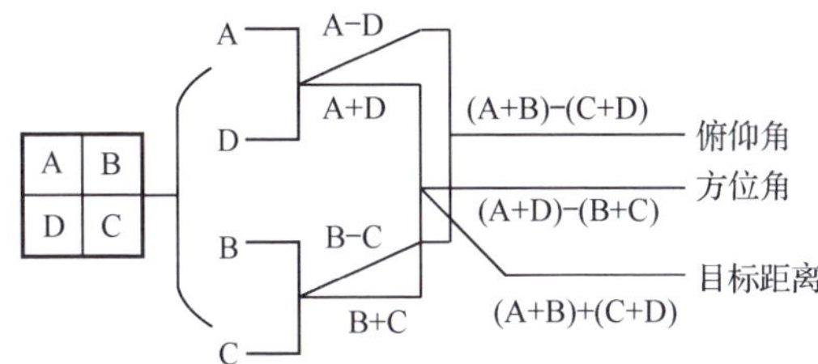

图 1.6　单脉冲体制雷达导引头接收机比较器结构示意图

图 1.6 中，A、B、C、D 分别表示单脉冲雷达的 4 个接收通道，其中 A 和 B 位于同一水平面内，A 和 D 位于同一竖直平面内。在收到目标回波信号后，利用(A+B+C+D)所形成的和通道来测量目标的距离，利用(A+B)−(C+D)所形成的差通道测量目标的俯仰角，利用(A+D)−(B+C)测量目标方位角。

1. 目标距离测量

记目标反射回波脉冲与导引头发射脉冲之间的时间差为 t_R，电磁波的空间传播速度 $c \approx 3\times10^8$ m/s，由此得到目标的距离为

$$R = \frac{1}{2}ct_R \tag{1.1}$$

在距离测量方面，单脉冲雷达的距离分辨力主要与脉冲宽度有关，宽度越窄，则分辨力越高，但是较窄的脉宽会使得雷达作用距离下降。为了兼顾距离分辨力和作用距离，单脉冲雷达多采用脉冲压缩工作体制，利用调频信号和匹配滤波技术，获得远高于脉冲宽度的距离分辨力。

2. 目标方位测量

为了提高命中目标的能力，海上制导武器多采用掠海飞行策略，此时目标

所在的水平方位角度是其重要制导参数。结合图 1.6，单脉冲雷达采用的测角体制主要是和差测角法，从其实现形式看，又可以分为振幅和差法与相位和差法，基本原理如图 1.7 所示。

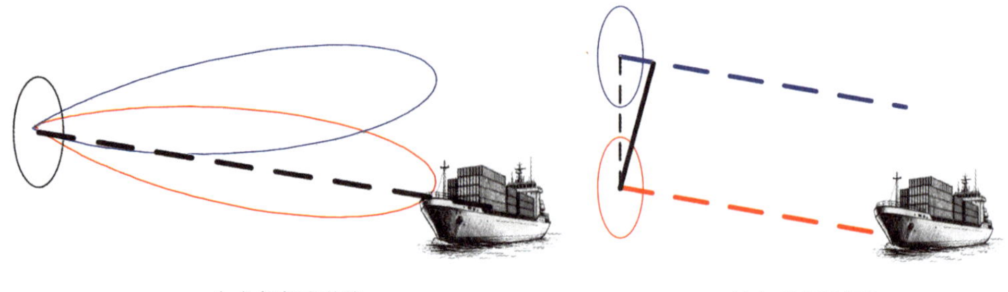

（a）振幅和差法　　（b）相位和差法

图 1.7　单脉冲雷达测角基本原理示意图

如图 1.7（a）所示，振幅和差法采用双波束结构，其主要利用接收天线对不同方向信号的增益不同这一规律来获取目标方位信息。将单个波束天线方向增益函数记为 $f(\theta)$，倾斜角度记为 $\Delta\theta$，则在同一个坐标平面内，两个波束方向增益函数为

$$\begin{cases} f_1(\theta) = f(\theta - \Delta\theta) \\ f_2(\theta) = f(\theta + \Delta\theta) \end{cases} \tag{1.2}$$

记目标回波信号为 $s(t)$，若目标偏离雷达波束指向的角度为 θ，则和通道与差通道的输出为

$$\begin{cases} S_{\mathrm{g}} = s(t) \cdot f(\theta + \Delta\theta) + s(t) \cdot f(\theta - \Delta\theta) \\ D_{\mathrm{g}} = s(t) \cdot f(\theta + \Delta\theta) - s(t) \cdot f(\theta - \Delta\theta) \end{cases} \tag{1.3}$$

式中：S_{g} 为和通道的输出；D_{g} 为差通道的输出。利用一阶近似，式（1.3）可以进一步表示为

$$\begin{cases} S_{\mathrm{g}} \approx 2 \cdot s(t) \cdot f(\Delta\theta) \\ D_{\mathrm{g}} \approx 2\theta \cdot s(t) \cdot f'(\Delta\theta) \end{cases} \tag{1.4}$$

使用和通道输出对差通道输出进行归一化处理，即可得到复单脉冲比（Complex Monopulse Ratio，CMR），从中得到目标方位角度信息为

$$\frac{D_{\mathrm{g}}}{S_{\mathrm{g}}} \approx \frac{f'(\Delta\theta)}{f(\Delta\theta)} \theta \tag{1.5}$$

天线方向函数 $f(\theta)$ 是已知函数。式（1.5）表明，CMR 实部与目标偏离雷达视轴的指向角度 θ 成正比。进一步由式（1.4）可知，振幅和差法的适用角度

测量范围在天线方向最大增益附近的线性区域，当目标偏离指示轴线的角度较大时，由式（1.5）计算得到的角度将与实际情况存在较大偏差。

如图 1.7（b）所示，相位和差法利用了空间不同位置的天线，其接收不同方位信号时的相位差异。记接收天线相互的间距为 d_{s}，信号波长为 λ，天线方向增益函数为 $f(\theta)$，两个天线接收的信号如下：

$$\begin{cases} s_1 = s(t)\cdot \mathrm{e}^{\mathrm{j}\frac{2\pi}{\lambda}\frac{d_{\mathrm{s}}}{2}\sin(\theta)} f(\theta) \\ s_2 = s(t)\cdot \mathrm{e}^{-\mathrm{j}\frac{2\pi}{\lambda}\frac{d_{\mathrm{s}}}{2}\sin(\theta)} f(\theta) \end{cases} \tag{1.6}$$

将相位和差法的和通道与差通道输出分别记为 S_{p} 和 D_{p}，其结果为

$$\begin{cases} S_{\mathrm{p}} = s(t)\cdot\left(\mathrm{e}^{\mathrm{j}\frac{2\pi}{\lambda}\frac{d_{\mathrm{s}}}{2}\sin(\theta)} + \mathrm{e}^{-\mathrm{j}\frac{2\pi}{\lambda}\frac{d_{\mathrm{s}}}{2}\sin(\theta)}\right) f(\theta) \\ D_{\mathrm{p}} = s(t)\cdot\left(\mathrm{e}^{\mathrm{j}\frac{2\pi}{\lambda}\frac{d_{\mathrm{s}}}{2}\sin(\theta)} - \mathrm{e}^{-\mathrm{j}\frac{2\pi}{\lambda}\frac{d_{\mathrm{s}}}{2}\sin(\theta)}\right) f(\theta) \end{cases} \tag{1.7}$$

基于相位和差法得到的差通道与和通道的比值为

$$\Im\left(\frac{D_{\mathrm{p}}}{S_{\mathrm{p}}}\right) = \tan\left(\frac{\pi d_{\mathrm{s}}}{\lambda}\sin(\theta)\right) \approx \frac{\pi d_{\mathrm{s}}}{\lambda}\theta \tag{1.8}$$

式中：$\Im$ 表示取 CMR 的虚部。这里，三角函数采用线性近似的前提条件是被测目标位于雷达波束的视轴附近，与振幅和差法的线性化条件相同。

在进行雷达导引头天线方向函数仿真时，通常采用高斯波束进行拟合[13]，其表达式如下：

$$G(\theta) = \exp\left[-2\ln 2\cdot\left(\frac{\theta_{\alpha}}{\theta_{\mathrm{B1}}}\right)^2\right]\cdot\exp\left[-2\ln 2\cdot\left(\frac{\theta_{\beta}}{\theta_{\mathrm{B2}}}\right)^2\right] \tag{1.9}$$

式中：θ_{B1} 和 θ_{B2} 分别为天线方位角与俯仰角的半功率波束宽度。将天线方向图函数代入式（1.5）与式（1.8）中，可绘制单脉冲雷达和差通道的方向增益和鉴角曲线，如图 1.8 所示。

在图 1.8 中，单脉冲雷达导引头的波束宽度设置为 3°。在振幅和差法中，波束倾斜角度 $\Delta\theta = 1^\circ$；在相位和差法中，信号波长 λ 设置为 3 mm，接收天线间隔为 2.54λ[14]。结合图 1.8 与图 1.6、图 1.7 可知，振幅和差法与相位和差法具有相似的结构和信号处理过程，且鉴角曲线接近，但在原理上存在本质差异，前者是基于不同方向信号的天线方向增益的起伏差异，后者是基于不同方向信号在传播过程引起的相位差异。

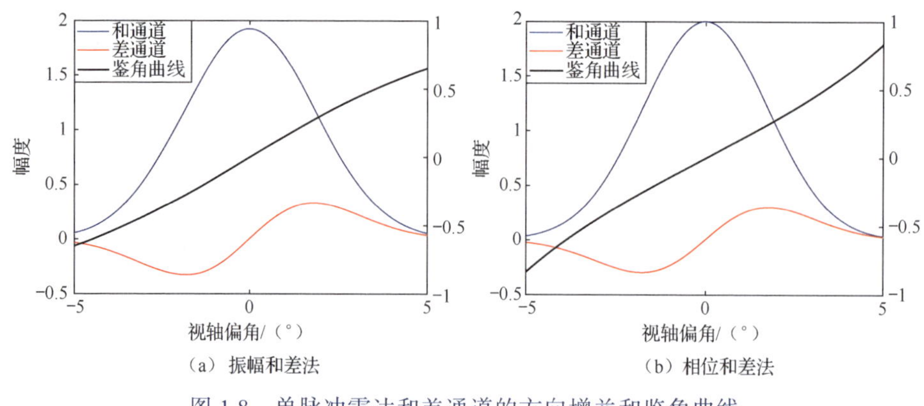

（a）振幅和差法　（b）相位和差法

图 1.8　单脉冲雷达和差通道的方向增益和鉴角曲线

1.3.2　基于数字射频存储的干扰信号转发技术

雷达有源诱饵的干扰载荷主要基于数字射频存储（Digital Radio Frequency Memory，DRFM）技术实现对雷达高频射频信号的高速数字采样存储以及干扰调制处理，并以极短的时间延迟重新生成模拟射频信号并向空间辐射，形成与雷达导引头发射信号特征高度接近的回波信号，进而欺骗雷达导引头的接收机，干扰其后续的信号和数据处理过程[15]。DRFM 组成部件包括下变频器、模/数转换器、数据存储器、控制器、数/模转换器和上变频器。典型的 DRFM 实现方式多采用正交双通道结构，在该结构下的采样率只要求 1 倍带宽，结构框图如图 1.9 所示。

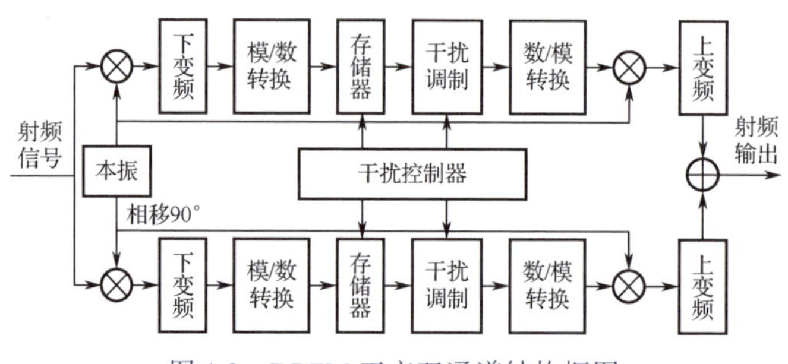

图 1.9　DRFM 正交双通道结构框图

结合图 1.9，有源干扰载荷的工作过程是：在接收到射频信号后，利用相互正交的混频信号对接收信号进行下变频处理，生成两路正交的分支信号后，再经过低通滤波器（Low Pass Filter，LPF）与模/数转换器（Analog-to-Digital Converter，ADC）处理，接着利用存储器存储已采样的数据，之后根据干扰样式需求，使用干扰控制器对存储数据进行相应的调制操作，最后经过数/模转换器（Digital-to-Analog Converter，DAC）、LPF 和上变频处理后，将两路分支信号相加并由天线辐射出去。

在实施干扰时，干扰调制是作用在存储器上的。对于 DRFM 而言，在进行采样后，需要对数据进行量化处理才能存储，常用的量化方法有幅度量化与相位量化。相比于幅度量化，相位量化具有实现结构简单、动态范围大、可直接进行相位和频率调制、信号幅度要求低等优点。目前干扰机广泛采用的是相位量化 DRFM。

这里以单频信号为例，干扰机接收到的雷达威胁信号可以表示为

$$s_r(t) = A_r(t)e^{j2\pi f_0 t} \tag{1.10}$$

式中：$A_r(t)$ 为信号的包络；f_0 为信号载频和多普勒频率的和。当量化位数为 M 时，量化后的信号及其频谱为[16]

$$\begin{cases} \hat{s}_r(t) = \sum\limits_{m=-\infty}^{+\infty} \mathrm{sinc}\left(m+\dfrac{1}{N}\right) e^{j(Nm+1)2\pi f_0 t} \\ \hat{S}_r(f) = \sum\limits_{m=-\infty}^{+\infty} \mathrm{sinc}\left(m+\dfrac{1}{N}\right) \delta[f-(Nm+1)f_0] \end{cases} \tag{1.11}$$

式中：$N=2^M$。从式（1.11）的频谱叠加的形式可以看出，单频信号在经过相位量化以后，其频谱中增加了寄生谐波项，并且这些谐波项的幅度会经过 sinc 函数的调制，图 1.10 显示了不同量化位数下调制后寄生谐波的归一化幅度。

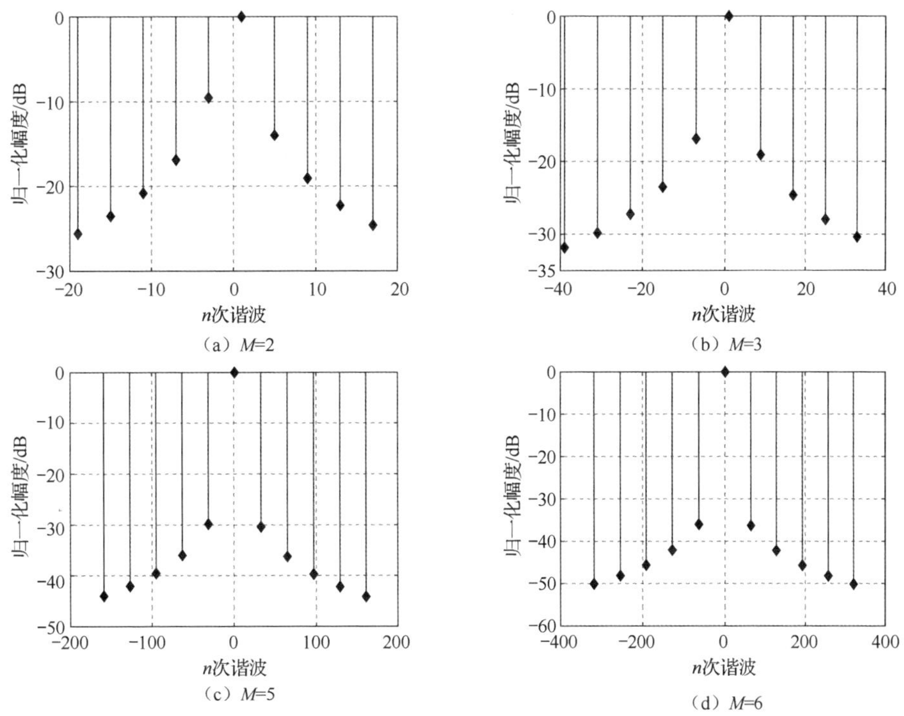

图 1.10 DRFM 不同量化位数下调制后寄生谐波的归一化幅度

从图 1.10 中可以看出，随着量化位数的增加，模/数转换引起的信号失真大大减小。当量化位数 $M \geq 6$ 时，与原始信号谱相比，基波信号能量占到复制转发信号总能量的 95%以上。在实际应用中，量化位数可在十几位，此时信号失真可以忽略不计，进一步分析表明，针对线性调频信号可以得出类似结论[17]。因此，雷达有源诱饵利用 DRFM 技术截获雷达导引头威胁信号并转发生成的虚假回波，具有高保真性，很大程度上能够进入雷达接收机中，为实现欺骗干扰提供了前提条件。

1.3.3 海上雷达有源诱饵的角度欺骗干扰模型

1. 雷达有源诱饵干扰下的单脉冲雷达角度输出

从雷达参数测量视角看，有源干扰手段能够对雷达导引头构成多假目标冲淡、距离欺骗、速度欺骗、角度欺骗以及组合欺骗等干扰效果。对于末制导雷达导引头而言，角度欺骗干扰是破坏跟踪回路的重要方法，能有效破解制导武器攻击威胁。考虑海上末制导雷达主要采用单脉冲体制，书中内容重点围绕针对单脉冲雷达的角度欺骗干扰展开。为简洁表述，书中制导武器默认为采取该体制，不再重复说明。

雷达有源诱饵构成角度欺骗干扰的基本原理是：在单脉冲雷达测角过程中，在被测目标回波信号的同一距离/速度门，以及雷达主瓣波束的不同方位上制造干扰信号，使其测角结果产生偏差，对单脉冲雷达的干扰态势模型如图 1.11 所示。

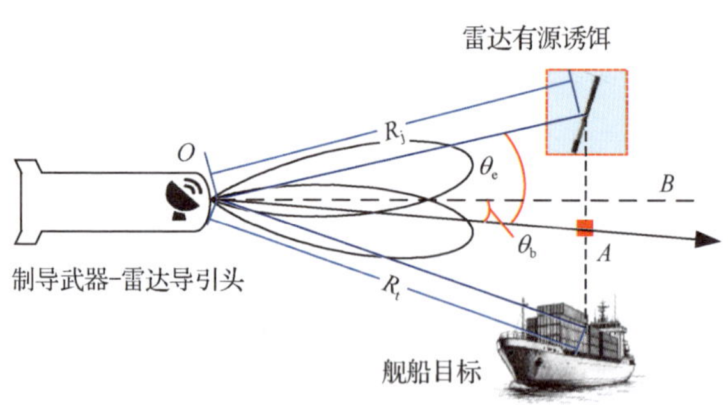

图 1.11 雷达有源诱饵对单脉冲雷达的干扰态势模型示意图

图 1.11 中，R_t 和 R_j 分别表示制导武器与舰船目标和雷达有源诱饵之间的距离。由于距离和角度测量用的是同一组接收信号且雷达导引头只关注进入跟踪

波门的信号，在不考虑转发延迟的条件下，应满足条件 $R_t \approx R_j$；箭头实线 OA 表示制导武器与诱饵-舰船中点的连线；虚线 OB 表示雷达导引头波束当前的视轴指向；θ_b 是 OB 与 OA 的夹角；θ_e 是诱饵或舰船的所在方位线与 OA 的夹角。

以导引头视轴指向为极坐标的起点，这里记舰船所在方位角为 θ_1，有源诱饵所在方位角为 θ_2，根据图 1.11 所示态势，存在如下几何关系：

$$\begin{cases} \theta_1 = \theta_b + \theta_e \\ \theta_2 = \theta_b - \theta_e \end{cases} \tag{1.12}$$

记诱饵干扰信号相对于舰船回波信号的电压幅度为 a_s，相对相位为 ϕ_s，则在诱饵干扰背景下，对于振幅和差法而言，单脉冲雷达和差通道的输出可以表示为

$$\begin{cases} S_g(\theta) = f(\theta_1 + \Delta\theta) + a_s e^{j\phi_s} f(\theta_2 + \Delta\theta) + f(\theta_1 - \Delta\theta) + a_s e^{j\phi_s} f(\theta_2 - \Delta\theta) \\ \qquad \approx 2(1 + a_s e^{j\phi_s}) f(\Delta\theta) \\ D_g(\theta) = f(\theta_1 + \Delta\theta) + a_s e^{j\phi_s} f(\theta_2 + \Delta\theta) - f(\theta_1 - \Delta\theta) - a_s e^{j\phi_s} f(\theta_2 - \Delta\theta) \\ \qquad \approx 2(\theta_1 + a_s e^{j\phi_s} \theta_2) f'(\Delta\theta) \end{cases} \tag{1.13}$$

将式（1.12）代入式（1.13）中，得到和差通道的比值为

$$\begin{aligned} \frac{D_g(\theta)}{S_g(\theta)} &= \frac{f'(\Delta\theta)}{f(\Delta\theta)} \cdot \Re\left(\frac{\theta_1 + a_s e^{j\phi_s}\theta_2}{1 + a_s e^{j\phi_s}}\right) \\ &= \frac{f'(\Delta\theta)}{f(\Delta\theta)} \cdot \left[\theta_b + \frac{1 - a_s^2}{1 + a_s^2 + 2a_s\cos(\phi_s)}\theta_e\right] \end{aligned} \tag{1.14}$$

式中：$\Re$ 表示取信号的实部。结合式（1.5）可知，在雷达有源诱饵的干扰下，单脉冲振幅和差法指示角为

$$\theta_m = \theta_b + \left[\frac{1 - a_s^2}{1 + a_s^2 + 2a_s\cos(\phi_s)}\right]\theta_e \tag{1.15}$$

对于相位和差体制而言，舰船和诱饵所在方位的和差通道方向增益可以分别表示为

$$\begin{cases} S_t = 2\cos\left[\frac{\pi}{\lambda} d_s \sin(\theta_1)\right] h(\theta_1) \\ D_t = 2j\sin\left[\frac{\pi}{\lambda} d_s \sin(\theta_1)\right] h(\theta_1) \end{cases}, \begin{cases} S_d = 2\cos\left[\frac{\pi}{\lambda} d_s \sin(\theta_2)\right] h(\theta_2) \\ D_d = 2j\sin\left[\frac{\pi}{\lambda} d_s \sin(\theta_2)\right] h(\theta_2) \end{cases} \tag{1.16}$$

式中：下标 t 表示舰船的所在方位；下标 d 表示雷达有源诱饵的所在方位。在振幅和差法中，用 $f(\theta)$ 表示双波束中单个波束的方向增益函数，为了避免歧义，在相位和差法中，使用 $h(\theta)$ 来表示整个雷达导引头的天线方向增益。结合 a_s 和

ϕ_s，根据式（1.7），可以将这时的和差通道信号分别表示为

$$\begin{cases} S_p = S_t + a_s e^{j\phi_s} S_d \\ D_p = D_t + a_s e^{j\phi_s} D_d \end{cases} \tag{1.17}$$

结合式（1.12）与式（1.16），令

$$\begin{cases} a_s' = a_s \dfrac{h(\theta_2)}{h(\theta_1)} \\ k_1 = \dfrac{\pi}{\lambda} d_s \cos(\theta_e) \sin(\theta_b) \\ k_2 = \dfrac{\pi}{\lambda} d_s \sin(\theta_e) \cos(\theta_b) \end{cases} \tag{1.18}$$

将式（1.18）代入式（1.17）中并消去常数项，可以得到

$$\begin{cases} S_p(\theta) = \cos(k_1 + k_2) + a_s' e^{j\phi_s} \cos(k_1 - k_2) \\ D_p(\theta) = -j[\sin(k_1 + k_2) + a_s' e^{j\phi_s} \sin(k_1 - k_2)] \end{cases} \tag{1.19}$$

将式（1.19）中的高阶小量消去，引入近似条件 $\sin(k_1)\sin(k_2) \approx 0$，可以得到相位和差法在舷外有源诱饵干扰下的和差通道比的表达式如下：

$$\begin{aligned} \Im\left(-\frac{D_p}{S_p}\right) &= \frac{(1+a_s' e^{j\phi_s})\sin(k_1)\cos(k_2) + (1-a_s' e^{j\phi_s})\cos(k_1)\sin(k_2)}{(1+a_s' e^{j\phi_s})\cos(k_1)\cos(k_2) - (1-a_s' e^{j\phi_s})\sin(k_1)\sin(k_2)} \\ &\approx \frac{(1+a_s' e^{j\phi_s})\sin(k_1)\cos(k_2) + (1-a_s' e^{j\phi_s})\cos(k_1)\sin(k_2)}{(1+a_s' e^{j\phi_s})\cos(k_1)\cos(k_2)} \\ &= \tan(k_1) + \tan(k_2)\left(\frac{1-a_s'^2}{1+a_s'^2+2a_s'\cos(\phi_s)}\right) \end{aligned} \tag{1.20}$$

式中：$\Im$ 表示取信号的虚部。根据式（1.18），当 θ_b 与 θ_e 足够小时，由式（1.20）可以进一步得到雷达导引头指示角为

$$\theta_m' = \theta_b + \theta_e \left[\frac{1-a_s'^2}{1+a_s'^2+2a_s'\cos(\phi_s)}\right] \tag{1.21}$$

式（1.15）与式（1.21）结果表明，两种测角方法下的干扰效果具有相同的表达形式。根据推导过程，由振幅和差法与相位和差法的角度输出结果可知，雷达有源诱饵的干扰效果都是使导引头指向诱饵方位和舰船方位的复电压质心位置。转化成实数域，干扰角度是根据诱饵干扰信号与目标回波信号的相对幅度与相位差，指向靠近诱饵一侧或者舰船一侧。

2. 两种形式干扰效果的一致性分析

在式（1.21）中，注意到相对幅度大小的符号是 a_s'，与式（1.15）中的 a_s 不

完全一致。从推导过程看，两个方法的主要区别体现在式（1.18）中，相位和差法利用信号增益对干扰信号的相对幅度进行了额外的归一化处理。这里，将振幅和差的干扰分析用相位和差法的形式表示：舰船回波信号的复数形式记为 a_1，方向增益记为 S_1；诱饵干扰信号的复数形式记为 a_2，方向增益记为 S_2。那么和差通道比值的推导过程可以写成

$$\begin{aligned}\frac{D_{\mathrm{g}}}{S_{\mathrm{g}}} &= \frac{a_1 D_1 + a_2 D_2}{a_1 S_1 + a_2 S_2} \\ &= \frac{a_1 S_1}{a_1 S_1 + a_2 S_2} \times \frac{D_1}{S_1} + \frac{a_2 S_2}{a_1 S_1 + a_2 S_2} \times \frac{D_2}{S_2}\end{aligned} \tag{1.22}$$

由单脉冲和差通道比值与角度之间的近似比例关系，代入

$$\frac{D_1}{S_1} \approx k\theta_1, \quad \frac{D_2}{S_2} \approx k\theta_2 \tag{1.23}$$

得到雷达有源诱饵的欺骗角度为

$$\theta_{\mathrm{m}} \approx \frac{a_1 S_1 \theta_1 + a_2 S_2 \theta_2}{a_1 S_1 + a_2 S_2} = \frac{\theta_1 + \dfrac{a_2 S_2}{a_1 S_1}\theta_2}{1 + \dfrac{a_2 S_2}{a_1 S_1}} \tag{1.24}$$

将干扰信号表示成相对幅度与相对相位的形式，可得

$$a_{\mathrm{s}} \mathrm{e}^{\mathrm{j}\phi_{\mathrm{s}}} = \frac{a_2}{a_1} \times \frac{S_2}{S_1} = \frac{a_2}{a_1} \times \frac{h(\theta_2)}{h(\theta_1)} = a_{\mathrm{s}}' \mathrm{e}^{\mathrm{j}\phi_{\mathrm{s}}} \tag{1.25}$$

结合式（1.24）和式（1.25）可以看出，a_{s} 和 a_{s}' 在本质上具有相同意义，即在归一化干扰信号时，振幅和差法同样需要使用方向增益进行加权处理，但是 1.3.1 节中的一阶近似省略了信号增益的变化，而对于干扰效果分析而言，这会引入额外误差。由上述分析，无论单脉冲雷达导引头采用何种测角方法，雷达有源诱饵的干扰效果都是一致的。

3. 非相干信号的相位随机性影响

雷达有源诱饵的角度欺骗干扰本质上可以理解为不可分辨多源信号合成的结果[18-19]。这里根据式（1.15）和式（1.21），改变雷达有源诱饵干扰信号与目标回波信号的相对相位以及相对幅度，单脉冲雷达导引头的指示角变化如图 1.12 所示。

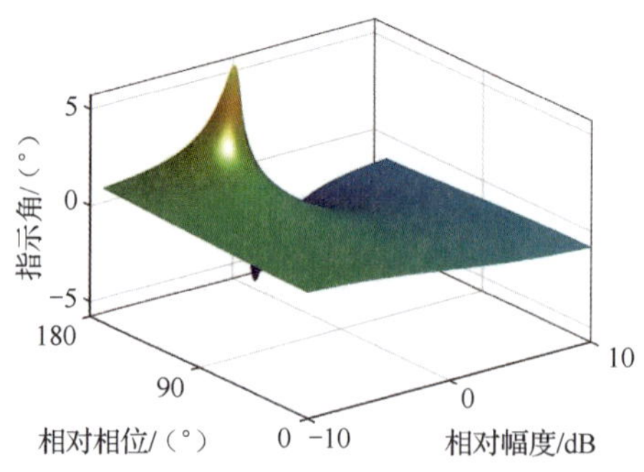

图 1.12　单脉冲雷达导引头的指示角随干扰信号幅度与相位的变化图像

图 1.12 中，目标舰船和雷达有源诱饵所在方位角度分别是1°和-1°，$\theta_b=0^\circ$，$\theta_e=1^\circ$。理论与数值分析的结果表明，指示角会倾向于干扰信号功率较大的信号源所在方位。随着信号的相位差接近180°，雷达导引头的输出角度随着相对幅度波动的变化逐渐增大，并在幅度接近 1 时，会产生极端测角误差。

在理论研究中，根据不同信号源之间的相干性，又可以分为相干干扰与非相干干扰两大类，其中，相干干扰的研究主要基于两点源，又称为交叉眼干扰，能够对单脉冲雷达构成较大的角度定位偏差，其干扰条件要求两个信号源幅度接近且相位差控制在180°，即上述情形。但是一旦偏离这一理想条件，干扰效果将大打折扣，参数容限较低[14]。此外，相干干扰主要以舷内布置为主，要使雷达跟踪波束从舰船上诱偏，干信比（Jamming-to-Signal Ratio，JSR）要求在 20 dB 以上[20]。受多种因素影响，海上雷达有源诱饵的干扰信号与被保护舰船回波信号之间难以形成相干性，其角度欺骗属于非相干干扰的理论范畴，即式（1.15）和式（1.21）中的相对相位ϕ_s是随机变化的。从中也可看出，海上雷达有源诱饵角度欺骗干扰与两点源交叉眼干扰具有相同的理论出发点。下面重点分析ϕ_s随机变化的影响。

为了降低随机误差带来的负面效应，单脉冲雷达导引头通常会根据多次测量的结果来输出目标的测量方位，主要方法分为直接平均法与加权平均法[21]。

直接平均法是直接基于多个脉冲，取多次角度的均值。在此情形下，当空间中存在雷达有源诱饵的干扰信号时，基于式（1.15），令

$$G(\phi_s)=\frac{1-a^2}{1+a^2+2a\cos(\phi_s)} \tag{1.26}$$

式中：a是基于式（1.25），并结合天线方向增益得到的干扰信号相对于目标回波信号的归一化幅度。在一段连续的测量过程中，先考虑干扰信号的相对幅度和雷达天线指向保持不变的前提下，假设ϕ_s在$[0^\circ,360^\circ)$范围内满足均匀分布，

则式（1.26）的期望值可以写成

$$E[G]=\frac{1}{2\pi}\int_0^{2\pi}\frac{1-a^2}{1+a^2+2a\cos(\phi_s)}\mathrm{d}\phi_s \tag{1.27}$$

令 $z=\mathrm{e}^{\mathrm{i}\phi_s}$，$\cos(\phi_s)=\frac{1}{2}\left(z+\frac{1}{z}\right)$，$\mathrm{d}\phi_s=\frac{\mathrm{d}z}{\mathrm{i}z}$，代入式（1.27）可得

$$E[G]=\frac{1}{2\pi\mathrm{i}}\oint\frac{1-a^2}{az^2+z+za^2+a}\mathrm{d}z \tag{1.28}$$

根据留数定理，可得到如下积分结果：

$$E[G]=\begin{cases}1, & a<1\\ 0, & a=1\\ -1, & a>1\end{cases} \tag{1.29}$$

式（1.29）表明，在雷达有源诱饵干扰背景下，直接平均法得到的导引头期望指向是信号源功率较强的目标所在方位，即雷达有源诱饵和舰船其中之一。在此基础上，当干扰信号或舰船目标回波信号的幅度具有起伏特性时，导引头将基于幅度的起伏分布特征，概率指向其中信号幅度较大的目标。

与直接平均法不同，加权平均法是对每个脉冲的角度赋予一定权重，再求和平均，该权重是单次测量和通道接收信号功率与所有测量和通道功率之和的比值，即可以写成

$$\left(\frac{D}{S}\right)_{\mathrm{wm}}=\frac{\sum_{c=1}^{C}|S_c|^2\,\Re\left(\frac{D_c}{S_c}\right)}{\sum_{c=1}^{C}|S_c|^2}\approx\frac{E\left[\Re\left(D\cdot\bar{S}_c\right)\right]}{E\left[|S|^2\right]} \tag{1.30}$$

式中：下标 wm 表示加权平均；C 为计算加权均值时的次数。可知，当 C 足够大时，加权平均法可以视为经过取实部处理之后，差通道与和通道各自对应的期望均值的比值。结合式（1.26），得到

$$G(\phi_s)_{\mathrm{wm}}=\frac{\int_0^{2\pi}1-a^2\mathrm{d}\phi_s}{\int_0^{2\pi}1+2a\cos(\phi_s)+a^2\mathrm{d}\phi_s}=\frac{1-a^2}{1+a^2} \tag{1.31}$$

代入到式（1.15）中，并结合 $\theta_b=\frac{\theta_1+\theta_2}{2}$ 和 $\theta_e=\frac{\theta_1-\theta_2}{2}$，得到干扰指示角为

$$E[\theta]_{\mathrm{wm}}=\frac{\theta_1+a^2\theta_2}{1+a^2} \tag{1.32}$$

结果表明，在雷达有源诱饵的干扰下，加权平均法的指示角是干扰信号与舰船回波信号的功率质心。当信号幅度发生起伏时，其功率质心位置也会产生

相应的变化。

根据上述分析，可以得到雷达有源诱饵角度欺骗的两点基本结论，概括如下：一是雷达导引头指示角的期望均值结果是功率较大的信号源所在方向；二是雷达导引头指示角的加权期望均值是以和通道信号功率作为权重，两个信号源的功率质心。

考虑到基于单个脉冲计算的角度可能会输出极端值，例如交叉眼干扰输出角度，但是极端值通常是由于信号叠加后，和通道输出趋近 0 而差通道是有限值所引起的，因此，在加权均值中，以和通道信号功率作为加权权重，能够有效抑制此类情况。站在干扰方的视角，直接平均法只需要雷达有源诱饵的干扰信号功率大于舰船回波信号功率即可，而加权平均法要想将波束引偏到诱饵方位，需要额外的干扰要求。对此，考虑雷达有源诱饵干扰效果的鲁棒性，书中主要从功率质心的角度作进一步研究讨论。

1.4 海上雷达有源诱饵运用分析与干扰局限性

根据角度欺骗干扰模型，在宏观态势上，海上雷达有源诱饵的干扰过程可以分为如图 1.13 所示的 4 个阶段[22]。

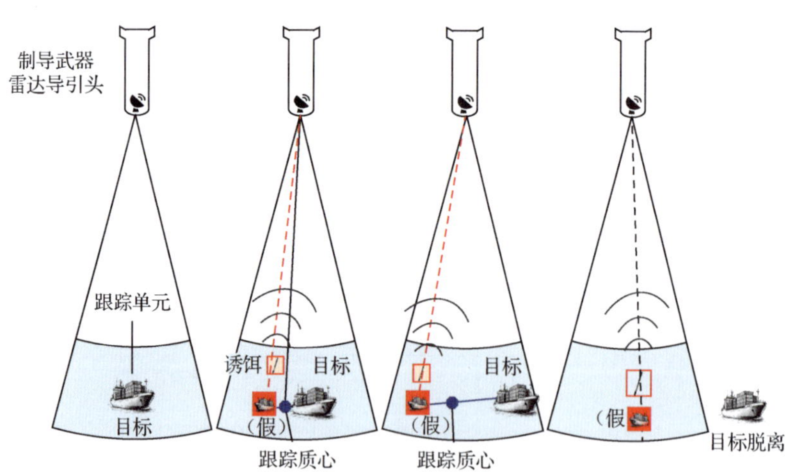

图 1.13 海上雷达有源诱饵的干扰过程示意图

第一阶段，制导武器末制导雷达开机后锁定目标，并保持目标位于其跟踪单元内；第二阶段，目标使用雷达有源诱饵进行干扰，诱饵转发信号在末制导雷达的跟踪单元内形成虚假目标回波，由于假目标与目标均位于跟踪波门内，雷达无法更进一步区分并跟踪其能量质心；第三阶段，随着制导武器接近以及雷达有源诱饵部署后以类似舰船运动轨迹逐渐远离，逐渐将跟踪波束与跟踪波门诱偏至诱饵形成的假目标方位；第四阶段，目标脱离制导雷达的跟踪，雷达有源诱饵成功实现了欺骗干扰。可以发现，雷达有源诱饵形成的欺骗干扰是假目标欺骗加上跟踪波门/波束的拖引。

要实现上述流程，从多源信号叠加的角度看，雷达有源诱饵需要满足假目标"回波信号"无法从舰船目标回波信号中被分辨出来的要求，主要是形成如图 1.14 所示的 DRFM 转发信号回波"脉内干扰"。

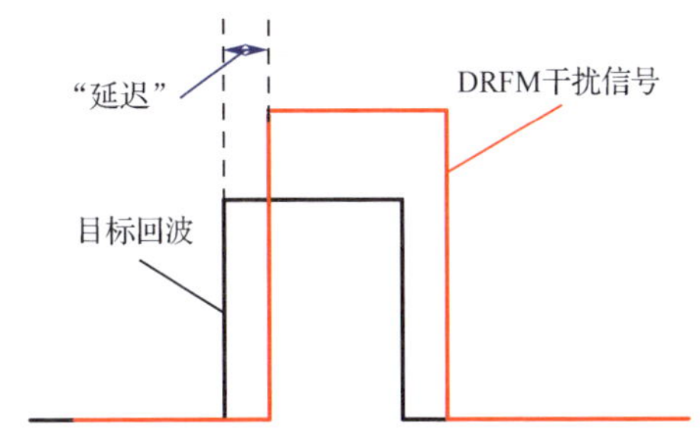

图 1.14 DRFM 转发信号回波"脉内干扰"示意图

理想情况是诱饵 DRFM 干扰信号可以与舰船回波信号完全重合，这样干扰信号能够有效获得匹配滤波所带来的增益。但是，受到态势上诱饵与舰船到雷达距离差异、DRFM 信号处理过程和干扰控制器设置的延迟控制等方面因素影响，舰船回波与诱饵干扰信号之间存在图 1.14 所示的"延迟"错位。对雷达有源诱饵而言，延迟会使处于距离门内的干扰信号所获得的增益降低，从而导致欺骗干扰效果变差。

从信号层面看，诱饵的有源干扰机主要有两种工作体制，分别是收发分时与收发同时[23]。收发分时是先接收信号再进行转发，包括全脉冲转发干扰和切片转发干扰。其中，全脉冲转发干扰意味着干扰信号至少落后舰船回波一个脉冲宽度的距离，只适用于窄脉冲信号；切片转发干扰是针对采用脉冲压缩体制雷达的大脉宽带宽积信号，典型做法有频谱弥散（Smeared Spectrum，SMSP）、切片组合（Chopping & Interleaving，C&I）、间歇采样（Interrupted Sampling Repeater Jamming，ISRJ）等[17,24-25]。在复杂电磁环境下，收发分时容易使干扰机被无效电磁信号（例如己方在干扰频段的信号）占用。

相较而言，收发同时干扰更加适用于雷达有源诱饵对末制导雷达的干扰情形，但在干扰机硬件实现上需要考虑提升收发隔离度、避免出现自激情况。同时，应尽量提高信号处理速度，降低干扰信号转发时延。最后，在干扰延迟控制方面，当干扰信号相对于目标回波信号处于前出状态时，可以通过干扰控制器引入额外延迟使其与目标回波信号重合，图 1.15 显示了在不同相对延迟下的信号叠加情况。

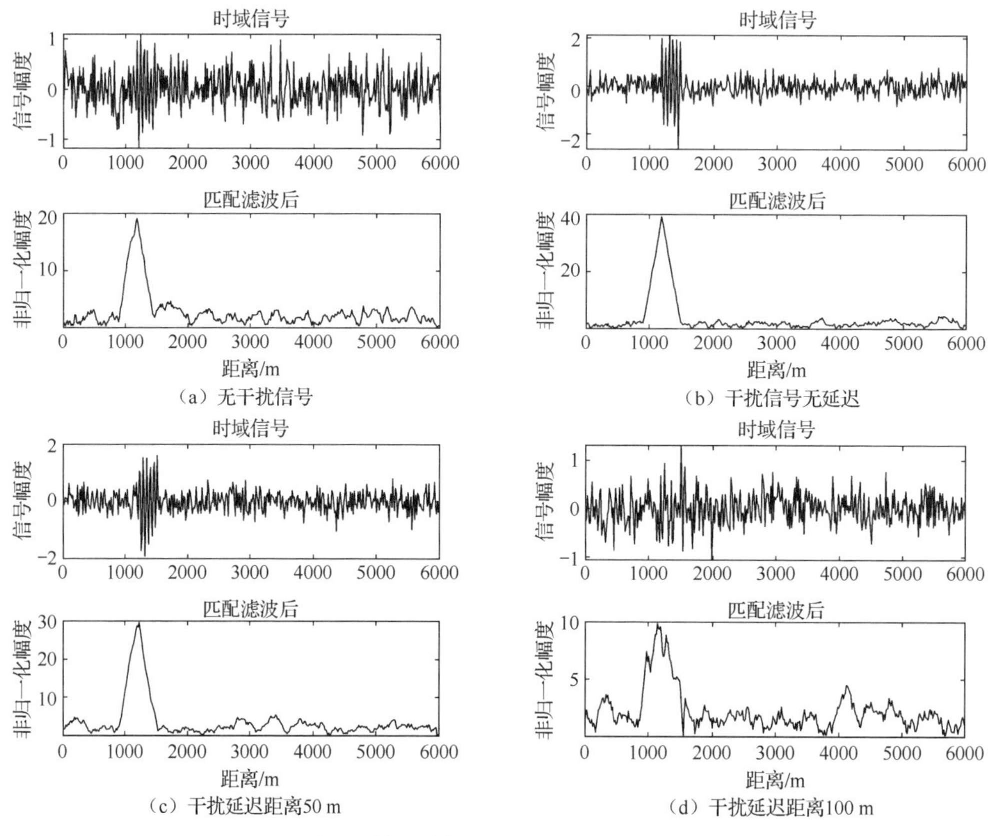

图 1.15　有源诱饵的转发延迟对回波叠加信号的影响

在不能区分为两个信号源的前提下，合成信号的幅度随着干扰信号延迟的增大而降低，其中的回波信号与干扰信号的“占比”发生了改变。从本质上看，DRFM 转发延迟会引起干扰信号与目标信号的非完全重合，改变了角度欺骗干扰计算中的干信比，这可以理解为干扰信号在时域上与回波信号的失配引起角度欺骗干扰损失。

从态势层面看，海上雷达有源诱饵基于“移动平台”进行部署和机动，尤其是随着自主智能化无人平台与雷达有源干扰载荷的有机组合发展，在态势上满足干扰延迟要求的可操作性日益提高。这里以自主式“移动平台”为支持，以海上雷达有源诱饵工作在相对理想的状态且时延灵活可控作为理论探索的出发点。

1.5 小结

经过二十多年的发展，雷达有源诱饵已经成为海上雷达制导对抗的重要手段之一。本章从单脉冲雷达参数测量的经典公式和 DRFM 干扰信号生成技术入手，推导了雷达有源诱饵对制导雷达的角度测量影响公式，证明了单脉冲雷达导引头在海上雷达有源诱饵干扰下跟踪干扰信号与目标回波信号功率质心的一般性结论，并从工程化运用视角，分析了现有实现方式的局限性以及发展重点，进而为以自主平台作为其“移动平台”的干扰深化研究奠定理论基础。

参考文献

[1] 魏毅寅，杨文华. 海战场典型干扰对抗场景及反舰导弹应对策略研究[J]. 战术导弹技术，2020, (5): 1-8.

[2] 喻旭伟，付利，吕东泽. “干扰寻的”对抗技术综述[J]. 电子信息对抗技术，2017, 32(6): 62-65.

[3] Liu Y, Xing S, Li Y, et al. Jamming recognition method based on the polarisation scattering characteristics of chaff clouds[J]. IET Radar, Sonar & Navigation, 2017, 11(11): 1689-1699.

[4] 李郝亮，陈思伟. 海面角反射体电磁散射特性与雷达鉴别研究进展与展望[J]. 雷达学报，2023, 12(4): 738-761.

[5] Gambling D, Crozier M, Northam D. NULKA : A compelling story [M]. Canberra: Defence Science and Technology Organisation, 2013.

[6] 侯学隆，赵遇春，张杨. 纳尔卡舷外有源诱饵系统及发展研究[J]. 空天技术，2021, (3): 57-63.

[7] IsraelDefense. RAFAEL conducts successful live fire test of new naval system on Israeli Navy Corvette [EB/OL]. [2022-05-12]. https://www.israeldefense.co.il/en/node/54486.

[8] 石荣，包金晨，王学华，等. 外军一次性有源射频诱饵应用现状与发展

分析[J]. 舰船电子对抗，2019, 42(4): 42-48.

[9] Tremper D, Heyer J. Unmanned sea surface vehicle electronic warfare[R]. Washington: Naval Research Laboratory, 2007.

[10] Savitz S, Blickstein I, Buryk P, et al. US Navy employment options for unmanned surface vehicles (USVs)[R]. RAND, 2013.

[11] Scott R. Canada develops NOMAD usv-based active offboard decoy[J]. Journal of Electronic Defense, 2019, 42(12): 20.

[12] 高磊，陈曙暄，姜丽敏，等. 美国海军电子战系统及技术发展趋势[J]. 飞控与探测，2022, 5(4): 35-43.

[13] Peng P, Guo L, Sun H. The echo modelling and simulation of the semi-active radar seeker against a sea skimming target [J]. Journal of Computer and Communications, 2018, 6(12): 74-79.

[14] Du Plessis W P. A comprehensive investigation of retrodirective cross-eye jamming[D]. University of Pretoria Doctoral dissertation, 2010.

[15] Ben D, Yan Z. Study on active jamming method for ka-band radar seeker[C]// Proceedings of the 2021 IEEE 5th Advanced Information Technology, Electronic and Automation Control Conference (IAEAC), Chongqing: IEEE, 2021: 1403-1407.

[16] Greco M, Gini F, Farina A, et al. Effect of phase and range gate pull-off delay quantisation on jammer signal[J]. IEE Proceedings-Radar, Sonar and Navigation, 2006, 153(5): 454-459.

[17] 吴传章. 雷达几种有源欺骗干扰及其对抗方法研究[D]. 西安：西安电子科技大学，2021.

[18] 李永祯，胡万秋，陈思伟，等. 有源转发式干扰的全极化单脉冲雷达抑制方法研究[J]. 电子与信息学报，2015, 37(2): 276-282.

[19] Tan T. Effectiveness of off-board active decoys against anti-shipping missiles[D]. Monterey, California: Naval Postgraduate School, 1996.

[20] Du Plessis W P. Statistical skin-return results for retrodirective cross-eye jamming[J]. IEEE Transactions on Aerospace and Electronic Systems, 2019, 55(5): 2581-2591.

[21] Sherman S M, Barton D K. Monopulse principles and techniques[M].

Norwood: Artech House, 2011: 204-209.

[22] 侯学隆，曾家有，赵遇春. 纳尔卡舷外有源诱饵作战使用研究[J]. 飞航导弹，2021, (11): 64-70.

[23] 李佳奇. 雷达干扰机系统的收发同时技术研究[D]. 西安：西安电子科技大学，2022.

[24] Han B, Qu X, Yang X, et al. DRFM-based repeater jamming reconstruction and cancellation method with accurate edge detection[J]. Remote Sensing, 2023, 15(7): 1759.

[25] Zhou K, Li D, Su Y, et al. Joint design of transmit waveform and mismatch filter in the presence of interrupted sampling repeater jamming [J]. IEEE Signal Processing Letters, 2020, 27: 1610-1614.

海上雷达有源诱饵干扰动态分析

2.1 引言

在制导武器雷达末制导阶段，雷达导引头会持续提供测量信息，以使武器能精确命中目标，雷达有源诱饵要使其脱靶，就要持续进行干扰，且这一过程是动态的。围绕动态干扰过程，本章基于第 1 章单个海上雷达有源诱饵在信号层面的角度欺骗干扰模型，从态势层面，结合末制导雷达目标跟踪动态响应、雷达数据处理以及制导武器导引律，分析其干扰过程，并根据使舰船目标逐渐脱离跟踪波束的干扰要求，理论推导出单个海上雷达有源诱饵实现有效干扰的临界条件，进一步将单个海上雷达有源诱饵干扰对抗拓展至多个的情形，从信号叠加和有效干扰临界条件视角进行深入分析，提出多个海上雷达有源诱饵的空间干扰模型。

2.2 单个海上雷达有源诱饵动态干扰模型

末制导主动雷达导引头对目标进行探测定位与跟踪，其目的是引导所在武器平台命中目标。而由于舰船目标通常是机动目标，末制导雷达在这一过程中会持续发射并接收处理雷达射频信号，以确保制导精度。根据 DRFM 的工作原理，海上雷达有源诱饵持续收到末制导雷达的射频信号，也会持续对其进行干扰，因而干扰对抗过程实际上是动态变化的。本节结合制导武器平台对雷达探测的动态响应，分析海上雷达有源诱饵的动态干扰过程。

2.2.1　末制导雷达目标跟踪的动态响应

根据第 1 章图 1.6 输出目标的距离和方位信息后，末制导雷达典型处理流程大致经历 3 个阶段：一是动态调整跟踪波门/波束位置[1]，使目标始终位于雷达关注区域内；二是进行数据滤波，获得更加稳定的目标运动状态信息；三是基于滤波后的参数，根据导引律控制制导武器矫正姿态[2]。

1. 跟踪波门/跟踪波束调整

末制导雷达导引头捕获并锁定目标后，会根据跟踪器的输出来响应目标的位置变化，实现对目标的持续跟踪。在该过程中，跟踪器的误差鉴别器会根据接收信号与波门或者波束的相对位置，形成相应的控制信号来调整波门位置或者波束指向，使得跟踪波门始终对准目标回波信号的中心位置或者使跟踪波束的视轴对准目标所在方位。从形式上看，跟踪器具体可分为质心跟踪器与面积中心跟踪器，其原理如图 2.1 所示。

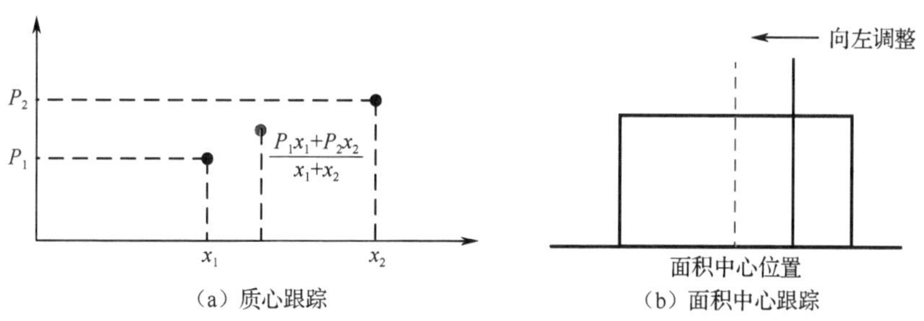

（a）质心跟踪　　（b）面积中心跟踪

图 2.1　质心跟踪器与面积中心跟踪器原理示意图

质心跟踪器是将发现的多个信号源视为单个目标，并基于信号源能量的大小对位置信息进行加权处理，然后将跟踪波门/波束调整到合成质心位置；面积中心跟踪器是根据单次输入信号的形状，使跟踪波门/波束的位置平分面积。雷达导引头的距离跟踪通常为面积中心跟踪，而角度跟踪通常为质心跟踪[3]。

对于单脉冲体制的雷达导引头而言，通常采用分裂门来实现目标距离跟踪[4]，其具体做法是：在距离波门所在位置处加上前后两个波门，当前后波门的输出能量存在差异时，根据差值输出控制信号调整跟踪波门位置，确保跟踪波门的中心位置与回波脉冲的中心位置相对应，如图 2.2 所示。

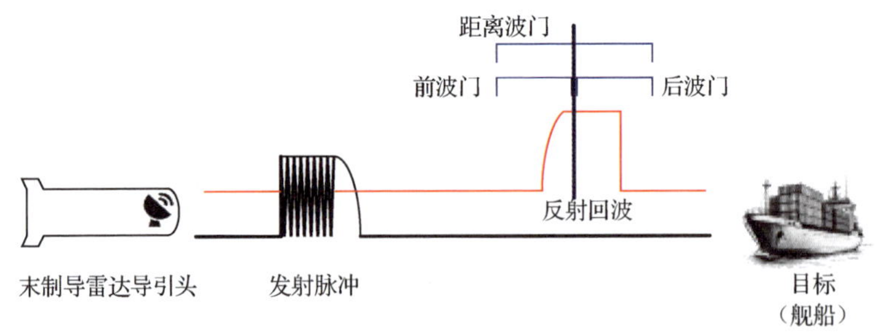

图 2.2　雷达目标距离跟踪原理示意图

在末制导雷达进入跟踪阶段后的方位跟踪过程中，跟踪波束会始终对准目标。此时，主瓣波束内且位于同一波门的多个信号被视为“单个目标信号”，这里不存在具体的多信号加权平均处理模块，但是此时的“单个目标信号”一般表现为多个信号合成质心的所在方位。目标方位跟踪的具体做法是：由单脉冲输出的目标方位指示角得到雷达视轴与指示角差值，并根据差值输出控制信号来调整跟踪波束指向，使波束对准目标方位。雷达导引头目标方位跟踪动态响应过程如图 2.3 所示。

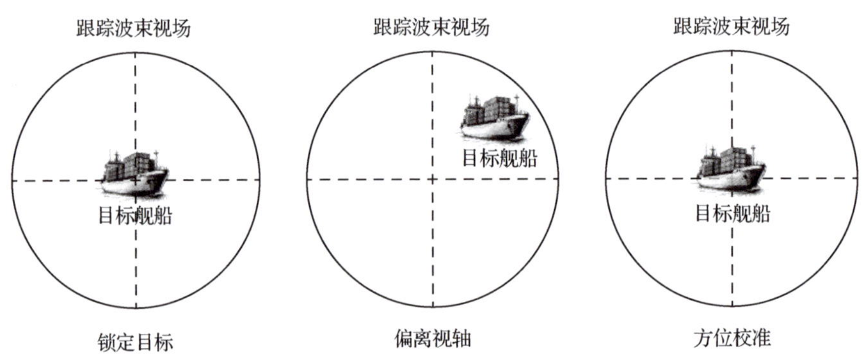

图 2.3　雷达导引头目标方位跟踪动态响应过程示意图

2. 数据滤波处理

在获取目标位置信息的基础上，需对雷达测量数据进行滤波处理，进一步估计得到目标运动速度与运动方向。从雷达导引头的视角看，考虑到待攻击的舰船属于非合作目标，这里主要以 $\alpha\beta$ 滤波为例介绍末制导雷达的数据滤波处理。$\alpha\beta$ 滤波是一类次优算法，其主要优势在于不依赖于系统的具体模型且稳定性较好，重点放在了目标状态在时域内的连续性，即一阶导数与二阶导数[5]。对于海上制导武器而言，其导引律主要考虑一阶导数，即目标运动速度。

将目标舰船在 k 时刻的估计位置记为 $\hat{X}_{\mathrm{s}}(k)=[\hat{x}_{\mathrm{s}}(k),\hat{y}_{\mathrm{s}}(k)]^{\mathrm{T}}$，估计速度记为

$\hat{V}_s(k)=[\hat{\dot{x}}_s(k),\hat{\dot{y}}_s(k)]^{\mathrm{T}}$，数据测量的周期记为 Δt，则$(k+1)$时刻的舰船预测状态为

$$\begin{cases} X_s(k+1)=\hat{X}_s(k)+\Delta t\cdot\hat{\dot{V}}_s(k) \\ V_s(k+1)=\hat{V}_s(k) \end{cases} \tag{2.1}$$

雷达导引头在$(k+1)$时刻得到舰船的测量位置为 $Z_s(k+1)$，由此可得残差表达式为

$$\tilde{Z}_s(k+1)=Z_s(k+1)-X_s(k+1) \tag{2.2}$$

在 $\alpha\beta$ 滤波算法中，参数 α 用以矫正位置，参数 β 用以矫正速度，可得$(k+1)$时刻目标的位置与速度为

$$\begin{cases} \hat{X}_s(k+1)=\hat{X}_s(k)+\alpha\cdot\tilde{Z}_s(k+1) \\ \hat{V}_s(k+1)=\hat{V}_s(k)+\dfrac{\beta}{\Delta t}\cdot\tilde{Z}_s(k+1) \end{cases} \tag{2.3}$$

$\alpha\beta$ 滤波算法的性能在很大程度上取决于参数 α 与 β 的设置，当这两个值较大时，系统可以较快地响应目标状态的变化，滤波收敛速度会加快，但同时也会增大噪声或者雷达有源诱饵干扰的影响；当参数值较小时，可以得到更加平滑的收敛效果，但是当目标运动状态发生变化时，会产生较大的滞后误差。

3. 制导武器导引律

由滤波算法得到目标估计状态后，制导武器的控制器可进一步以目标状态作为输入，结合导引律控制其飞行来接近目标。常用导引方法为比例导引法，基本原理是控制导弹速度矢量的旋转速度，使其与目标线旋转角度成比例关系。制导武器与跟踪目标的相对运动关系如图 2.4 所示。

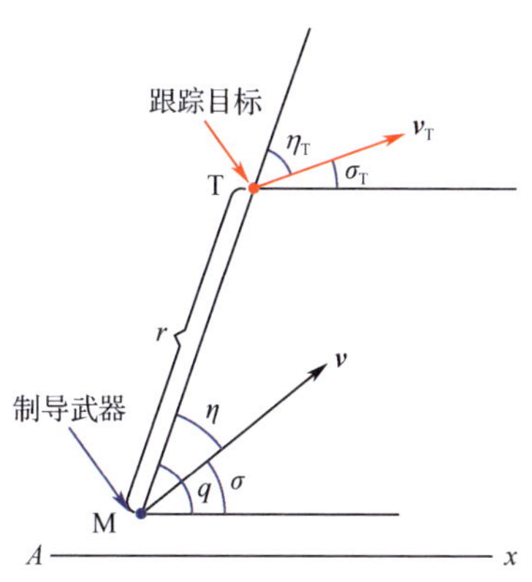

图 2.4　制导武器与跟踪目标的相对运动关系

图 2.4 中，Ax 为基准线；M 为制导武器，T 为目标，$\boldsymbol{v}$、$\boldsymbol{v}_{\mathrm{T}}$ 分别为其速度矢量；r 为制导武器相对目标的距离；q 为目标线与基准线之间的夹角，称为视线角；σ、σ_{T} 分别为制导武器、目标速度矢量与基准线之间的夹角，称为弹道角和目标航向角；η、η_{T} 分别为制导武器、目标速度矢量与目标线之间的夹角，称为制导武器、目标速度矢量前置角。结合图 2.4，比例导引法的导引方程组为

$$\begin{cases}\dfrac{\mathrm{d}r}{\mathrm{d}t}=v_{\mathrm{t}}\cos(\eta_{\mathrm{T}})-v\cos\eta \\ \dfrac{\mathrm{d}q}{\mathrm{d}t}=\dfrac{1}{r}[v\sin\eta-v_{\mathrm{T}}\sin(\eta_{\mathrm{T}})] \\ q=\sigma+\eta=\sigma_{\mathrm{T}}+\eta_{\mathrm{T}} \\ \dfrac{\mathrm{d}\sigma}{\mathrm{d}t}=K\dfrac{\mathrm{d}q}{\mathrm{d}t}\end{cases} \tag{2.4}$$

式中：K 为比例导引系数。在掠海突防的前提条件下，海上制导武器可以简化为二维坐标表示，记为$(x_{\mathrm{m}},y_{\mathrm{m}})$，机动速度记为$V_{\mathrm{m}}$，方向为$d_{\mathrm{m}}$，将舰船的估计状态简化表示为$(x_{\mathrm{s}},y_{\mathrm{s}},v_{\mathrm{xs}},v_{\mathrm{ys}})$，海上制导武器的导引态势如图 2.5 所示。

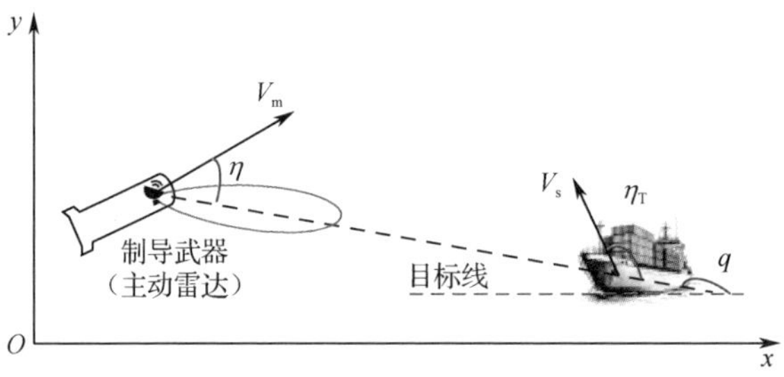

图 2.5　海上制导武器的导引态势

根据式（2.4），运用矢量计算法则，得到制导武器的弹道角 σ 的变化速率如下：

$$\begin{cases}\cos(\eta_{\mathrm{T}})=\dfrac{(x_{\mathrm{s}}-x_{\mathrm{m}})v_{\mathrm{xs}}+(y_{\mathrm{s}}-y_{\mathrm{m}})v_{\mathrm{ys}}}{\sqrt{v_{\mathrm{xs}}^2+v_{\mathrm{ys}}^2}\sqrt{(x_{\mathrm{s}}-x_{\mathrm{m}})^2+(y_{\mathrm{s}}-y_{\mathrm{m}})^2}} \\ \cos\eta=\dfrac{(x_{\mathrm{s}}-x_{\mathrm{m}})\cos(d_{\mathrm{m}})+(y_{\mathrm{s}}-y_{\mathrm{m}})\sin(d_{\mathrm{m}})}{\sqrt{(x_{\mathrm{s}}-x_{\mathrm{m}})^2+(y_{\mathrm{s}}-y_{\mathrm{m}})^2}} \\ \dfrac{\mathrm{d}\sigma}{\mathrm{d}t}=K\dfrac{\mathrm{d}q}{\mathrm{d}t}=\dfrac{K[V_{\mathrm{m}}\sin\eta-\sqrt{v_{\mathrm{xs}}^2+v_{\mathrm{ys}}^2}\sin(\eta_{\mathrm{T}})]}{\sqrt{(x_{\mathrm{s}}-x_{\mathrm{m}})^2+(y_{\mathrm{s}}-y_{\mathrm{m}})^2}}\end{cases} \tag{2.5}$$

式（2.5）中，可以利用矢量叉乘法来判断 $\sin\eta$ 与 $\sin(\eta_{\mathrm{T}})$ 的正负。上述分析描述了海上制导武器对目标跟踪过程的主要环节，下面结合海上雷达有源诱饵，分

析在干扰下制导过程的动态变化。

2.2.2 海上雷达有源诱饵的动态对抗过程

在第 1 章中，我们已经得到了雷达有源诱饵、舰船以及制导武器之间态势相对固定的条件下，主动雷达导引头的指示角输出情况。结合制导武器对目标的跟踪过程，随着时间的推移，在雷达有源诱饵干扰下，上述三者的相对态势会不断变化，并且态势的变化又将反过来影响雷达有源诱饵的干扰效果，形成如图 2.6 所示的干扰反馈回路。

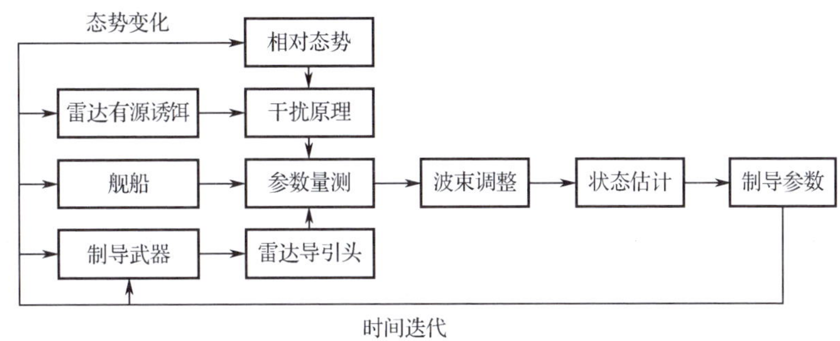

图 2.6 海上雷达有源诱饵的干扰反馈回路

结合图 2.6，海上雷达有源诱饵的动态对抗过程可描述如下：制导武器通过雷达导引头发射脉冲信号，通过处理舰船的雷达回波信号获取目标方位参数信息，而雷达有源诱饵在这一阶段基于相对态势进行角度上的欺骗，使雷达导引头输出包含错误信息的“目标”方位，根据错误“目标”校准雷达跟踪波束，通过滤波进行状态估计，并根据导引律得到制导参数，进一步控制武器平台的姿态变化，同时也改变了干扰的相对态势。

根据前面的分析，在制导武器对目标的跟踪过程中，雷达有源诱饵对雷达导引头的角度欺骗关键在于其跟踪波束要求始终对准错误“目标”，使其测角系统的 CMR 输出值控制在 0 值附近，进而逐渐地偏离真实的舰船。这里需要注意，雷达导引头的跟踪波束通常为窄波束，在雷达有源诱饵的干扰下，波束的调整也会直接影响到干扰效果，会存在一段时间的非稳定跟踪状态。结合上述动态对抗过程，下面基于 1.3.3 节的功率质心结论，从能量角度进行分析。

根据雷达方程与雷达干扰方程[6]，结合第 1 章中图 1.11 所示的制导武器与舰船的相对态势，舰船的雷达回波信号能量表达式为

$$\begin{cases} P_{\mathrm{rt}} = \dfrac{P_{\mathrm{t}} G_{\mathrm{t}}(\theta_1)\sigma}{(4\pi R_{\mathrm{t}}^2)^2} A_{\mathrm{e}}(\theta_1) \\ A_{\mathrm{e}}(\theta_1) = \dfrac{G_{\mathrm{t}}(\theta_1)\lambda^2}{4\pi} \end{cases} \quad (2.6)$$

式中：P_{t}为雷达发射功率；$G_{\mathrm{t}}(\theta_1)$为舰船所在方位的天线功率方向增益；σ为舰船的雷达截面积；A_{e}为天线的有效孔径。同理，在不考虑额外损失的情况下，雷达有源诱饵进入制导武器的雷达接收机干扰信号功率可以表示为

$$P_{\mathrm{rj}} = \frac{P_{\mathrm{j}} G_{\mathrm{j}}}{4\pi R_{\mathrm{j}}^2} \times A_{\mathrm{e}}(\theta_2) = \frac{P_{\mathrm{j}} G_{\mathrm{j}}}{4\pi R_{\mathrm{j}}^2} \times \frac{G_{\mathrm{t}}(\theta_2)\lambda^2}{4\pi} \quad (2.7)$$

由 1.3.1 节单脉冲测角分析可知，和差通道的处理已经结合了天线有效孔径，因此干扰信号与目标回波信号的相对大小，比较的是进入雷达接收机之前的信号。由式（1.18）和式（1.25），将天线方向增益的电压值$f(\theta)$用功率增益$G_{\mathrm{t}}(\theta)$表示，则干扰信号相对幅值a的表达式为

$$a = \sqrt{\frac{P_{\mathrm{rj}}}{A_{\mathrm{e}}(\theta_2)} \times \frac{A_{\mathrm{e}}(\theta_2)}{P_{\mathrm{rt}}}} \sqrt{\frac{G_{\mathrm{t}}(\theta_2)}{G_{\mathrm{t}}(\theta_1)}} \quad (2.8)$$

进一步考虑到雷达有源诱饵干扰信号与目标的雷达回波信号位于同一距离跟踪波门中，近似有$R_{\mathrm{t}} \approx R_{\mathrm{j}}$成立，可以统一用$R$表示距离，式（2.8）可以进一步写成

$$a = \sqrt{\frac{P_{\mathrm{j}} G_{\mathrm{j}}}{4\pi R^2} \times \frac{(4\pi R^2)^2}{P_{\mathrm{t}} G_{\mathrm{t}}(\theta_1)\sigma}} = 2R\sqrt{\frac{\pi P_{\mathrm{j}} G_{\mathrm{j}}}{\sigma P_{\mathrm{t}} G_{\mathrm{t}}(\theta_1)}} \sqrt{\frac{G_{\mathrm{t}}(\theta_2)}{G_{\mathrm{t}}(\theta_1)}} \quad (2.9)$$

当雷达有源诱饵与舰船均位于雷达导引头的波束主瓣内时，有$G_{\mathrm{t}}(\theta_2) \approx G_t(\theta_1)$成立，此时干扰信号的相对振幅与制导武器距离成线性关系。随着制导武器的接近，R逐渐减小，a也逐渐减小，进而雷达有源诱饵引起的角度干扰偏差将逐渐减弱；随着制导武器进一步机动，雷达有源诱饵与舰船会向雷达导引头的跟踪波束边缘靠近，此时，θ_1和θ_2的变化将使干扰信号与目标回波信号的方向增益发生较大起伏，有$G_{\mathrm{t}}(\theta_2) \neq G_{\mathrm{t}}(\theta_1)$，进而影响到干扰信号相对幅值$a$的大小。制导武器机动引起的态势变化如图 2.7 所示。

图 2.7 中，制导武器从t时刻到$(t+1)$时刻经过的距离表示为ΔR，L_{d}与L_{s}分别表示雷达有源诱饵与舰船到雷达导引头波束视轴的距离，这里将θ_1和θ_2随时间变化规律分别记为$\theta_1(t)$和$\theta_2(t)$。若制导武器沿着导引头视轴指向飞行，则$\theta_1(t)$与$\theta_2(t)$可近似表示成

$$\begin{cases}\theta_1(t) \approx \dfrac{L_s}{R} \\ \theta_2(t) \approx \dfrac{L_d}{R}\end{cases} \Rightarrow \begin{cases}\theta_1(t+1) \approx \dfrac{L_s}{R-\Delta R} \\ \theta_2(t+1) \approx \dfrac{L_d}{R-\Delta R}\end{cases} \tag{2.10}$$

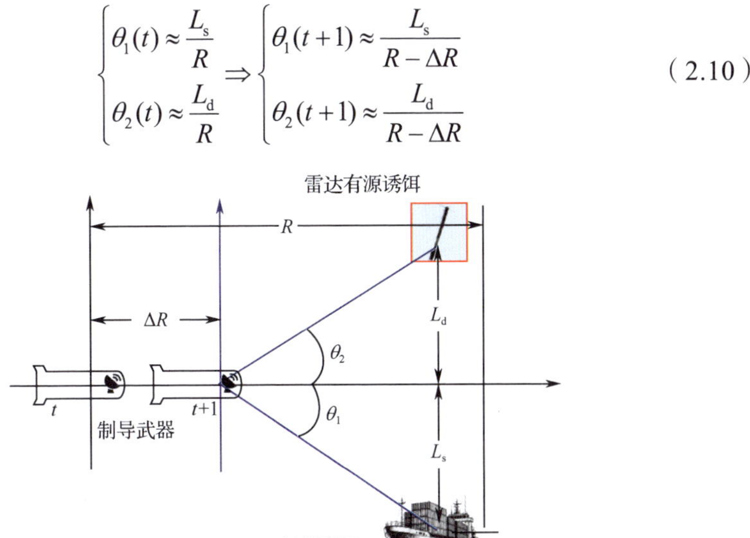

图 2.7 制导武器机动引起的态势变化示意图

式（2.10）中，如果 $L_d > L_s$，雷达有源诱饵偏离导引头视轴角度 θ_2 从 t 时刻到$(t+1)$时刻的增量要大于舰船偏离视轴的角度 θ_1，其干扰信号的方向增益衰减程度要高于舰船目标回波信号，使得导引头波束进一步向舰船方向靠近，在此之后，雷达有源诱饵将先行离开波束进而导致干扰失败，反之则舰船优先脱离雷达导引头的跟踪波束。综合上述分析，海上雷达有源诱饵与制导武器雷达导引头的动态对抗过程可以概括为如图 2.8 所示的 3 个阶段。

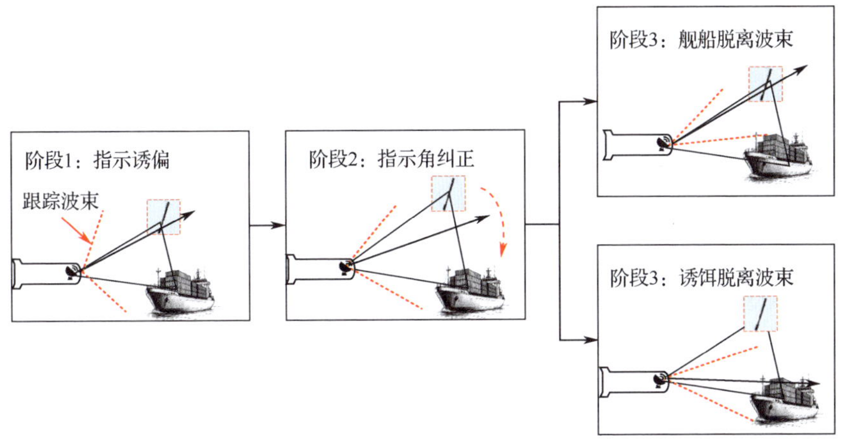

图 2.8 海上雷达有源诱饵与制导武器雷达导引头动态对抗过程的不同阶段示意图

图 2.8 中，阶段 1 是制导武器距离较远的初始跟踪阶段，从雷达导引头的视角看，诱饵与舰船所在方位区别差异较小，而此时雷达有源诱饵的干扰信号功率易大于舰船的回波信号功率，波束视轴会倾向于诱饵所在方位；阶段 2 是随着制导武器的距离接近，雷达有源诱饵干扰信号的相对功率下降，导引头视轴逐渐向舰船所在方位靠近；阶段 3 是当制导武器的距离达到诱饵或者舰船位于跟踪波束边缘时，其进一步机动会使雷达有源诱饵或者舰船目标脱离跟踪波束。

2.2.3 单个海上雷达有源诱饵的有效干扰临界条件

根据图 2.8 所示的动态对抗过程，结合式（2.9）干扰信号相对幅值 a 与制导武器距离 R 的关系，雷达有源诱饵要实现有效干扰，其干扰下的角度偏离程度应始终大于诱饵与舰船相对于雷达导引头跟踪波束宽度张角的一半，即在舰船尚未脱离跟踪波束之前，始终要满足 $|\theta_2|<|\theta_1|$。

结合式（2.10）和图 2.7，雷达有源诱饵实现有效干扰条件的下界是 $|\theta_2|=|\theta_1|\triangleq\theta_C$，这里用符号 θ_C 指代有效干扰的临界角度，意味着如果诱饵干扰态势处于此状态，导引头在后续阶段会指向舰船，诱饵会优先脱离跟踪波束从而导致后续干扰失败。结合式（1.32），此时满足条件 $a=1$ 和 $G_t(\theta_1)=G_t(\theta_2)$，将其代入式（2.9）中，得到

$$\begin{cases} R_e(\theta_C)=\sqrt{\dfrac{\sigma P_t G_t(\theta_C)}{P_j G_j 4\pi}} \\ L_C=2\theta_C\sqrt{\dfrac{\sigma P_t G_t(\theta_C)}{P_j G_j 4\pi}} \end{cases} \tag{2.11}$$

式中：$R_e(\theta_C)$ 为干扰下界条件时的制导武器距离；L_C 为此时雷达有源诱饵相对于舰船的布放距离。一般情况下，以雷达波束宽度作为区分目标的临界条件，为了后续推导方便表示，将制导武器的雷达导引头波束宽度记为 $2\theta_\rho$。当制导武器到达 $R_e(\theta_C)$ 时，如果雷达有源诱饵与舰船同时位于其雷达波束宽度边缘，则存在以下关系：

$$|\theta_1|+|\theta_2|=2\theta_\rho \tag{2.12}$$

将 $\theta_C=\theta_\rho$ 代入式（2.11）中，可得到

$$\begin{cases} R_{\mathrm{e}}(\theta_{\rho}) = \sqrt{\dfrac{\sigma P_{\mathrm{t}} G_{\mathrm{t}}(\theta_{\rho})}{P_{\mathrm{j}} G_{\mathrm{j}} 4\pi}} \\ L_{\rho} = 2\theta_{\rho} \cdot \sqrt{\dfrac{\sigma P_{\mathrm{t}} G_{\mathrm{t}}(\theta_{\rho})}{P_{\mathrm{j}} G_{\mathrm{j}} 4\pi}} \end{cases} \tag{2.13}$$

式（2.13）直接反映了雷达有源诱饵与舰船均位于波束宽度边缘、干扰临界情形下的制导武器距离和雷达有源诱饵布放距离，如图 2.9 所示。

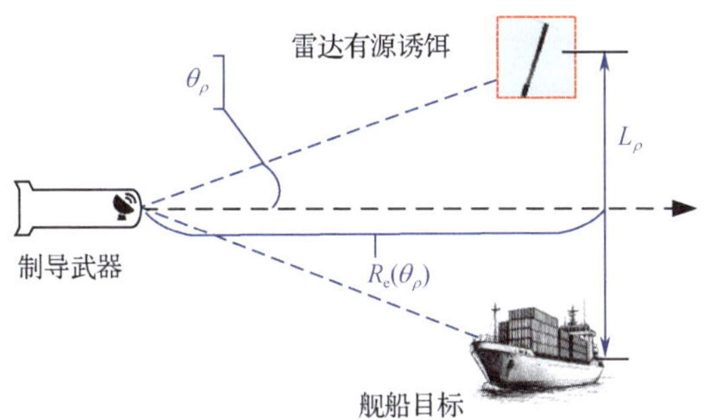

图 2.9　有效干扰临界条件判断示意图

由上述分析，结合图 2.9，可以得到雷达有源诱饵对制导武器雷达导引头的有效干扰临界条件的判断分析过程：若已知雷达有源诱饵布放距离为 $L_{\mathrm{d}}+L_{\mathrm{s}}$，简记为 L_{place}，如果 $L_{\mathrm{place}}>L_{\rho}$，意味着在制导武器在到达 $R_{\mathrm{e}}(\theta_{\rho})$之前，舰船或者诱饵就已脱离跟踪波束，结合图 2.8，在此之前满足条件$|\theta_2|<|\theta_1|$，舰船会优先脱离跟踪波束，从而实现了有效干扰；反之，$L_{\mathrm{place}}<L_{\rho}$时，当制导武器经过 $R_{\mathrm{e}}(\theta_{\rho})$之后，舰船与诱饵仍然都在雷达波束中，但是后续过程中，$|\theta_2|>|\theta_1|$，从而会导致干扰失败。需要注意，L_{place}只反映雷达有源诱饵，制导武器的距离要能满足上述干扰对抗过程。因此，$R_{\mathrm{e}}(\theta_{\rho})$和 L_{ρ} 可作为雷达有源诱饵干扰动态分析的临界条件判据，此时的制导武器距离定义为武器临界距离，诱饵的布放距离定义为临界布放距离。

2.3 多个海上雷达有源诱饵组合欺骗干扰分析

当使用多个雷达有源诱饵对制导武器雷达导引头进行干扰时，在信号层面上会产生更加复杂的耦合效应，进一步影响到态势层面的动态对抗过程。本节分别从信号层面与态势层面对多个海上雷达有源诱饵的角度欺骗干扰进行分析，研究在多个诱饵干扰下，有效干扰临界条件的变化，并进一步从雷达有源诱饵集群的视角，提出其空间组合干扰模型。

2.3.1 多个雷达有源诱饵干扰信号叠加模型

多个雷达有源诱饵位于被保护舰船的周围，可对制导武器雷达导引头进行组合干扰，从干扰原理看，主要可以分为两类：一是每个雷达有源诱饵作为独立的干扰源，对雷达导引头而言，这样只是在空间态势上表现出差异，分析方法与前文相同；二是位于不同方位的多个雷达有源诱饵对雷达导引头同时进行干扰，形成了空间多源的组合。本小节主要分析空间多源组合干扰下单脉冲雷达导引头的角度响应。

1. 多雷达有源诱饵干扰下的单脉冲角度响应

多个雷达有源诱饵同时进行角度欺骗干扰时，每个诱饵的干扰信号都要与舰船回波信号位于同一跟踪波门与跟踪波束内。受多方面因素影响，多个信号源干扰信号之间以及与目标回波信号之间都难以形成相干，因而雷达导引头的单脉冲角度响应是多个非相干信号源叠加的结果。以两个雷达有源诱饵为例，干扰情形如图 2.10 所示。

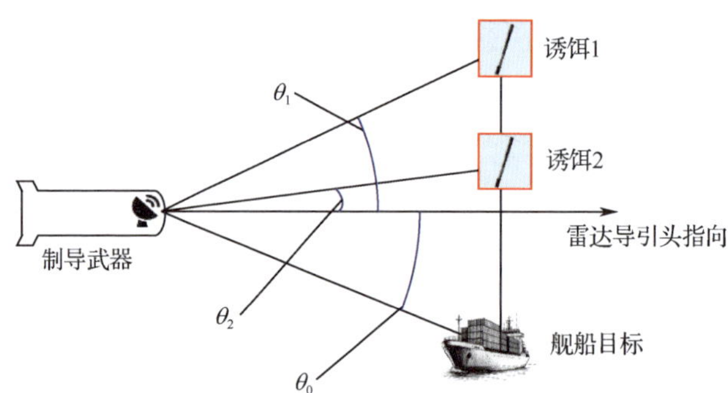

图 2.10 两个雷达有源诱饵的干扰情形示意图

图 2.10 中，制导武器雷达导引头跟踪波束的视轴指向为 0°，将舰船相对于波束视轴的方位角度记为 θ_0。考虑多个雷达有源诱饵，将第 i 个雷达有源诱饵偏离波束视轴的角度记为 $\theta_i(i=1,2,3,\cdots)$，其干扰信号记为 $a_i\mathrm{e}^{\mathrm{j}\phi_i}$，被保护舰船的目标回波信号记为 $a_0\mathrm{e}^{\mathrm{j}\phi_0}$，这里 $a_i(i=0,1,2,\cdots)$ 表示信号电压幅值，ϕ_i 表示信号初始相位。

根据 1.3.3 节中振幅和差法与相位和差法的有源诱饵干扰效果的一致性分析，这里不考虑单脉冲导引头所采用的具体形式，将和通道的电压天线方向增

益记为 $S(\theta)$，差通道的电压天线方向增益记为 $D(\theta)$，则在 N 个雷达有源诱饵干扰下，雷达导引头接收机的和通道与差通道信号可分别写成

$$\begin{cases} S = a_0 \mathrm{e}^{\mathrm{j}\phi_0} S(\theta_0) + \sum_{i=1}^{N} a_i \mathrm{e}^{\mathrm{j}\phi_i} S(\theta_i) = \sum_{i=0}^{N} a_i \mathrm{e}^{\mathrm{j}\phi_i} S(\theta_i) \\ D = a_0 \mathrm{e}^{\mathrm{j}\phi_0} D(\theta_0) + \sum_{i=1}^{N} a_i \mathrm{e}^{\mathrm{j}\phi_i} D(\theta_i) = \sum_{i=0}^{N} a_i \mathrm{e}^{\mathrm{j}\phi_i} D(\theta_i) \end{cases} \tag{2.14}$$

结合单脉冲比值与信号源偏离波束视轴角度之间的线性关系可知

$$\frac{D}{S} \approx k\theta_i \tag{2.15}$$

将式（2.15）代入式（2.14）中并计算比值，得到此时的雷达复单脉冲比为

$$\frac{D}{S} = \sum_{i=0}^{N} \frac{a_i S(\theta_i) \mathrm{e}^{\mathrm{j}\phi_0}}{S} \times \frac{D(\theta_i)}{S(\theta_i)} \approx k \left(\frac{\sum_{i=0}^{N} a_i S(\theta_i) \mathrm{e}^{\mathrm{j}\phi_i} \theta_i}{\sum_{i=0}^{N} a_i S(\theta_i) \mathrm{e}^{\mathrm{j}\phi_i}} \right) \tag{2.16}$$

由此得到导引头的目标测量角度为

$$\theta_{\mathrm{m}} = \Re \left(\frac{\sum_{i=0}^{N} a_i S(\theta_i) \mathrm{e}^{\mathrm{j}\phi_i} \theta_i}{\sum_{i=0}^{N} a_i S(\theta_i) \mathrm{e}^{\mathrm{j}\phi_i}} \right) \tag{2.17}$$

式（2.16）和式（2.17）表明，在多个雷达有源诱饵干扰下，单脉冲和差通道电压的比值是以和通道增益后的信号幅值为权重、多个信号源所在方位的复电压质心，其输出的测量角度对应于复电压质心的实部。由于信号源之间难以保持相干，因此角度存在随机波动。

2. 非相干多源信号的相位随机性影响分析

第 1 章的 1.3.3 节的相位随机性分析中指出，在单个雷达有源诱饵的干扰信号与舰船回波信号之间的相位差满足 $[0,2\pi]$ 区间内均匀分布的条件下，有结论如下：①雷达导引头指示角的期望均值结果是功率较大的信号源所在方向；②雷达导引头指示角的加权期望均值是以和通道信号功率作为权重、两个信号源的功率质心。

为方便表示，记 $b_i = a_i S(\theta_i)$，其中 $i = 0$ 时是指舰船的回波信号，可以进一步将式（2.17）化简为

$$\theta=\Re\left(\frac{\sum_{i=0}^{N}b_i \mathrm{e}^{\mathrm{j}\phi_i}\theta_i}{\sum_{i=0}^{N}b_i \mathrm{e}^{\mathrm{j}\phi_i}}\right)=\frac{\left[\sum_{i=1}^{N}b_i\cos(\phi_i)\theta_i\right]\left[\sum_{i=1}^{N}b_i\cos(\phi_i)\right]+\left[\sum_{i=1}^{N}b_i\sin(\phi_i)\theta_i\right]\left[\sum_{i=1}^{N}b_i\sin(\phi_i)\right]}{\left[\sum_{i=1}^{N}b_i\cos(\phi_i)\right]^2+\left[\sum_{i=1}^{N}b_i\sin(\phi_i)\right]^2} \tag{2.18}$$

假设各个信号源的相位是相互独立且在$[0,2\pi]$区间内满足均匀分布，就加权平均法而言，式（1.30）解释了加权平均的具体过程，这里重新表示为

$$\left(\frac{D}{S}\right)_{\mathrm{wm}}=\frac{\sum_{c=1}^{C}\left|S_c\right|^2\Re\left(\frac{D_c}{S_c}\right)}{\sum_{c=1}^{C}\left|S_c\right|^2}\approx\frac{E\left[\Re(D\cdot\bar{S}_c)\right]}{E\left[\left|S\right|^2\right]} \tag{2.19}$$

从式（2.19）可以发现，加权平均法的操作与信号源的数量无关，结合这里的$E[\Re(D\cdot\bar{S}_c)]$是指式（2.18）中分子的期望值，$E[|S|^2]$表示分母的期望值。由于非相干信号彼此之间相互独立，加权平均法得到的雷达导引头指示角可以写成

$$E(\theta)=\frac{\int_0^{2\pi}\cdots\int_0^{2\pi}\left\{\left[\sum_{i=1}^{N}b_i\cos(\phi_i)\theta_i\right]\left[\sum_{i=1}^{N}b_i\cos(\phi_i)\right]+\left[\sum_{i=1}^{N}b_i\sin(\phi_i)\theta_i\right]\left[\sum_{i=1}^{N}b_i\sin(\phi_i)\right]\right\}\mathrm{d}\phi_1\cdots\mathrm{d}\phi_N}{\int_0^{2\pi}\int_0^{2\pi}\left\{\left[\sum_{i=1}^{N}b_i\cos(\phi_i)\right]^2+\left[\sum_{i=1}^{N}b_i\sin(\phi_i)\right]^2\right\}\mathrm{d}\phi_1\cdots\mathrm{d}\phi_N}$$

$$E(\theta)=\frac{\sum_{i=1}^{N}\sum_{j=1}^{N}b_ib_j\theta_i\left\{\int_0^{2\pi}\int_0^{2\pi}[\cos(\phi_i)\cos(\phi_j)+\sin(\phi_i)\sin(\phi_j)]\mathrm{d}\phi_i\mathrm{d}\phi_j\right\}}{\sum_{i=1}^{N}\sum_{j=1}^{N}b_ib_j\left\{\int_0^{2\pi}\int_0^{2\pi}[\cos(\phi_i)\cos(\phi_j)+\sin(\phi_i)\sin(\phi_j)]\mathrm{d}\phi_i\mathrm{d}\phi_j\right\}} \tag{2.20}$$

根据三角函数积分的相关结论，当$i\neq j$时，有以下公式成立：

$$\begin{cases}\int_0^{2\pi}\int_0^{2\pi}\cos(\phi_i)\cos(\phi_j)\mathrm{d}\phi_i\mathrm{d}\phi_j=0\\ \int_0^{2\pi}\int_0^{2\pi}\sin(\phi_i)\sin(\phi_j)\mathrm{d}\phi_i\mathrm{d}\phi_j=0\end{cases} \tag{2.21}$$

将式（2.21）代入式（2.20）中可得

$$E(\theta)=\frac{\sum_{i=0}^{N}b_i^2\theta_i}{\sum_{i=0}^{N}b_i^2} \tag{2.22}$$

式（2.22）的结果表明：在多个雷达有源诱饵干扰下，单脉冲指示角的加权均

值指向多个信号源的功率质心，这一结论是第 1 章 1.3.3 节中单个诱饵结论的直接推广。需要注意的是，在式（2.18）中，$b_i = a_i S(\theta_i)$，即这里各信号源的功率是指经过雷达导引头的和通道方向增益加成之后的。

其次，就直接平均法而言，由于单脉冲比实部的期望等于其期望的实部，这里可以先直接将式（2.16）写成期望的形式，即

$$E\left(\frac{D}{S}\right) = \left(\frac{1}{2\pi}\right)^N \int_0^{2\pi} \cdots \int_0^{2\pi} \frac{\sum_{i=0}^{N} b_i \mathrm{e}^{\mathrm{j}\phi_i} \theta_i}{\sum_{i=0}^{N} b_i \mathrm{e}^{\mathrm{j}\phi_i}} \mathrm{d}\phi_1 \cdots \mathrm{d}\phi_N \tag{2.23}$$

从复变函数积分的角度，难以得到式（2.23）的解析式。但是通过矢量分析法，可对其中一些特殊情况进行推广分析。这里考虑使用两个雷达有源诱饵的干扰情形，当两个诱饵位于雷达导引头的同一方位时，即 $\theta_1 = \theta_2$，式（2.23）可化简为

$$\begin{aligned} E\left(\frac{D}{S}\right) &= \left(\frac{1}{2\pi}\right)^2 \int_0^{2\pi} \int_0^{2\pi} \frac{b_0 \mathrm{e}^{\mathrm{j}\phi_0} \theta_0 + (b_1 \mathrm{e}^{\mathrm{j}\phi_1} + b_2 \mathrm{e}^{\mathrm{j}\phi_2}) \theta_1}{b_0 \mathrm{e}^{\mathrm{j}\phi_0} + b_1 \mathrm{e}^{\mathrm{j}\phi_1} + b_2 \mathrm{e}^{\mathrm{j}\phi_2}} \mathrm{d}\phi_1 \mathrm{d}\phi_2 \\ &= \left(\frac{1}{2\pi}\right)^2 \int_0^{2\pi} \frac{b_0 \mathrm{e}^{\mathrm{j}\phi_0} \theta_0 + b_\mathrm{a} \mathrm{e}^{\mathrm{j}\phi_\mathrm{a}} \theta_1}{b_0 \mathrm{e}^{\mathrm{j}\phi_0} + b_\mathrm{a} \mathrm{e}^{\mathrm{j}\phi_\mathrm{a}}} \mathrm{d}\phi_\mathrm{a} \end{aligned} \tag{2.24}$$

式（2.24）中，两个诱饵的干扰信号叠加后可以视为一个合成信号，用 $b_\mathrm{a} \mathrm{e}^{\mathrm{j}\phi_\mathrm{a}}$ 表示，与单个诱饵干扰有相同形式，b_a 具体表示为

$$b_\mathrm{a}^2 = b_1^2 + b_2^2 + 2 b_1 b_2 \cos(\phi_1 - \phi_2) \tag{2.25}$$

这里 $(\phi_1 - \phi_2)$ 在 $[0, 2\pi]$ 区间内仍然是满足均匀分布的，$b_\mathrm{a} \mathrm{e}^{\mathrm{j}\phi_\mathrm{a}}$ 矢量合成如图 2.11 所示。

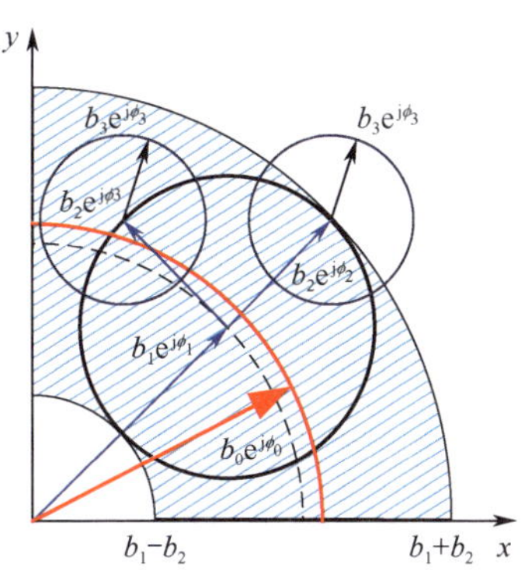

图 2.11　信号叠加矢量合成示意图

图 2.11 中，经过矢量叠加后的 $b_\mathrm{a}\mathrm{e}^{\mathrm{j}\phi_\mathrm{a}}$ 是以坐标原点为起点、以图中阴影区域点为终点的矢量，其幅度是在 (b_1+b_2) 与 (b_1-b_2) 之间波动；从对称性的角度，相位 ϕ_a 在 $[0,2\pi]$ 的不同位置的出现概率相同，满足均匀分布规律。结合第 1 章 1.3.3 节的直接平均法得出的结论，式（2.24）的积分是比较 b_0 与 b_a 的大小，但此时 b_a 是一个随机变量，单脉冲输出角度将概率指向其中信号功率较大的信号源所在方位。记 b_a 大于 b_0 与小于 b_0 的概率值分别为

$$\begin{cases} w_0 = P(b_\mathrm{a} < b_0) \\ w_1 = P(b_\mathrm{a} > b_0) \end{cases} \tag{2.26}$$

由此可得，在两个相同位置有源诱饵的干扰下，雷达导引头的直接平均期望指向为

$$E(\theta) = w_0\theta_0 + w_1\theta_1 \tag{2.27}$$

进一步考虑多个诱饵处于同一位置干扰的情形，结合式（2.24）与图 2.11，其合成信号仍然可以用矢量叠加的方法表示，合成信号的相位满足均匀分布，但是幅值起伏是多个三角函数分布叠加后的结果，如图 2.11 中的第三个矢量 $b_3\mathrm{e}^{\mathrm{j}\phi_3}$。此时 $b_1\mathrm{e}^{\mathrm{j}\phi_1}$ 和 $b_2\mathrm{e}^{\mathrm{j}\phi_2}$ 合成以后的矢量末端在阴影区域随机分布，三个干扰信号合成后的 b_a 分布将更加复杂。

尽管如此，由式（2.25）可知，幅值 b_a 的具体分布情况与信号功率大小有关，即式（2.27）中的权重系数与雷达有源诱饵的干扰信号功率相关，且多个诱饵的干扰功率之和越大，则权重 w_1 越大，这一点表现出了与式（2.22）功率质心相似的变化规律。单个诱饵直接平均法的干扰结论可理解为多个诱饵的一个特例，即权重概率为 0 或者 1。

在上述分析基础上，考虑个别诱饵的方位角度不是 θ_1 的情况，假设第二个诱饵的方位角度 $\theta_2 > \theta_1$，位于波束主瓣内的 b_2 可认为保持不变，记 $\theta_2 = \theta_1 + \Delta\theta$，则式（2.24）可以写成

$$\begin{aligned} E\left(\frac{D}{S}\right)_{\theta_2>\theta_1} &= \left(\frac{1}{2\pi}\right)^2 \int_0^{2\pi}\int_0^{2\pi} \frac{b_0\mathrm{e}^{\mathrm{j}\phi_0}\theta_0 + (b_1\mathrm{e}^{\mathrm{j}\phi_1} + b_2\mathrm{e}^{\mathrm{j}\phi_2})\theta_1 + b_2\mathrm{e}^{\mathrm{j}\phi_2}\Delta\theta}{b_0\mathrm{e}^{\mathrm{j}\phi_0} + b_1\mathrm{e}^{\mathrm{j}\phi_1} + b_2\mathrm{e}^{\mathrm{j}\phi_2}} \mathrm{d}\phi_1\mathrm{d}\phi_2 \\ &= E\left(\frac{D}{S}\right) + \left(\frac{1}{2\pi}\right)^2 \int_0^{2\pi}\int_0^{2\pi} \frac{b_2\mathrm{e}^{\mathrm{j}\phi_2}\Delta\theta}{b_0\mathrm{e}^{\mathrm{j}\phi_0} + b_1\mathrm{e}^{\mathrm{j}\phi_1} + b_2\mathrm{e}^{\mathrm{j}\phi_2}} \mathrm{d}\phi_1\mathrm{d}\phi_2 \\ &= E\left(\frac{D}{S}\right) + \left(\frac{1}{2\pi}\right)^2 \int_0^{2\pi}\int_0^{2\pi} \frac{(b_0\mathrm{e}^{\mathrm{j}\phi_0} + b_1\mathrm{e}^{\mathrm{j}\phi_1}) \times 0 + b_2\mathrm{e}^{\mathrm{j}\phi_2}\Delta\theta}{b_0\mathrm{e}^{\mathrm{j}\phi_0} + b_1\mathrm{e}^{\mathrm{j}\phi_1} + b_2\mathrm{e}^{\mathrm{j}\phi_2}} \mathrm{d}\phi_1\mathrm{d}\phi_2 \end{aligned} \tag{2.28}$$

与式（2.24）相比，式（2.28）引入了一个额外项，在转换成指示角时，该项可以理解为两个位于 0°方位角的信号源与一个位于 $\Delta\theta$ 干扰信号源的叠加，

由于 $\Delta\theta > 0$，根据式（2.27），多出来的偏角会向有源诱饵所在方位倾斜，因此该项可认为是引入了额外的干扰增益。

上述推导分析在单个雷达有源诱饵研究基础上，将加权平均法对应的功率质心结论推广到了多个有源诱饵干扰情形，权重是每个诱饵干扰信号功率大小；但是，直接平均法不再是指向信号源较大目标所在方位，而是信号源方位另一类加权，权重与合成信号幅值的起伏分布特征有关，属于概率权重。数学表达式表明，在多个雷达有源诱饵同时干扰下，单脉冲雷达导引头的单次测角仍会有较大测角误差情况的出现，引起跟踪波束较大幅度的波动。对此，站在干扰方的视角，本章仍是从单脉冲加权平均法的角度出发，来分析多有源诱饵的组合干扰，以获得更加鲁棒的干扰效果。

2.3.2　多个海上雷达有源诱饵有效干扰临界条件

当只有单个雷达有源诱饵进行干扰时，有效干扰临界条件是基于图 2.7 所示的诱饵与舰船均位于雷达跟踪波束边缘这一出发点，而多个雷达有源诱饵同时进行干扰时，所有诱饵均要求位于波束宽度内。这里将雷达有源诱饵按距离舰船的远近排序，易知此时干扰的临界情形是指最外侧雷达有源诱饵与舰船分别位于雷达跟踪波束的边缘，如图 2.12 所示。

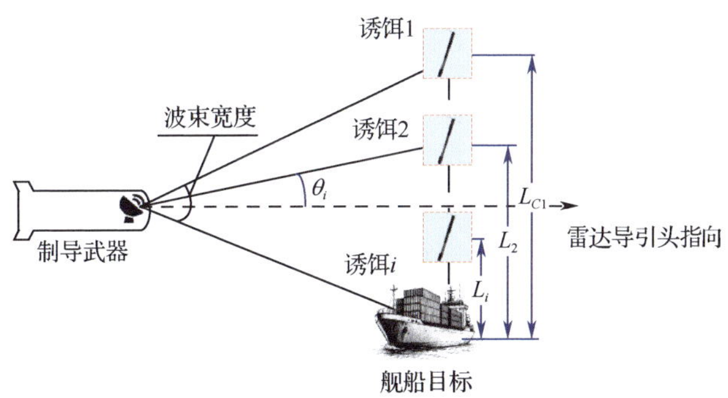

图 2.12　多个雷达有源诱饵干扰临界情形示意图

记每个雷达有源诱饵与制导武器之间的距离为 $R_{ji}(i=1,2,\cdots)$，结合式（2.6）雷达方程和式（2.7）雷达干扰方程，将舰船回波信号幅值 b_0 和诱饵干扰信号幅值 b_i 表示为功率形式，即

$$\begin{cases} b_0 = a_0 S(\theta_0) = \sqrt{\dfrac{P_t G_t(\theta_0)\sigma}{(4\pi R_t^2)^2}} \sqrt{G_t(\theta_0)} \\ b_i = a_i S(\theta_i) = \sqrt{\dfrac{P_j G_j}{4\pi R_{ji}^2}} \sqrt{G_t(\theta_i)} \end{cases} \tag{2.29}$$

在上述临界条件下，将式（2.29）代入式（2.22）中，基于假设条件 $R_{ji} = R_t \triangleq R_{C1}$，可以得到

$$\begin{cases} E(\theta) = \dfrac{\sum\limits_{i=0}^{N} b_i^2 \theta_i}{\sum\limits_{i=0}^{N} b_i^2} = 0 \\ \Downarrow \\ R_{C1}^2 = -\dfrac{P_t G_t(\theta_0)\sigma}{4\pi P_j G_j} \times \dfrac{G_t(\theta_0)\theta_0}{G_t(\theta_1)\theta_1 + G_t(\theta_2)\theta_2 + \cdots} \end{cases} \tag{2.30}$$

式中：$E(\theta) = 0$ 为在跟踪条件下，雷达导引头波束视轴稳定指向目标；R_{C1} 为在临界条件下的制导武器距离。结合式（2.11），$\theta_0 = \theta_C$，因此可以将 R_{C1} 表示为

$$R_{C1}^2 = -R_e(\theta_C)^2 \frac{G_t(\theta_0)\theta_0}{G_t(\theta_1)\theta_1 + G_t(\theta_2)\theta_2 + \cdots} \tag{2.31}$$

式中：$\theta_0 = -\theta_C$；$R_e(\theta_C)$ 为 2.2.3 节中单个雷达诱饵有效干扰的制导武器临界距离。当 $i = 1$ 并代入 $\theta_1 = \theta_C$，式（2.31）可以化简为单个诱饵干扰情形。进一步结合图 2.12，θ_i 是以视轴指向作为 0°方向，其取值以逆时针为正。当多个诱饵干扰时，若新增加的诱饵其角度 $\theta_i > 0$，对应式（2.31）的分母会增大，则制导武器的临界距离减小，反之若诱饵方位角度 $\theta_i < 0$，则制导武器临界距离会增大。

根据 2.2.3 节的分析，当制导武器初始距离 R 已知时，从 R 到 $R_e(\theta_C)$ 之间的这一段是雷达有源诱饵进行有效干扰的距离区间，制导武器的临界距离减小，意味着雷达有源诱饵能够在更大距离范围实施干扰。同时，$R_e(\theta_C)$ 减小，雷达有源诱饵的临界布放距离也会减小，降低了诱饵布放距离的要求，进一步提升了实现有效干扰的可行性。

从数学表达式上，对比式（2.31）与式（2.11）可知，多个有源诱饵与单个有源诱饵有效干扰临界条件的主要区别在于，在多个诱饵干扰下，临界条件 R_{C1} 与态势参数 θ_i 有关，而态势参数 θ_i 又是基于 R_{C1} 和每个诱饵的布放距离计算得到，即式（2.31）并不是完全的解析式。考虑 θ_i 与制导武器的距离以及各个诱饵布放距离的关系，记每个雷达有源诱饵到舰船的布放距离为 L_i，如图 2.12 所示，可以将 θ_i 用距离表示为

$$\theta_i \approx \frac{2L_i - L_{C1}}{2R_{C1}}, i = 1, 2, \cdots, N \tag{2.32}$$

式中：N 为有源诱饵个数（$N \geqslant 2$）。将式（2.32）代入式（2.31）中，取近似条件 $G_t(\theta_i) \approx G_t(\theta_0)$，可以得到多诱饵等效临界布放距离 L_{C1} 与所有诱饵布放距离关系，即

$$\begin{aligned}
R_{C1}^2 &= R_C^2 \frac{|\theta_C|}{\sum_{i=1}^{N} \theta_i} \\
\Rightarrow R_{C1}^2 |\theta_C| &= R_C^2 |\theta_C|^2 \frac{2R_{C1}}{\sum_{i=1}^{N} 2(L_i - L_{C1})} \\
\Rightarrow L_{C1} &= L_C^2 \frac{1}{\sum_{i=1}^{N} (2L_i - L_{C1})} \\
\Rightarrow NL_{C1} + \frac{L_C^2}{L_{C1}} &= 2(L_1 + L_2 + \cdots + L_N)
\end{aligned} \tag{2.33}$$

这里，L_{C1} 是最外侧的有源诱饵 1 的布放距离，即 $L_{C1} = L_1$，代入式（2.33）中，可以得到有源诱饵 1 的临界布放距离为

$$L_{C1} = \begin{cases} L_C, N = 1 \\ \dfrac{{L_C}^2}{2L_2}, N = 2 \\ \dfrac{\sum_{i=2}^{N} L_i - \sqrt{\left(\sum_{i=2}^{N} L_i\right)^2 - (N-2){L_C}^2}}{N-2}, N \geqslant 3 \end{cases} \tag{2.34}$$

式中：L_C 是根据式（2.11）由雷达对抗相关参数得到的，与干扰态势无关。当诱饵个数 $N = 2$ 时，如果诱饵 2 与诱饵 1 的布放位置相同，可以得到 $L_{C1} = L_C / \sqrt{2}$，而当 $L_2 < L_C / \sqrt{2}$ 时，$L_{C1} > L_C / \sqrt{2}$，反之则 $L_{C1} < L_C / \sqrt{2}$。

当诱饵个数 $N \geqslant 3$ 时，可以得到

$$\begin{cases} L_{C1} = \dfrac{L_C}{\sqrt{N}}, \sum_{i=2}^{N} L_i = \dfrac{(N-1)L_C}{\sqrt{N}} \\ L_{C1} < \dfrac{L_C}{\sqrt{N}}, \sum_{i=2}^{N} L_i < \dfrac{(N-1)L_C}{\sqrt{N}} \\ L_{C1} > \dfrac{L_C}{\sqrt{N}}, \sum_{i=2}^{N} L_i > \dfrac{(N-1)L_C}{\sqrt{N}} \end{cases} \tag{2.35}$$

式（2.35）反映的是多个诱饵干扰对诱饵临界布放条件的作用，L_{C1}越小，雷达有源诱饵需要满足的有效干扰布放态势要求越宽松。结合式（2.31）的分析，这里以解析形式直接给出了布放距离与多个诱饵的量化关系。需要注意的是，其他诱饵相较于被保护舰船，应该更加靠近诱饵 1 进行布放。

上述分析是单独从诱饵 1 的视角对临界条件进行了分析，其临界布放距离 L_{C1} 与其他诱饵布放态势有关。为了能够对多个有源诱饵之间布放距离的关系进行描述，这里从多诱饵的整体视角进行分析，将多个诱饵等效为单个高功率的诱饵，如图 2.13 所示。

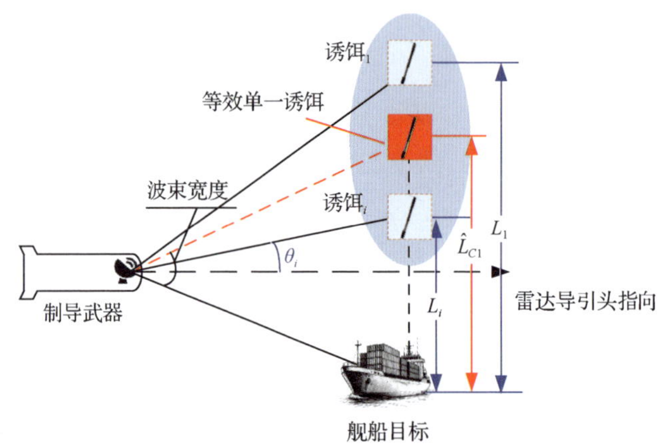

图 2.13　多诱饵等效干扰临界情形示意图

图 2.13 中，将多个诱饵等效为单一诱饵，以此作为有效干扰的临界情形。本质上该做法是弱化了制导武器的距离约束。在原先的条件中，是将诱饵 1 位于雷达导引头跟踪波束的边缘作为临界条件，这里则是以更加接近被保护舰船的等效单一诱饵位置作为临界条件。用符号 $\hat{L}_{C1}$ 表示其有效干扰临界布放距离，根据式（2.33）推导过程，同样可以得到

$$N\hat{L}_{C1}+\frac{L_C^2}{\hat{L}_{C1}}=2(L_1+L_2+\cdots+L_N) \tag{2.36}$$

从数学公式推导的角度看，式（2.36）相当于去掉约束条件 $L_{C1}=L_1$。将式（2.33）所得等式的左侧视为 $\hat{L}_{C1}$ 的函数，函数图像如图 2.14 所示。

图 2.14 中，函数最小值为 $2\sqrt{N}L_C$，为了使式（2.36）能够成立，多个有源诱饵实现有效干扰的布放距离应满足

$$\frac{\sum_{i=1}^{N}L_i}{N}>\frac{L_C}{\sqrt{N}} \tag{2.37}$$

根据式（2.37），要求多个有源诱饵布放距离之和应大于$\sqrt{N}L_C$。从图 2.14 中表述的 A 和 B 两个变化趋势可知，随着多个诱饵布放距离之和增大，$\hat{L}_{C1}$既有可能增大，也有可能减小，存在多值，而根据前文对式（2.31）的分析可知，多个诱饵的有效干扰临界条件只需考虑$\hat{L}_{C1}$变小的情况，即图 2.14 中点 B 变化趋势。

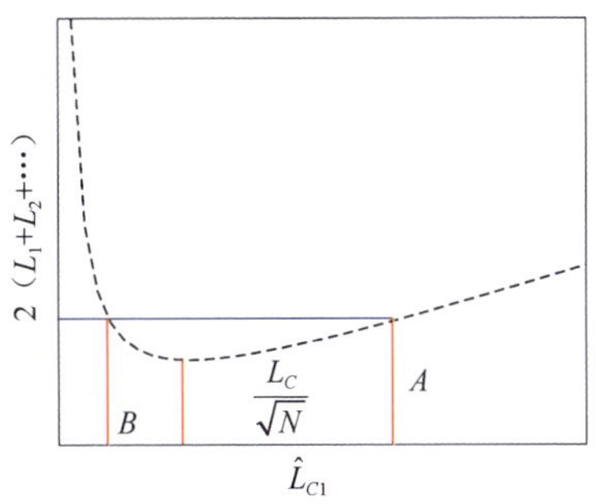

图 2.14　多雷达有源诱饵干扰临界条件的函数图像

与式（2.34）分析相同，这里$\hat{L}_{C1}$对应于多个诱饵所等效的单一诱饵布放距离，假设多个诱饵布放在同一位置，并取式（2.37）中不等式为等式，可以得到$2\sqrt{N}L_C = 2NL_i$。此时，每个诱饵的布放距离为$L_C/\sqrt{N}$，结合式（2.11），$L_C/\sqrt{N}$本质上可以理解为多个诱饵功率叠加的结果。当多个诱饵布放距离均大于$L_C/\sqrt{N}$时，易知其等效布放距离满足有效干扰需求；而当其中部分诱饵布放距离小于$L_C/\sqrt{N}$，部分大于$L_C/\sqrt{N}$，由于$G_t(\theta_i) \approx G_t(\theta_0)$非严格成立，通常靠近舰船布放诱饵方向增益更大。在计算等效布放距离时，小于$L_C/\sqrt{N}$的诱饵可以获得更大权重，如图 2.15 所示。

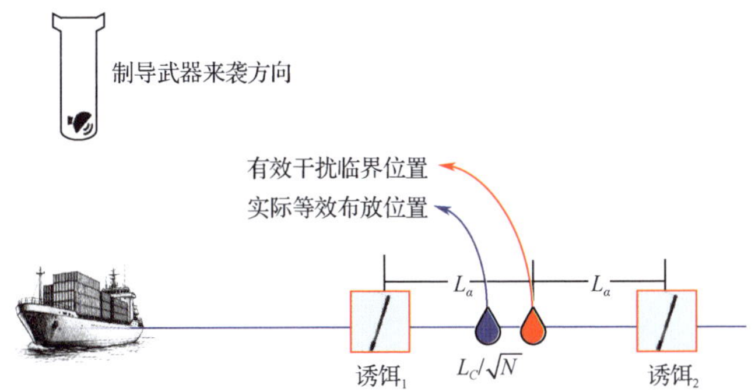

图 2.15　不同位置的多个有源诱饵等效布放位置示意图

综合上述分析，从有效干扰的充分条件看，$L_C/\sqrt{N}$可以视为多个雷达有源诱饵为实现有效干扰，每个诱饵布放距离的一个可行下界，$\sum_{i=1}^{N} L_i / N$ 可以视为等效诱饵布放距离。至此，将多雷达有源诱饵有效干扰的临界条件通过与态势无关的形式表示出来。这里需要强调，该充分条件的应用前提是多个雷达有源诱饵彼此之间就近布放，否则，如果诱饵靠近舰船布放，反而会成为制导武器雷达导引头的“信标”。

2.3.3 多个海上雷达有源诱饵空间干扰模型

在前文分析中，雷达有源诱饵在进行干扰时，其布放位置总是在舰船相对于制导武器来袭方向的横向方位上。在实际雷达制导对抗中，制导武器的来袭方向通常是未知的，即雷达有源诱饵的有效干扰临界条件要求的对应布放位置具有不确定性。针对这种情形，考虑到雷达有源诱饵可以基于“移动平台”伴随舰船护航，并利用 DRFM 技术在时域内进行延迟调制转发，能够在一定程度上实现干扰态势的匹配，如图 2.16 所示。

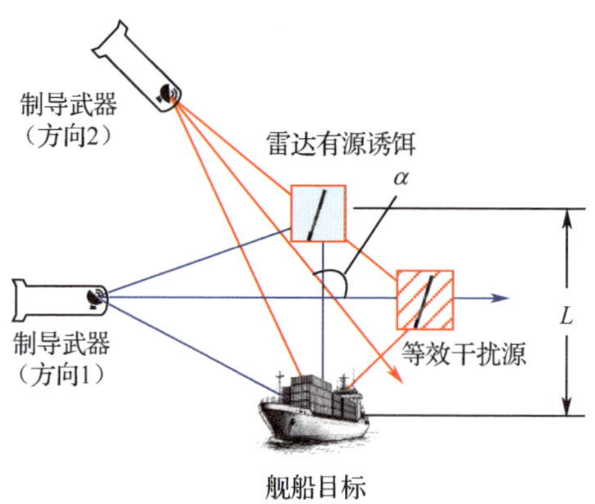

图 2.16　雷达有源诱饵干扰不同方位制导武器雷达导引头

图 2.16 中，雷达有源诱饵根据制导武器来袭方向，在转发干扰信号时加上一定时延，得到的等效干扰源与舰船回波信号位于同一个跟踪波门中。以图中所示水平方向为 0°，将制导武器低空突防方向记为 α，雷达有源诱饵布放距离为 L，则等效干扰源的布放距离为

$$L_{\alpha} = L \cdot \sin\left(\left|\alpha - 90^{\circ}\right|\right) \tag{2.38}$$

当 L_{α} 大于诱饵的临界布放距离时，雷达有源诱饵仍然可以对来袭方向为 α 的制导武器实现有效干扰。从式（2.38）也可看出，随着 α 接近 90°，L_{α} 将逐

渐变小，直至无法实现有效欺骗干扰的临界条件要求，从而形成了角度欺骗的锥形干扰盲区[7]。考虑到雷达导引头会采用捷变频等抗干扰手段，雷达有源诱饵进行干扰时通常只考虑延迟转发而不能进行提前转发。除了延迟转发以外，当舰船侦察到制导武器来袭，如果诱饵载体“移动平台”具有足够的时间进行机动，则可以实现空间干扰态势的有限变化，如图 2.17 所示。

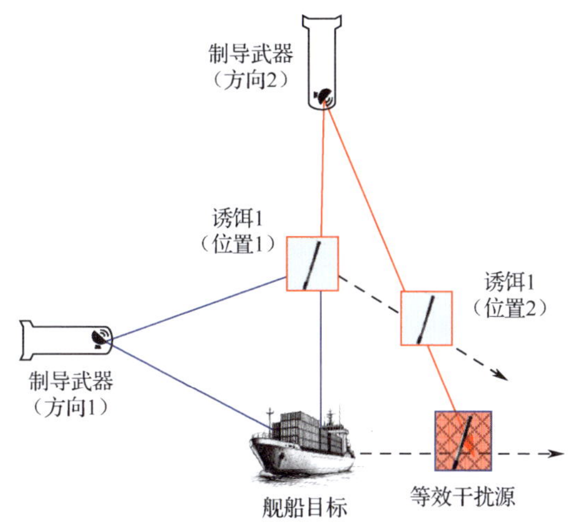

图 2.17　雷达有源诱饵机动干扰

图 2.17 中，当制导武器从方向 2 来袭时，对于位置 1 的诱饵而言，其处于干扰盲区中，而如果有预警信息的支持，此时若制导武器仍然距离较远，诱饵 1 则可以通过机动到位置 2 处，结合延迟转发，实现对方向 2 来袭制导武器进行有效干扰态势的构建。

在使用多个诱饵干扰时，若多个雷达有源诱饵与舰船呈一条直线布放，针对不同方向来袭制导武器，有效干扰临界条件的分析方法与 2.3.2 节相同，只是每个诱饵等效干扰源的布放距离等于其与舰船之间的距离再乘以式（2.38）中所示的来袭方向折扣系数。除此以外，多个雷达有源诱饵还可以形成梯次接力的干扰效果，如图 2.18 所示。

图 2.18 中，若在制导武器到达位于位置 1 之前，诱饵 1 和诱饵 2 对其未能实现有效的方位诱偏欺骗，诱饵 1 会先脱离跟踪波束主瓣无法进行后续干扰，但在此之后，在制导武器到达位置 2 之前，诱饵 2 可以继续进行干扰，形成梯次对抗效果；同时，如果诱饵 2 能有效诱偏跟踪波束，诱饵 1 则可能会再进入跟踪波束主瓣，起到接力干扰作用，使角度诱偏的程度增大。

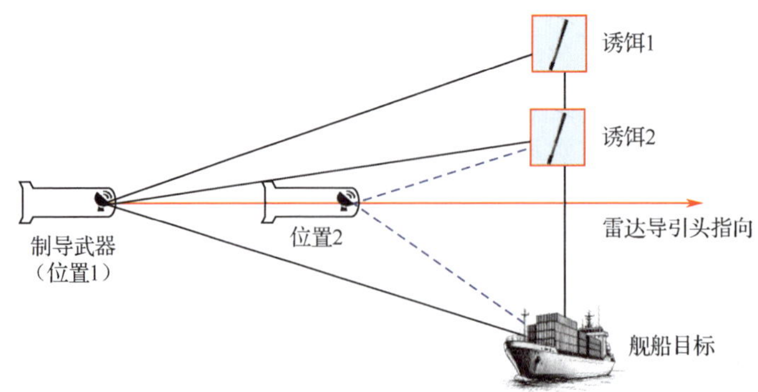

图 2.18　多个雷达有源诱饵对制导武器雷达导引头形成梯次接力干扰效果

当多个雷达有源诱饵在海平面上基于“移动平台”伴随在舰船的周围进行护航，则可以对不同方向来袭的制导武器雷达导引头形成干扰互补效果，如图 2.19 所示。

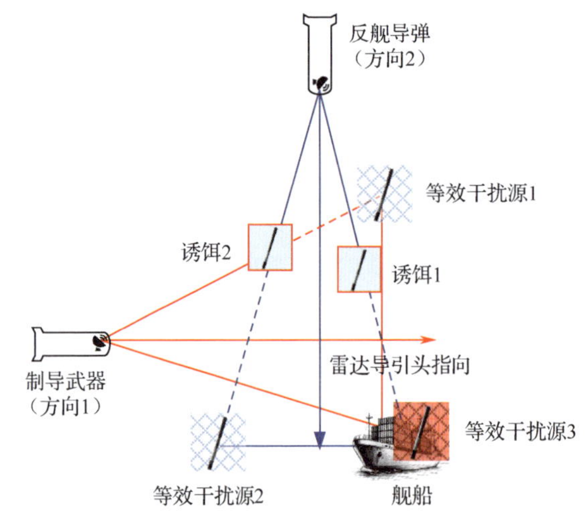

图 2.19　多个雷达有源诱饵对制导武器形成干扰互补效果

图 2.19 中，诱饵 2、诱饵 1 和舰船构成了一种三角形态势，可以对不同方向制导武器采取不同的干扰组合策略。针对方向 1，诱饵 2 通过延迟转发，可形成等效干扰源 1，该等效干扰源可以与诱饵 1 同时对方向 1 制导武器进行组合式干扰；但是，对于方向 2 制导武器，诱饵 1 延迟转发后生成等效干扰源 3，更加靠近舰船，根据式（2.31）可知，诱饵 2 和诱饵 1 同时干扰时，诱饵 1 会起到负面干扰作用，此时，可单独使用诱饵 2 进行干扰。上述两个雷达有源诱饵的组合态势，与图 2.16 和图 2.12 相比，补充了对方向 2 制导武器的干扰，实现了空间上的干扰协同。以舰船所在位置为坐标原点，诱饵的坐标记为 (x_i, y_i)，

针对方向 α 的制导武器，延迟转发生成的等效干扰源布放距离为

$$L_\alpha = x_i \cos(\alpha - 90^\circ) + y_i \sin(\alpha - 90^\circ) \tag{2.39}$$

由上述分析，基于诱饵“移动平台”特征，当多个雷达有源诱饵伴随舰船护航时，针对不同方向来袭制导武器的末制导主动雷达导引头，可以采用单个或者多个诱饵组合方式来实现有效干扰。

2.4 海上雷达有源诱饵的动态仿真分析

2.4.1 雷达有源诱饵干扰动态仿真系统

雷达有源诱饵对制导武器末制导主动雷达导引头的干扰是一个动态过程，由于单脉冲雷达导引头基于重复脉冲来获得目标方位信息，这一过程具有单脉冲测角的高频采样特点和干扰态势宏观变化的低频采样特点。为分析验证雷达有源诱饵的干扰效果，基于 Python 编程语言与 pyqt5、pyqtGraph 等开发包，根据第 1 章和第 2 章的相关分析，考虑单脉冲雷达导引头信号处理、雷达数据处理、武器制导模型等阶段过程，搭建具有对抗场景设置模块、信号生成处理模块、仿真控制模块、参数动态调整模块、过程可视化模块等多模块组成的信号级双进程干扰动态仿真系统。其中，过程可视化与仿真后台是两个独立的进程。该仿真系统的结构框图如图 2.20 所示。

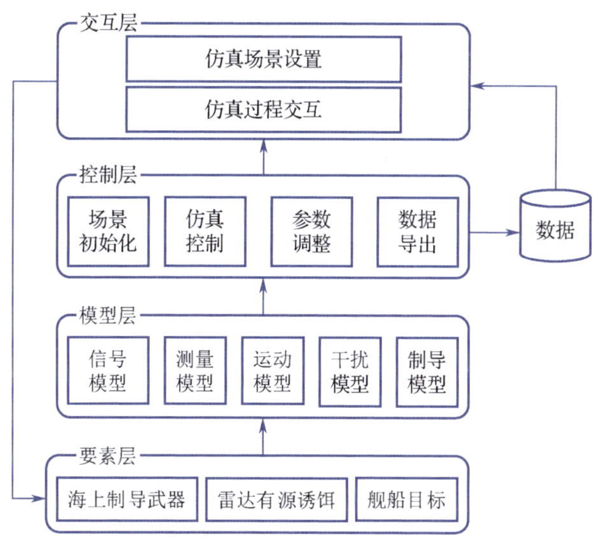

图 2.20　雷达有源诱饵干扰动态仿真系统结构框图

结构框图显示了雷达有源诱饵干扰动态对抗仿真系统的内在运行关系，用户首先根据要素层中的海上制导武器、雷达有源诱饵和舰船目标这三个基本对象，通过输入参数构建干扰对抗场景，初始化各要素在模型层中对应的动态仿真模型，包括了雷达信号模型、导引头目标测量模型、各要素宏观运动模型、欺骗干扰模型和武器制导模型等，并利用控制层的场景初始化、仿真控制、参数调整与数据导出等功能，实现动态对抗仿真的开始、暂停、结束以及后续的数据导出分析，系统窗口如图 2.21 所示。

结合图 2.21，动态对抗仿真系统的基本操作包含以下三个步骤：

第一步，在图 2.21（a）所示的场景窗口中，设置制导武器、舰船和雷达有源诱饵的态势以及雷达干扰对抗的相关参数，这里雷达有源诱饵包括了“移动平台”的机动参数，并将各要素添加到动态仿真环境中，通过场景窗口的“初始化”按钮，将态势信息同步输出到可视化窗口中。

第二步，在图 2.21（a）所示的仿真控制窗口中，设置对抗的仿真时长与仿真步长，并初始化仿真过程。在系统中，为了加快模拟仿真速度，这里对测角过程的高频采样和态势宏观变化的低频采样进行折中处理，仿真步长设置为导引头脉冲重复频率的整数倍，系统会根据步长大小，在每一帧仿真中生成对应数量的回波信号以及干扰信号。

第三步，通过图 2.21（b）所示的仿真过程窗口，开始仿真前，设置制导武器雷达导引头锁定舰船目标，使跟踪波门与跟踪波束对准舰船所在方位，同步开启雷达有源诱饵干扰机，以模拟有源诱饵末段干扰对抗过程。开始仿真时，雷达导引头会根据接收信号，从和差通道的信号中提取目标方位信息，并在经过滤波处理后，基于比例导引法更新制导武器位置。在仿真过程中，可以动态调整各要素的运动参数与干扰参数，包括干扰功率、干扰方向、雷达有源诱饵与舰船的航向/速度等，此外，可实时输出制导武器数据用来后续分析。

本章构建的动态对抗仿真系统，其主要特点是结合了前文单个与多个雷达有源诱饵干扰理论与诱饵“移动平台”特征，考虑信号与态势两个层面的关系，将信号模拟处理过程放在了每帧态势的仿真步长中，尽管该做法损失了一部分态势变化的细节，但实现了仿真过程的高效解算。系统的另一重要特征是要素层的数据隔离，仿真中，基于面向对象思想，使用 ID 作为唯一标识符来区分对抗环境每一个要素，考虑了不同诱饵干扰信号的叠加过程；同时，对于雷达导引头，将其数据均封装在独立的对象中，因而可模拟多个制导武器同时来袭、多个雷达有源诱饵同时干扰时要素互相影响的场景，也为后续雷达有源诱饵集群干扰分析提供了仿真环境。

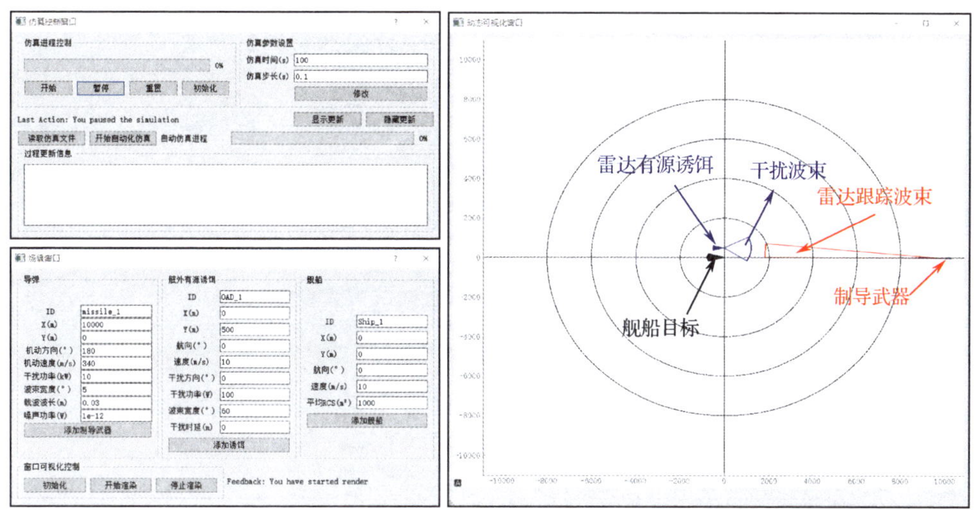

（a）仿真控制与场景窗口

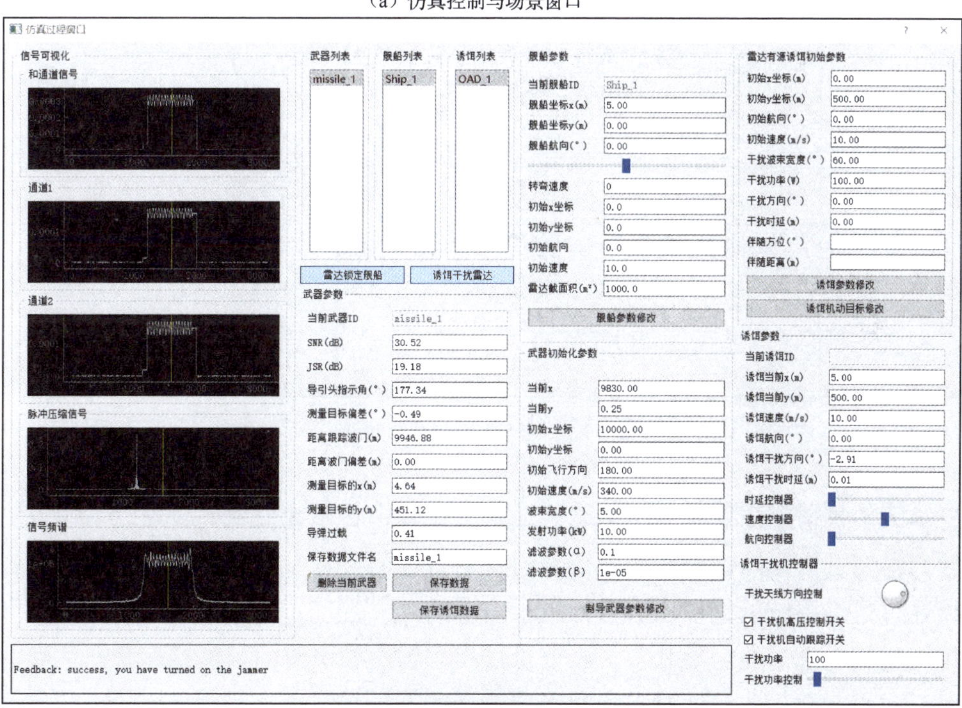

（b）仿真过程窗口

图 2.21　雷达有源诱饵干扰动态仿真系统窗口

2.4.2 雷达有源诱饵干扰过程仿真分析

结合第 1 章与第 2 章的分析讨论，结合仿真系统，仿真场景构建分成了无雷达有源诱饵干扰情形、单一雷达有源诱饵干扰情形与多个雷达有源诱饵干扰情形三种，并分别从静态干扰与动态对抗两个层面，分析单脉冲雷达导引头的测量数据和制导武器飞行轨迹的变化规律。设置雷达有源诱饵干扰对抗仿真参数如表 2.1 所示。

表 2.1 雷达有源诱饵干扰对抗仿真参数

<table>
<tr><th>仿真要素</th><th>参数</th><th>初始值</th><th>仿真要素</th><th>参数</th><th>初始值</th></tr>
<tr><td rowspan="4">舰船目标</td><td>初始位置</td><td>(0 m, 0 m)</td><td rowspan="13">制导武器</td><td>初始位置</td><td>(5 km, 0 km)</td></tr>
<tr><td>机动速度</td><td>0 kn</td><td>脉冲重复周期</td><td>1 ms</td></tr>
<tr><td>初始航向</td><td>0°</td><td>发射功率</td><td>10 kW</td></tr>
<tr><td>平均 RCS</td><td>37.0 dBm^2</td><td>载频</td><td>10 GHz</td></tr>
<tr><td rowspan="7">雷达
有源诱饵</td><td>初始位置</td><td>(0 m, 200 m)</td><td>波束宽度</td><td>5°</td></tr>
<tr><td>初始速度</td><td>0 kn</td><td>测角体制</td><td>振幅和差</td></tr>
<tr><td>初始航向</td><td>90°</td><td>积累脉冲数</td><td>20</td></tr>
<tr><td>方向增益</td><td>3 dB</td><td>方向增益函数</td><td>高斯波束</td></tr>
<tr><td>干扰功率</td><td>200～1000 W</td><td>滤波器α</td><td>0.1</td></tr>
<tr><td>波束宽度</td><td>60°</td><td>滤波器β</td><td>1×10^{-5}</td></tr>
<tr><td>极化方式</td><td>水平极化</td><td>机动速度</td><td>马赫数 1</td></tr>
<tr><td rowspan="2">仿真控制</td><td>总时长</td><td>20 s</td><td>最大过载</td><td>10g</td></tr>
<tr><td>单帧步长</td><td>0.1 s</td><td>制导律</td><td>比例导引</td></tr>
</table>

1. 无雷达有源诱饵干扰仿真

无干扰情形主要是为了测试验证系统仿真中各参数设置的合理性。假设制导武器在进入跟踪状态时测量得到的舰船目标的位置参数是准确的，这一点可以通过仿真系统以直接注入目标指示信息的方式实现，同时，考虑舰船目标保持一种相对稳定的运动状态，来分析过程中雷达导引头的跟踪目标状态估计情况。在没有雷达有源诱饵干扰的情形下，仿真得到制导武器对目标的跟踪偏差如图 2.22～图 2.24 所示。

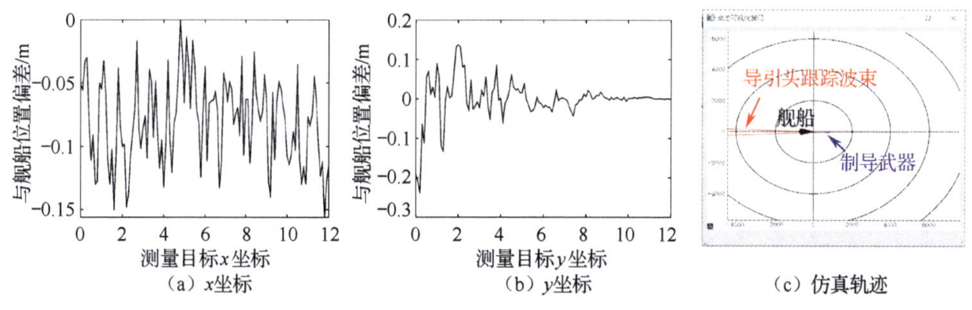

（a）x坐标　（b）y坐标　（c）仿真轨迹

图 2.22　无干扰条件下雷达导引头对静止舰船的跟踪偏差

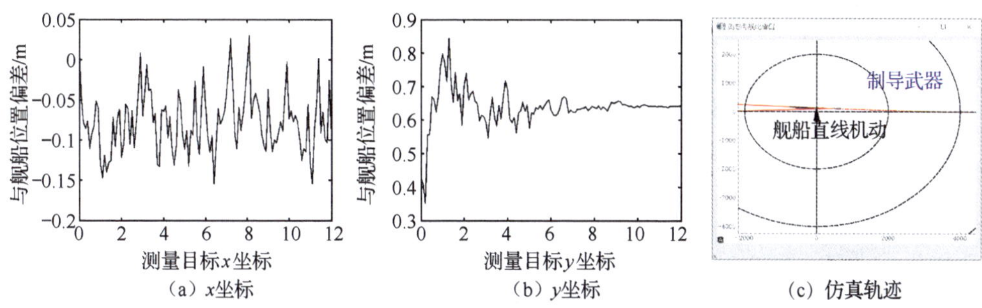

（a）x坐标　（b）y坐标　（c）仿真轨迹

图 2.23　无干扰条件下雷达导引头对匀速直线机动舰船的跟踪偏差

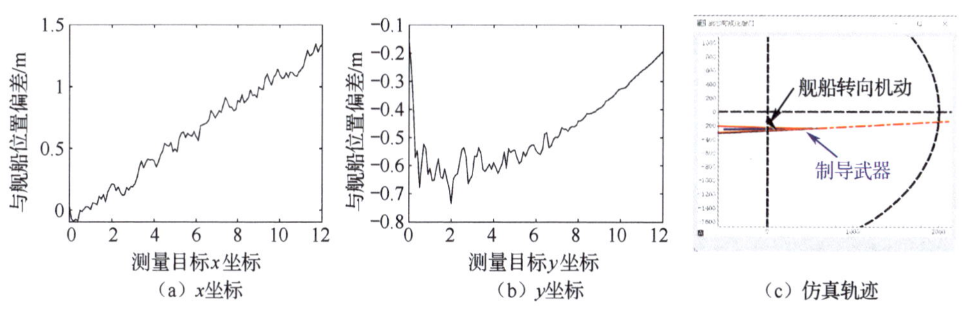

（a）x坐标　（b）y坐标　（c）仿真轨迹

图 2.24　无干扰条件下雷达导引头对转向机动舰船的跟踪偏差

图 2.22 中，舰船保持静止；图 2.23 中，舰船保持匀速直线机动，速度为 20 kn；图 2.24 中，舰船保持匀速转向机动，速度为 40 kn。从图 2.22～图 2.24 可看出，动态对抗仿真系统中，在不考虑其他非有源诱饵干扰因素的影响下，对于静态目标，制导武器单脉冲雷达导引头的测量偏差比较小；对于匀速直线机动目标，测量偏差可以控制在 1 m 以内；对于机动转向运动的目标其定位偏差也可以控制在米级。三种运动模型的跟踪情况间接说明了表 2.1 的参数设置能够满足单脉冲主动雷达导引头的制导需求。

2. 单一雷达有源诱饵干扰仿真

1）静态干扰数值分析

静态干扰数值分析是基于雷达有源诱饵、制导武器和舰船目标相对态势不变这一前提，只考虑单脉冲雷达导引头的高频采样过程。设置雷达有源诱饵位于(0 m, 200 m)处，在有源干扰信号与目标雷达回波信号同时存在的背景下，初始化雷达导引头的波束指向为 180°，舰船方位角度 $\theta_1=0°$，诱饵方位角度为 $\theta_2=2.29°$，可计算得到初始 JSR 约为 4.16 dB。在单帧仿真中，单脉冲雷达导引头测量结果如图 2.25 所示。

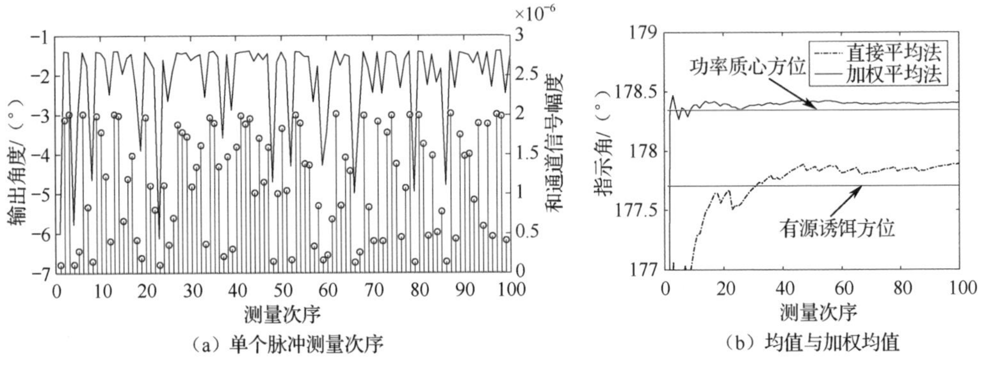

图 2.25　单脉冲雷达导引头单帧仿真测量结果

图 2.25（a）中，折线表示基于单个脉冲得到的角度输出情况，针状序列表示对应角度的和通道信号幅度大小。可以看出，有源诱饵干扰信号与舰船雷达回波信号之间的非相干性引起了单个脉冲角度测量的波动，甚至引起了较大的测角偏差，但从针状序列表示的幅度看，测角偏差越大，其对应的脉冲信号幅度越小。根据直接平均法与加权平均法，由图 2.25（a）得到指示角的期望值如图 2.25（b）所示，结果显示，随着测量次序增加，直接平均法得到的指示角趋近于较大信号源所在方位，而加权平均法趋近于诱饵与舰船的功率质心所在方位。从中可直观看出，加权平均法以脉冲信号幅度作为权重，降低了较大测角偏差影响，与 1.3.3 节理论分析一致。

在雷达有源诱饵引起角度定位偏差之后，为保持对目标的持续跟踪，雷达导引头根据偏差调整跟踪波束以及跟踪波门的位置，使 CMR 输出为 0。设置雷达有源诱饵干扰功率在 200～1000 W，跟踪波束视轴指向的变化如图 2.26 所示。

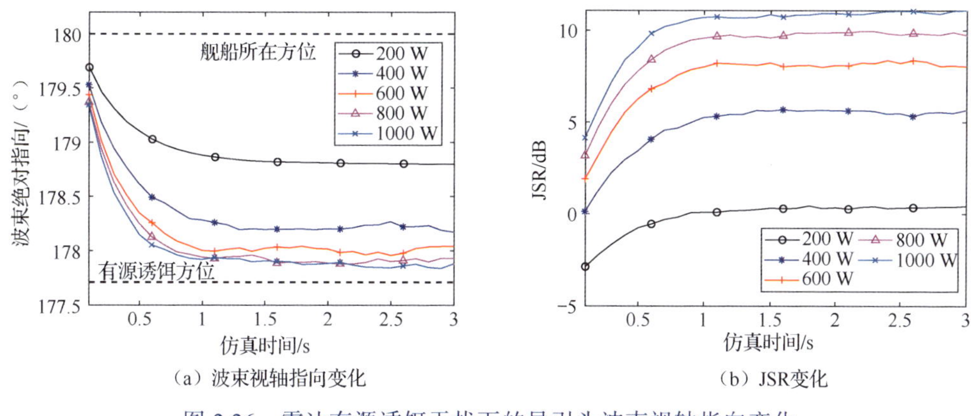

（a）波束视轴指向变化 （b）JSR变化

图 2.26 雷达有源诱饵干扰下的导引头波束视轴指向变化

图 2.26（a）中，上下浅色虚线分别代表舰船和雷达有源诱饵相对于制导武器的方位，可以看出，随着时间推移，导引头波束视轴指向将会逐渐向诱饵所在方位偏移，其中，在诱饵干扰功率为 200 W 时，波束视轴则会靠近舰船处产生较小的偏移。结合图 2.26（a）和图 2.25（b）可以发现，视轴指向并不是收敛到功率质心所在方位，而是相对于功率质心更加靠近诱饵的位置，这是因为跟踪波束向功率质心偏移时，诱饵所在方位的天线方向增益上升而舰船方位的方向增益下降。如图 2.26（b）所示，JSR 在这个过程中会逐渐上升，直至达到新的稳定跟踪角。

图 2.26 中，在进行状态估计时，数据滤波的过程不会立刻响应雷达有源诱饵所引起的角度定位偏差，而是经过了一定时间才收敛。如果事先不考虑 JSR 变化又引起干扰效果的变化，结合图 2.7，从定位的距离偏差看，角度欺骗是在相对于制导武器跟踪波束视轴的垂直方向上，使雷达导引头测量结果产生瞬时的偏差，而 $\alpha\beta$ 滤波的收敛过程就是矫正被干扰前测量结果与干扰后测量结果的过程。

图 2.27（a）和图 2.27（b）显示了 $\alpha\beta$ 滤波对角度欺骗干扰的目标定位偏差收敛情况，图中的功率质心偏离舰船 100 m 左右。在表 2.1 所示参数设置下，收敛到干扰位置的时间在 0.5～1.0 s；在图 2.27（b）所示参数下，位置收敛时间要大于 12 s，速度收敛过程中产生了较大波动，但位置和速度也都在几秒内响应了干扰效果。图 2.27（c）简化描述了前文图 2.6 的诱饵与制导武器的动态对抗过程，结合图 2.26 可知，当数据滤波响应速度较慢时，会对诱饵干扰过程产生滞后影响，在仿真系统中，为显示出有源诱饵在整个动态对抗过程的干扰效果，主要基于图 2.27（a）快速响应作进一步分析。

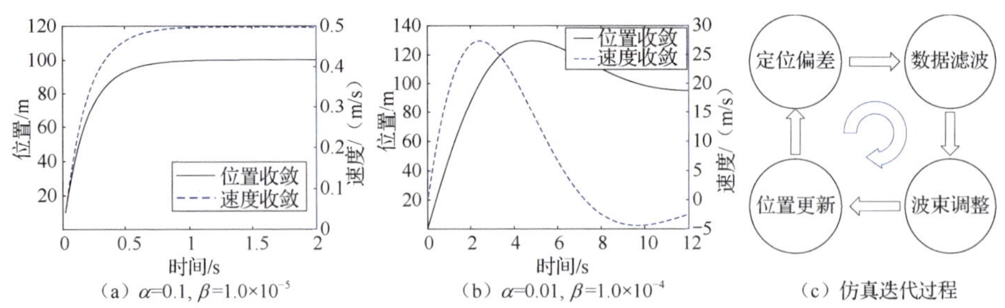

（a）α=0.1, β=1.0×10^{-5}　（b）α=0.01, β=1.0×10^{-4}　（c）仿真迭代过程

图 2.27　诱饵干扰下目标跟踪的$\alpha\beta$滤波收敛过程

2）动态对抗仿真分析

进一步分析整个动态对抗过程，通过改变雷达有源诱饵的干扰功率和到舰船目标的距离，可以得到对抗仿真图像如图 2.28～图 2.30 所示。

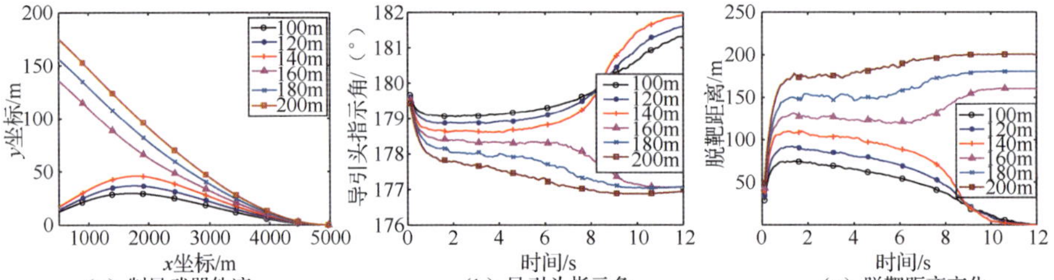

（a）制导武器轨迹　（b）导引头指示角　（c）脱靶距离变化

图 2.28　$P_j = 600$ W 时雷达有源诱饵干扰过程动态仿真

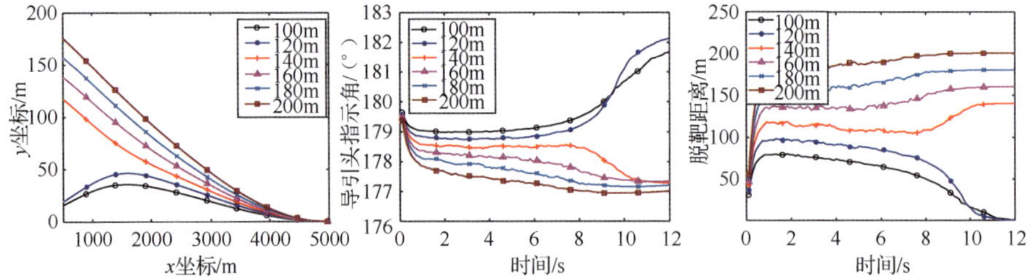

（a）制导武器轨迹　（b）导引头指示角　（c）脱靶距离变化

图 2.29　$P_j = 800$ W 时雷达有源诱饵干扰过程动态仿真

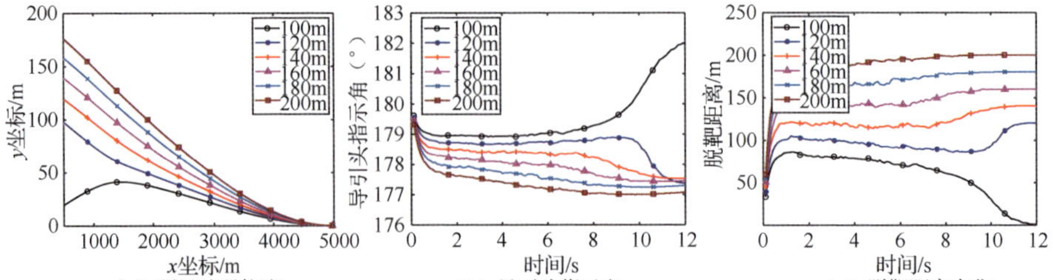

（a）制导武器轨迹　（b）导引头指示角　（c）脱靶距离变化

图 2.30　$P_j = 1000$ W 时雷达有源诱饵干扰过程动态仿真

图 2.28～图 2.30 中，雷达有源诱饵干扰功率分别为 600 W、800 W 和 1000 W，布放在距离舰船目标 100～200 m。由导引头指示角和制导武器脱靶距离的变化可知，在刚开始实施干扰时，各种情形下的诱饵均对导引头产生了一定的诱偏效果，即图 2.26 所示的情形；在制导武器接近的过程中，诱偏程度保持了一段恒定或者缓慢下降的趋势；在图中所示的末段 2 km 距离附近时，出现了两极分化的干扰结果，即图 2.8 所示的诱饵或者舰船脱离跟踪波束。纵向比较图 2.28～图 2.30 可知，雷达有源诱饵实现有效干扰的临界布放距离随着干扰功率增加而降低。根据式（2.13）所示的诱饵与制导武器雷达导引头的动态对抗定量分析，可以得到雷达有源诱饵的干扰临界条件与仿真结果如表 2.2 所示。

表 2.2　雷达有源诱饵的干扰临界条件与仿真结果

干扰功率/W	制导武器临界距离/m	诱饵临界布放距离/m	仿真临界布放距离/m
600 W	2154.5	188.0	140～160
800 W	1866.0	162.8	120～140
1000 W	1669.0	145.6	100～120

根据 2.2.3 节的分析，制导武器临界距离是指诱饵能够实现有效干扰时的最短距离，仿真中初始距离为 5000 m，符合这一条件要求；诱饵临界布放距离是指诱饵实现有效干扰时布放距离的理论值，这里表 2.2 中仿真结果所示的诱饵临界布放距离要小于其对应的理论值。进一步分析可知，角度欺骗干扰对导引头跟踪波束动态诱偏的过程本质上是改变了雷达导引头对跟踪目标所在空间不同方位的天线方向增益，方向增益变化的梯度是影响 JSR 动态变化和最终干扰效果的关键因素。根据前文，设置波束宽度 $2\theta_\rho = 5^\circ$，单个波束偏移角度为 0.5° 时，由式（1.9）高斯波束表达式，天线方向增益及梯度变化曲线如图 2.31 所示。

通常认为半功率波束宽度即 ±2.5° 以内视为波束内，而 JSR 的动态变化与方向增益变化梯度有关。从绝对数值的角度，在图 2.31 中，取与波束宽度一半 $\theta_\rho = 2.5^\circ$ 具有相等的天线方向增益梯度的角度 1.7°，并将 $G_t(\theta_C = 1.7^\circ) \approx 33.2$ dB 代入式（2.13）中，可分别得到干扰功率为 600 W、800 W 和 1000 W 时，雷达有源诱饵实现有效干扰的临界布放距离分别为 153.5 m、132.9 m 和 118.9 m，与表 2.2 中的仿真结果区间是对应的，这里多个不同场景下的一致性解释了诱饵临界布放距离小于 $\theta_C = \theta_\rho = 2.5^\circ$ 所对应的理论值，同时验证了动态对抗分析的有效干扰临界条件理论。

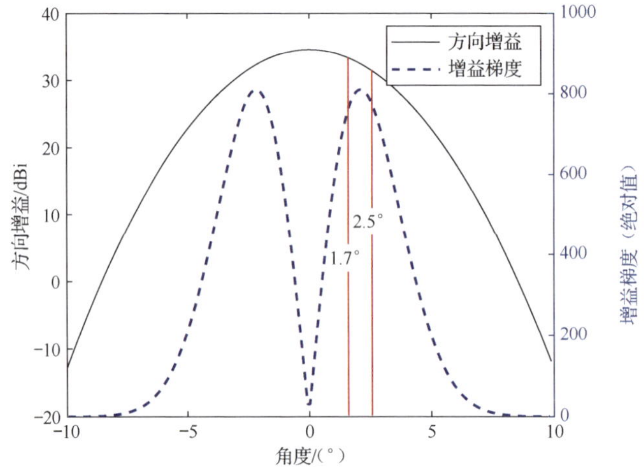

图 2.31　天线方向增益及梯度变化曲线

上述仿真分析主要基于雷达有源诱饵常态伴随被保护舰船的场景，除此以外，进行有限的机动也是雷达有源诱饵利用“移动平台”来实现有效干扰的一个重要特征。将 $G_t(\theta_C)\approx 33.2$ dB 和 $\theta_C = 1.7^\circ$ 代入式（2.13）中，可得到制导武器临界距离 $R_e(\theta_C) = 2587.0$ m，而制导武器的初始距离为 5000 m，意味着其到达 R_C 之前，雷达有源诱饵仍然有一定的时间重新构建有效干扰态势。设置雷达有源诱饵的干扰功率为 600 W，与舰船初始距离为 100 m，其以不同机动速度远离舰船时的动态干扰过程如图 2.32 所示。

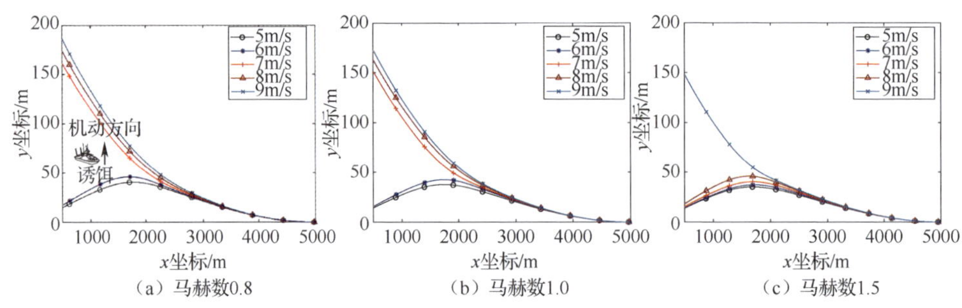

图 2.32　雷达有源诱饵以不同机动速度远离舰船时的动态干扰过程

图 2.32 中，雷达有源诱饵的机动速度变化范围是[5 m/s,12 m/s]，每个子图反映了制导武器在不同速度下的干扰效果。这里 $R_C = 2587.0$ m，末段跟踪距离为 5000 m，速度分别为马赫数 0.8、马赫数 1.0 和马赫数 1.5，可以计算得到，诱饵有 8.9 s、7.1 s 和 4.7 s 的时间进行动态机动以改变干扰态势。结合图 2.31 中的分析，干扰功率为 600 W 时，诱饵临界布放距离为 153.5 m，在诱饵的初始距离为 100 m 条件下，有限的时间内，理论上机动速度要分别达到 6.1 m/s、

7.5 m/s 和 11.3 m/s。从图 2.32 所示的仿真结果可知，当雷达有源诱饵“移动平台”的机动速度大于理论机动速度时，可实现有效干扰，从而进一步验证了动态对抗理论的适用性。

3. 多个雷达有源诱饵干扰仿真

进一步分析多个雷达有源诱饵干扰下单脉冲角度响应，并通过仿真系统分析多个诱饵与制导武器雷达导引头的动态对抗过程，这里基本的参数设置与表 2.1 相同，在增加诱饵数量的同时，改变其布放态势。

1）静态干扰数值分析

首先，在不考虑制导武器机动过程的情形下，分析多个雷达有源诱饵的静态干扰效果。这里，为了比较单个诱饵与多个诱饵的干扰效果区别，设置其总功率相同。图 2.33 显示了在(0 m, 200 m)位置处布放 1～4 个雷达有源诱饵进行干扰的条件下，导引头指示角的波动情况。

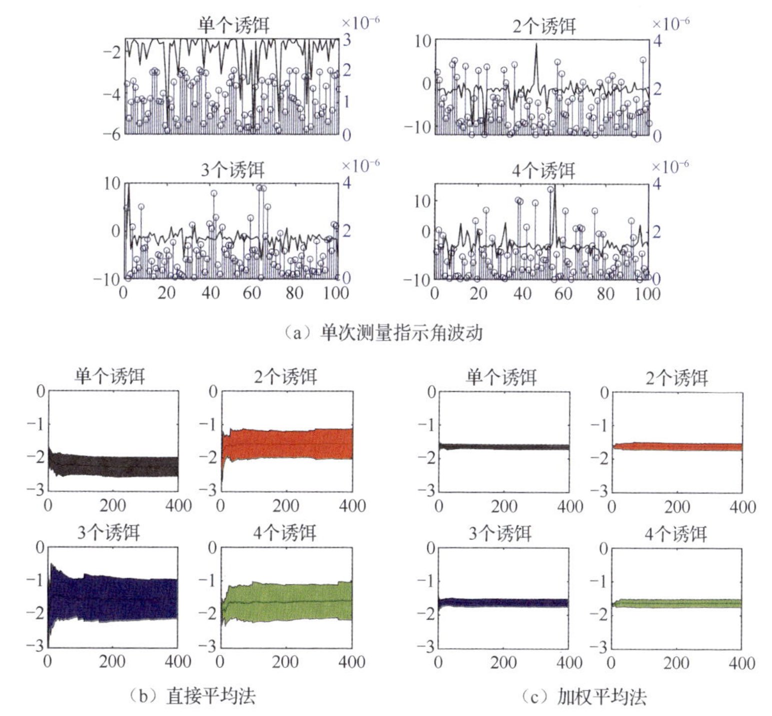

图 2.33 单/多雷达有源诱饵干扰下的导引头指示角波动情况

注：(a) 中的横坐标均为单次测量指示角波动，纵坐标均为导引头指示角/ (°)；
(b)、(c) 中的横坐标均为测量次序，纵坐标均为导引头指示角/ (°)。

在图 2.33 中，雷达有源诱饵干扰功率之和为 1000 W，即当使用单个诱饵时，其干扰功率为 1000 W，2 个诱饵干扰时每个诱饵的干扰功率为 500 W，依此类推。从图 2.33（a）中纵轴范围可以看出，随着诱饵数量增加，指示角的波动范围明显增大；在单个诱饵干扰时，干扰偏差只在诱饵一侧，但多诱饵干扰时的偏差会在舰船与诱饵的两侧波动，这是由于多诱饵的合成信号除了相位以外，其振幅也是波动的，当合成信号幅度小于舰船回波信号且满足交叉眼干扰的条件时，则指示角偏差会指向舰船一侧。与单个诱饵干扰情形相似的是，多有源诱饵引起的角度定位偏差越大，和通道信号幅度越小，即用于加权的权重越小。

图 2.33（b）和图 2.33（c）分别反映了在 1～4 个有源诱饵干扰下，雷达导引头指示角的直接平均法和加权平均法的结果，阴影部分表示多次测量标准差。根据雷达方程与前文推导的 $b_i = a_i S(\theta_i)$，将表 2.3 中信号及态势参数代入，可以得到目标回波信号幅度 $b_0 = 0.0644$，诱饵干扰功率为 500 W 时，干扰信号幅度 $b_1 = b_2 = 0.0718$，诱饵干扰功率为 330 W 时，$b_1 = b_2 = b_3 = 0.0583$，诱饵干扰功率为 250 W 时，$b_1 = b_2 = b_3 = b_4 = 0.0507$。

表 2.3　干扰基本参数

发射功率/kW	干扰态势/m	干扰增益/dB	舰船 RCS/m^2	导引头方向增益/dB
10	诱饵(0, 200) 制导武器(5000, 0)	3	5000	$S(\theta_0) \approx 34.5$ $S(\theta_1) \approx 32.0$

对于图 2.33（b）所示的直接平均法的期望角度，多个诱饵的合成信号相位与幅度概率分布如图 2.34 所示。

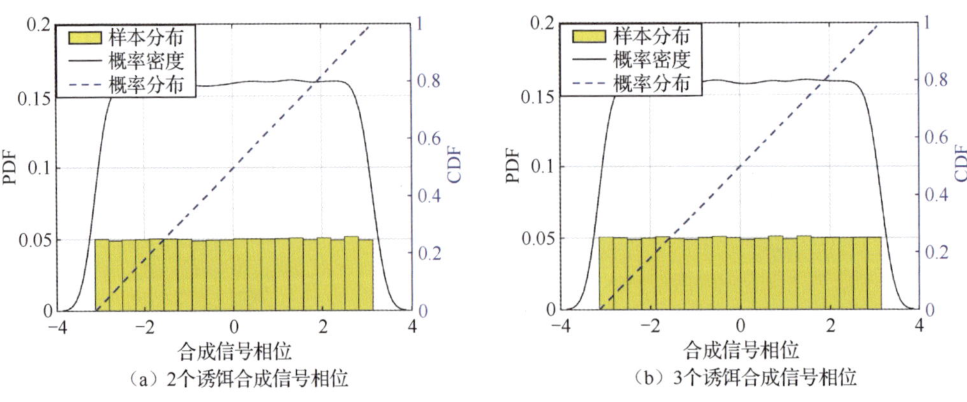

（a）2个诱饵合成信号相位　（b）3个诱饵合成信号相位

图 2.34　多诱饵干扰合成信号相位与幅度概率分布情况

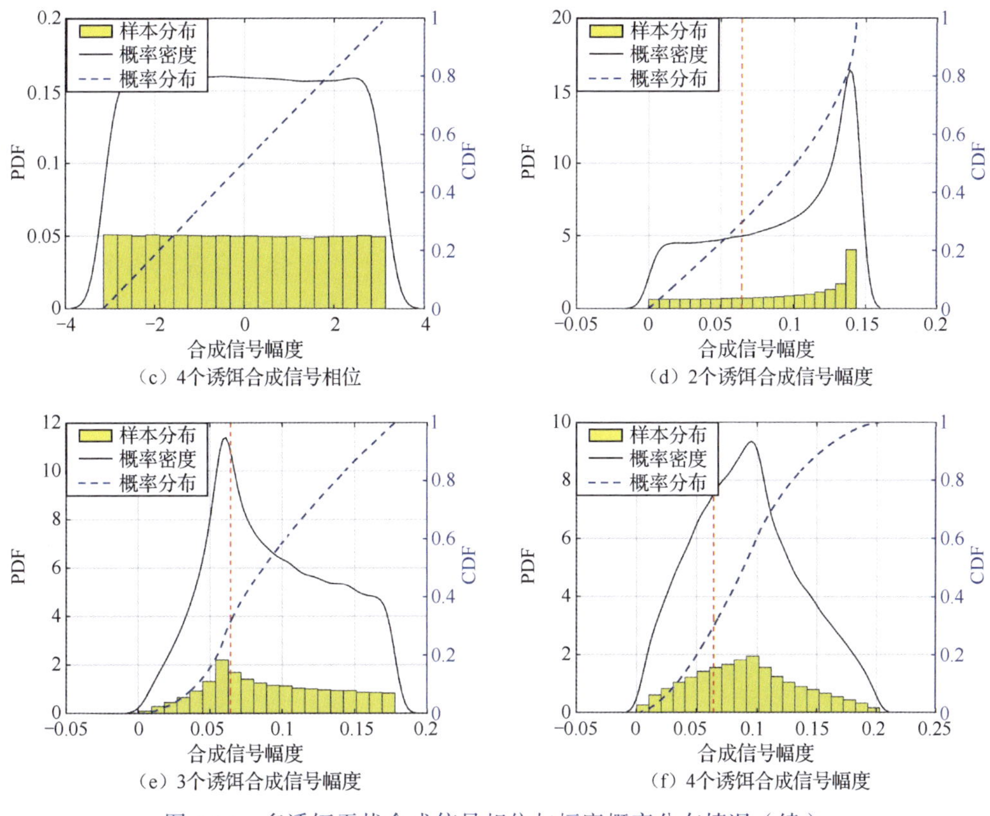

（c）4个诱饵合成信号相位　（d）2个诱饵合成信号幅度

（e）3个诱饵合成信号幅度　（f）4个诱饵合成信号幅度

图 2.34　多诱饵干扰合成信号相位与幅度概率分布情况（续）

图 2.34 中，蓝色虚线表示概率分布，从图 2.34（a）～（c）可看出，多诱饵干扰信号合成后的相位仍然满足均匀分布。图 2.34（d）～（f）中，红色虚线表示的是目标回波信号幅度 $b_0 = 0.0644$ 所在位置。随着诱饵数量增加，合成信号幅度的概率密度向图示的中间值靠拢。

首先，就直接平均法而言，这里由分布可以计算得到，同一位置布放 2～4 个诱饵同时干扰的权重均接近 $w_0 \approx 0.30$ 、$w_1 \approx 0.70$ ，根据式（2.27），导引头指示角的理论直接平均值期望约为$1.60°$。对比单个诱饵的干扰结果，这里不再直接指向诱饵，与图 2.33 的仿真结果是一致的。结合图 2.33（b）所示的标准差，在多个雷达有源诱饵干扰下，导引头期望指示角的波动幅度要大于单个诱饵；而在总功率一定的条件下，导引头指示角期望均值和标准差不会随着诱饵个数增加而明显变化。

其次，对于加权平均法，基于式（2.22）计算得到多个诱饵干扰下导引头指示角的理论加权期望值约为 $1.63°$，与图 2.33（c）所示结果一致，并在数值上表现出与直接平均法结果偶然的近似性。在加权平均法中，导引头指示角的方差不随着诱饵个数增加而产生明显变化，且数值要明显小于直接平均法。结合图 2.33（a）与图 2.33（c），在多个雷达有源诱饵干扰下，仍然满足引起角度定位偏差越大，其对应和通道信号幅度越小，用于计算加权平均值的权重越小，降低了单次测量中较大角度定位偏差的影响。

接着，在不考虑干扰总功率恒定的前提条件下，仅分析有源诱饵个数增加带来的影响。为了能够表现出诱饵个数增加时的干扰效果变化，这里设置每个诱饵的干扰功率为 200 W。基于加权平均法，得到导引头指示角随着有源诱饵数量增加的变化情况如图 2.35 所示。

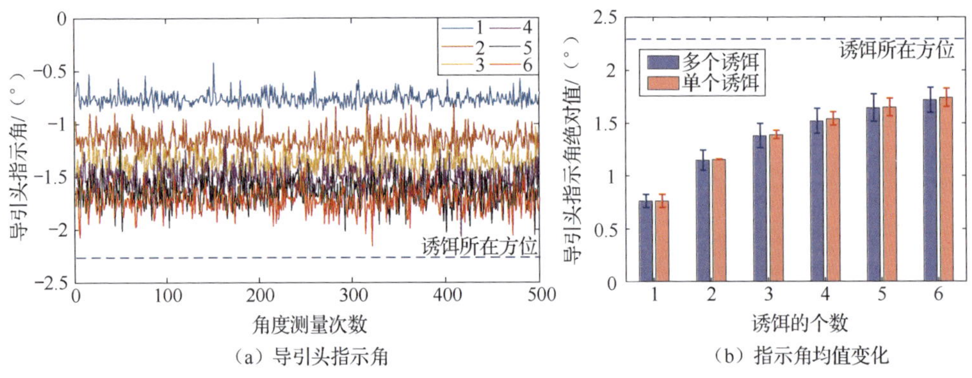

（a）导引头指示角　　（b）指示角均值变化

图 2.35　多个低功率诱饵干扰下的雷达导引头指示角变化

图 2.35（a）中，图例表示有源诱饵的个数，每次角度测量的输出都是基于 20 个脉冲并采用加权平均法计算得到；图 2.35（b）反映了角度测量的均值和标准差的统计特征，其中用于对比的单个诱饵，其干扰功率与多个诱饵总功率相同。

结果表明：①随着诱饵个数增加，导引头指示角逐渐向诱饵所在方位偏移，与单个诱饵功率增大的干扰效果接近，与“功率质心”理论是一致的；②从指示角的标准差变化可以看出，多个诱饵干扰下的指示角偏离“功率质心”的程度会增大，即波动幅度增大，但该幅度并未随着诱饵个数增加而产生明显变化，这是由于诱饵个数增加后，非相干性会使得合成信号的随机样本空间呈指数上升，而雷达导引头计算用的脉冲数量通常是固定的，这就导致了采样不足而引起均值波动幅度上升，但加权平均法处理对采样不足起到一定弥补作用。

进一步考虑多个诱饵采用图 2.12 中分开布放的干扰态势，其中，舰船坐标位置是(0 m, 0 m)，诱饵 1 位置固定在(0 m, 200 m)处，诱饵 2 布放在位置

(0 m, 50 m)至(0 m, 300 m)之间，导引头指示角随着另一个诱饵位置变化的情况如图 2.36 所示。

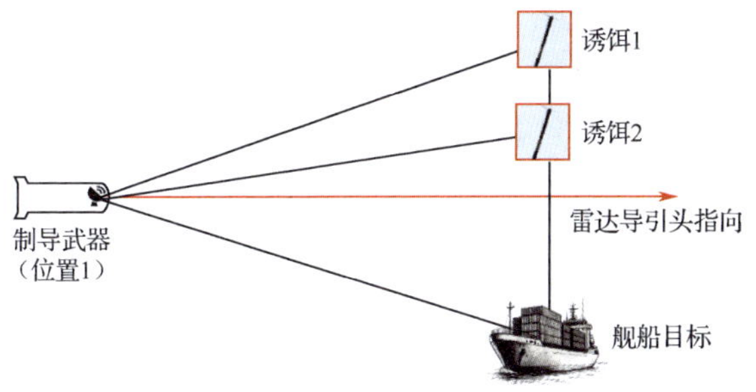

（a）2个诱饵干扰态势示意图

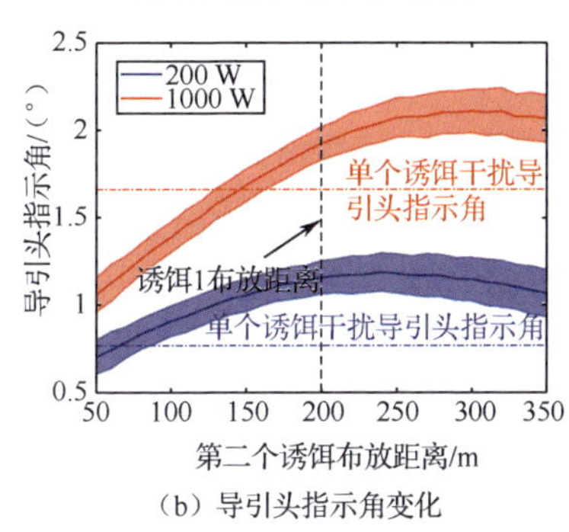

（b）导引头指示角变化

图 2.36　2 个诱饵在不同距离干扰下的导引头指示角

这里，图 2.36（a）补充描述了 2 个诱饵的干扰态势。图 2.36（b）中，横轴表示第二个诱饵的布放距离，横轴标注的虚线表示诱饵 1 的布放距离为 200 m。这里的 2 个诱饵干扰功率相同，并且分别考虑了两个高功率 1000 W 诱饵和 2 个低功率 200 W 诱饵的干扰情形，阴影区域表示指示角波动的标准差。图 2.36（b）中的纵坐标标注的横虚线分别表示单个高功率 1000 W 与单个低功率 200 W 诱饵布放在(0 m, 200 m)实施干扰后的导引头指示角。由仿真结果，结合 3.2.1 节的分析可知：①随着诱饵 2 的布放距离从近到远变化，导引头指示角向诱饵 1 所在方位的偏移程度先增大后减小，其增大过程是诱饵 2 所在方位角度增大引起的，减小过程是诱饵 2 布放距离进一步增大后，获得天线主瓣方向增益衰减从而权重系数变小引起的；②当诱饵 2 的布放距离大于诱饵 1 的布放距离时，导引头指示角偏移大于 2 个诱饵位置均为(0 m, 200 m)时的情形，表明其引入了额外干扰增益；③从水平虚线表示的单个诱饵干扰引起的角度偏移看，第二个诱饵在距离舰船方位较近时，会使得导引头指示角向舰船方向偏移，对干扰起到了反面作用，这在诱饵功率较高时尤为明显。

上述静态数值分析对本章 2.3.1 节的理论推导进行了验证和补充，综合上述分析，在理想干扰条件下，同一位置布放多个雷达有源诱饵干扰，其干扰信号在经过非相干合成后，干扰效果与单个高功率诱饵接近，但干扰的稳定性要低于单个诱饵情形。在硬件条件给定条件下，多个诱饵分开布放且同时干扰能够改善单个诱饵干扰效果，但应使多个有源诱饵彼此之间靠近布放，避免诱饵靠近舰船而成为导引头跟踪舰船的“信标”。

2）动态对抗仿真分析

根据 2.3.2 节的理论推导，多个雷达有源诱饵可以降低制导武器临界距离以及诱饵布放距离的要求，提高实现有效干扰的可行性。这里设置单个诱饵干扰功率为 200 W，根据式（2.11）和数值仿真分析，可以得到此时诱饵临界布放距离 L_C 为 265.9 m，$R_e(\theta_C)$ 为 4480.7 m。设置制导武器的起始坐标为(8000m, 0 m)。在同一位置布放多个雷达有源诱饵的场景下，制导武器在整个对抗过程中的动态轨迹如图 2.37 所示。

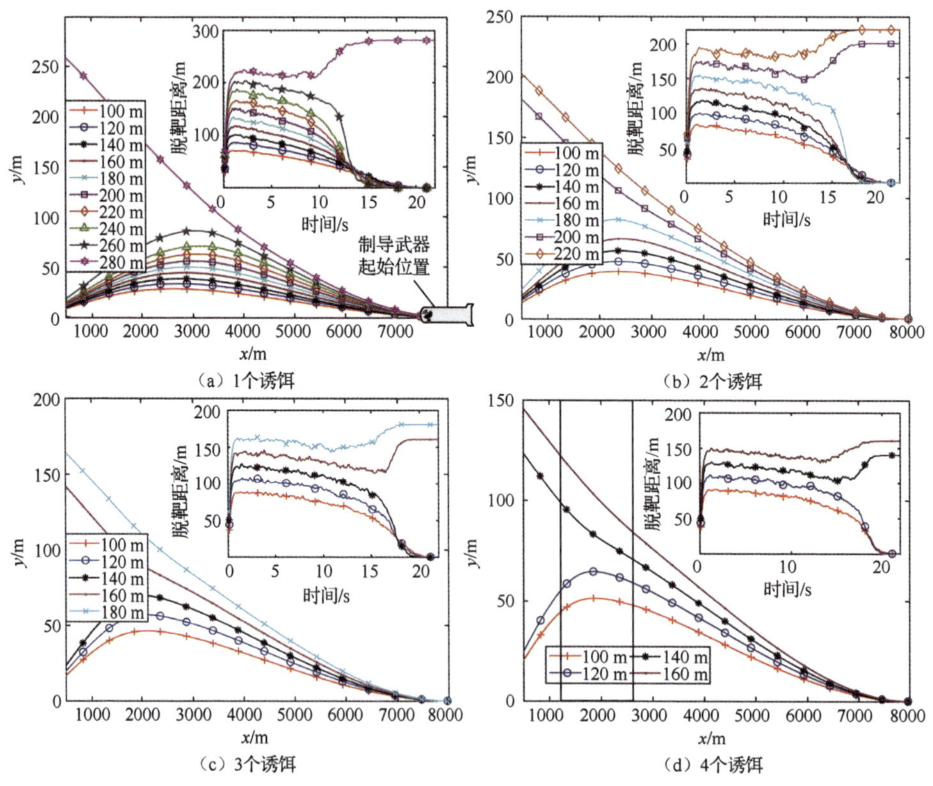

（a）1个诱饵　（b）2个诱饵　（c）3个诱饵　（d）4个诱饵

图 2.37　同一位置多诱饵干扰下制导武器动态轨迹

从图 2.37 可以看出，当多个雷达有源诱饵布放在同一位置时，随着诱饵个数的增加，其实现有效干扰的临界布放距离逐渐向舰船靠近，说明诱饵的叠加降低了有效干扰布放距离要求。根据 2.3.2 节的理论推导，代入仿真参数后，可计算得到有效干扰的临界条件如表 2.4 所示。

表 2.4　多诱饵有效干扰的临界条件

诱饵个数	制导武器临界距离/m	$(L_c/\sqrt{N})$ /m	诱饵仿真临界距离/m
1	4480.7	265.9	260～280
2	3168.3	188.0	180～200
3	2586.9	153.5	140～160
4	2240.3	133.0	120～140

表 2.4 中理论计算得到的诱饵临界布放距离 $L_C/\sqrt{N}$ ，均在仿真得到的临界布放距离区间内，这从仿真角度验证了理论分析的适用性。在本小节关于多诱饵的静态分析中已指出，尽管使用多个诱饵会引起干扰指示角产生更大波动，但动态分析表明多个诱饵在信号层面上能够起到干扰功率叠加的作用，从而降低雷达有源诱饵布放态势要求。

从实际对抗的角度出发，雷达有源诱饵靠近被保护舰船布放，更容易在雷达导引头跟踪波束中形成“不可分辨”的多目标，多个雷达有源诱饵也更容易在近距离布放的条件下实现有效干扰，但诱饵以及制导武器临界距离条件降低也带来了另一种风险，即近距布放的诱饵一旦干扰失败，导引头跟踪波束将更加靠近舰船，从而产生更大的威胁。对此，多个雷达有源诱饵在态势上采取不同布放距离同时进行干扰，可以权衡上述矛盾。这里，基于 2 个诱饵和 3 个诱饵同时干扰的动态轨迹如图 2.38 所示。

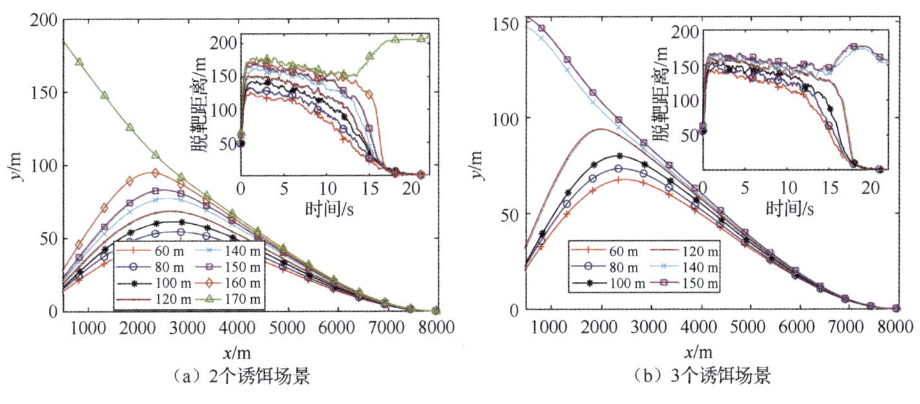

（a）2个诱饵场景　（b）3个诱饵场景

图 2.38　不同位置多诱饵干扰下制导武器动态轨迹

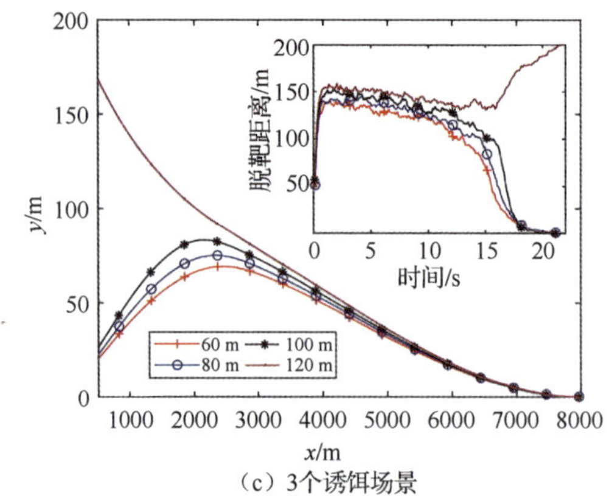

（c）3个诱饵场景

图 2.38　不同位置多诱饵干扰下制导武器动态轨迹（续）

图 2.38 中，图例表示其中多诱饵中的 1 个诱饵位置变化的情形。在图 2.38（a）2 个诱饵场景中，一个诱饵位于(0 m, 240 m)，另一个诱饵布放距离在 60～170 m；图 2.38（b）中，2 个诱饵固定位于(0 m, 240 m)和(0 m, 170 m)，第 3 个诱饵布放距离在 60 m～150 m；图 2.38（c）中，其中的 2 个诱饵均固定位于(0 m, 200 m)。根据多雷达有源诱饵欺骗干扰理论分析，有效干扰的理论临界条件与仿真结果如表 2.5 所示，其中，诱饵理论距离基于式（2.37）计算得到。

表 2.5　不同位置多有源诱饵有效干扰的理论临界条件与仿真结果

干扰场景	$\sqrt{N}L_c$ /m	$(L_c/\sqrt{N})$ /m	诱饵理论距离/m	诱饵仿真临界距离/m
1	376	188.0	136	160～170
2	460.5	153.5	50.5	130～140
3	460.5	153.5	60.5	100～120

干扰场景 1 中，当 2 个诱饵干扰时，其总的布放距离之和应大于 376 m，由此得到第二个诱饵的理论布放距离应大于 136 m，但此时由仿真得到的临界布放距离大于该理论值，结合图 2.15 分析可知，这是因为在计算等效布放距离时，位于(0 m, 240 m)处的诱饵比位于(0 m, 136 m)处诱饵权重低引起的；同时也注意到，此时第二个诱饵仿真临界布放距离仍然小于 $L_C/\sqrt{N}$，也就说明 $L_C/\sqrt{N}$ 作为多个诱饵实现有效干扰的一个充分条件是可行的，可得干扰场景 1 的仿真结果与理论分析是一致的。

而在干扰场景 2 和干扰场景 3 中，理论布放距离与仿真结论出现了较大偏差。在式（2.31）的分析中指出，当多雷达有源诱饵干扰时，若其中部分诱饵靠近舰船布放会使雷达导引头向舰船方向偏移，起到反面干扰作用，如图 2.39 所示。

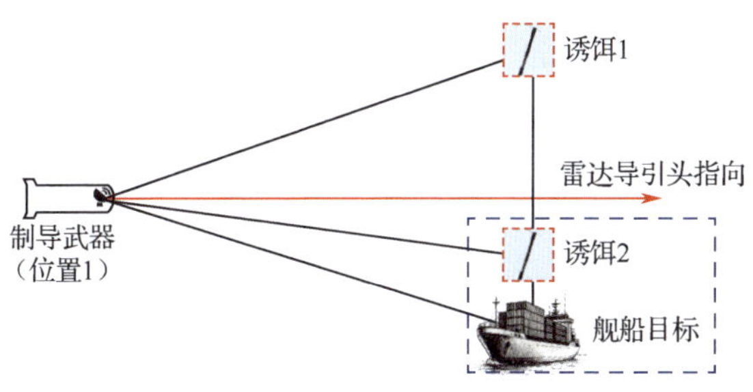

图 2.39 雷达有源诱饵起反面干扰作用示意图

图 2.39 中，诱饵 1 和诱饵 2 的干扰目标是使舰船优先脱离跟踪波束，但是随着制导武器距离不断接近，诱饵 2 的方向增益衰减过程要明显小于诱饵 1，而诱饵 2 却使导引头指向更加靠近舰船，从而会引起干扰失败。由此说明，多有源诱饵干扰应满足条件，$L_1 < 2L_N$，其中 L_1 是多诱饵中的最远布放距离，L_N 是最近的布放距离。在场景 2 和场景 3 中，理论布放距离应分别大于 120 m 和 100 m，表 2.5 所示的仿真结果均略大于此值，对多雷达有源诱饵有效干扰临界条件的前提要求进行了验证。

最后，考虑雷达有源诱饵"移动平台"的可机动性，在场景 2 与场景 3 中，计算可以得到制导武器的临界距离 $R_e(\theta_C) = 2587.0\ \text{m}$，令其初始距离为 5000 m，第三个诱饵在不同初始距离以不同速度沿着 y 轴方向远离舰船，动态干扰过程如图 2.40 所示。

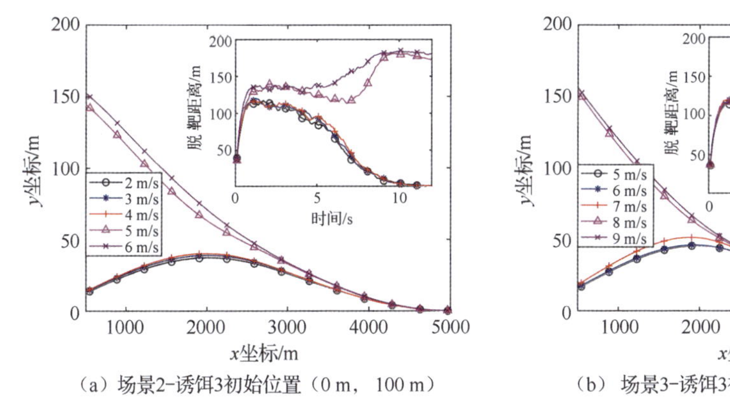

（a）场景2-诱饵3初始位置（0 m，100 m）（b）场景3-诱饵3初始位置（0 m，60 m）

图 2.40 雷达有源诱饵以不同机动速度的动态干扰过程

图 2.40 中，制导武器速度为 340 m/s，初始距离在 5000 m，在到达 $R_e(\theta_C) = 2587.0\ \text{m}$ 之前，雷达有源诱饵的剩余可机动时间为 7.10 s。在表 2.5 所示的场景 2 下，诱饵临界布放距离 130～140 m，设计诱饵 3 的初始距离为 100 m，此时诱饵实现有效干扰的最小理论机动速度在 4.2～5.7 m/s，而图 2.40（a）中结果

表明，仿真临界速度为 4～5 m/s，位于最小机动速度要求的区间中。在场景 3 下，诱饵临界布放距离 100～120 m，初始距离为 60 m，设置诱饵 3 的初始距离为 60 m 时，此时诱饵最小理论机动速度在 5.7～8.6 m/s，在图 2.40（b）中仿真临界速度为 7～8 m/s，同样在最小速度区间中，进一步验证了多诱饵有效干扰临界条件的适用性。

上述内容就多个雷达有源诱饵在同一位置、不同位置以及“移动平台”在机动情况下的干扰效果进行了动态仿真分析，结合多雷达诱饵有效干扰临界条件理论可知，多个雷达有源诱饵在改善有效干扰临界条件的基础上，能够形成更加灵活的干扰态势，从而提高干扰的可行性。结合静态干扰数值与动态仿真分析，多个雷达有源诱饵在信号层面上，起到功率叠加作用，并在态势层面上，降低了干扰态势要求，提高了实现有效干扰的可靠性。在实际应用中，诱饵与诱饵之间相对于舰船需要满足临近布放，同时，考虑到在干扰的初始阶段，在多个诱饵分开布放时，靠近舰船的诱饵能够使制导武器雷达导引头跟踪波束更易被捕获，尤其是在波束宽度未知的情形下，从而提高了干扰实施的鲁棒性。

2.5 小结

针对雷达有源诱饵与制导武器雷达导引头的对抗过程，首先，就单个海上雷达有源诱饵，在第 1 章信号层面单脉冲雷达单一诱饵干扰角度响应分析基础上，结合制导武器、雷达有源诱饵以及舰船态势动态变化过程，理论推导得到了单个雷达有源诱饵的有效干扰临界条件；其次，拓展至多雷达有源诱饵干扰情形，讨论了多诱饵干扰下的单脉冲雷达角度响应，分析了多个雷达有源诱饵有效干扰临界条件，并提出空间干扰模型；最后，利用搭建的干扰动态仿真系统，对有效干扰临界条件进行了仿真验证，说明了其适用性与可行性。本章重点在于将雷达有源诱饵与制导武器之间的动态对抗问题分析转化为静态条件分析，即基于初始条件与有效干扰临界条件就可对雷达有源诱饵是否能实现有效干扰进行判断。

参考文献

[1] Waqar S, Yusaf H, Sana S, et al. Reconfigurable monopulse radar tracking processor[C]//2018 15th International Bhurban Conference on Applied Sciences and Technology (IBCAST). IEEE, 2018: 805-809.

[2] 卫南. 对反舰雷达导引头的干扰技术研究[D]. 西安：西安电子科技大学，2020.

[3] 崔炳福. 雷达对抗干扰有效性评估[M]. 北京：电子工业出版社，2017: 425-430.

[4] 卢刚. 雷达有源假目标抑制方法研究[D]. 成都：电子科技大学，2012.

[5] 邱丽原，邱杰. α-β 滤波器的基本问题分析及仿真研究[J]. 电讯技术，2016, 56(4): 416-423.

[6] 甘荣兵，赵耀东，汤广富. 雷达有源干扰技术及系统设计[M]. 北京：国防工业出版社，2020.

[7] 吴兆东，胡生亮，罗亚松，等. 基于概率推理的舷外有源诱饵干扰评估方法研究[J]. 系统工程与电子技术，2024, 46(2): 605-615.

基于概率推理的海上雷达有源诱饵干扰有效性评估方法

3.1 引言

考虑到制导武器来袭方向的不确定性，以及雷达干扰对抗的非合作性，为了能够得到可行有效的干扰策略，就需要对雷达有源诱饵及其组合的干扰有效性进行评估。在雷达对抗领域，对有源干扰的有效性评估方法主要分为先验知识法、后验知识法与动态分析法三个类别，其中，先验知识法通过构建干扰指标体系进行打分评估，常见方法有层次分析法、粗糙集法、TOPSIS 法等[1-3]，但其存在打分环节受人为主观因素影响的问题；后验知识法采用机器学习、深度学习等方法构建模型对干扰对抗数据集进行参数训练[4-5]，但雷达有源诱饵实操性较强，数据集获取与构建是此类方法得以应用的瓶颈；动态分析法基于实际或者仿真对抗过程，从功率准则或概率准则角度[6]，直接分析影响干扰结果的相关因素，但通常会假设各类对抗参数均是已知的，对未知要素影响分析较少，使得方法研究与实际应用之间形成隔阂。

本章根据第 2 章动态对抗过程的有效干扰临界条件理论，面向雷达有源诱饵干扰过程，借鉴动态分析法并结合功率准则与概率准则，提出基于概率推理的干扰有效性评估方法，用来分析评估非合作对抗参数对雷达有源诱饵欺骗干扰效果的影响。首先，介绍概率推理的基本原理，然后结合雷达有源诱饵干扰问题，分析有效干扰概率的计算方法，最后通过数值仿真来验证方法的适用性。

3.2 概率推理的基本原理

概率推理是一种非精确推理方法，它是基于环境既有经验或者知识，使用概率来描述环境中因为不可抗或不可知因素所导致的不确定性，对所感兴趣的事件进行估计判断或者决策[7]。对于海上雷达有源诱饵而言，感兴趣的是其最终能否对制导武器的雷达导引头实现有效的诱偏，第 2 章有效干扰临界条件理论构成了有效性分析的经验知识，而制导武器的非合作性是不确定信息的主要来源。雷达有源诱饵干扰有效性的推理内容主要包括正向推理与反向推理两大类，下面分别进行介绍。

3.2.1　干扰有效性的正向概率推理

正向概率推理是基于不确定要素的先验概率，结合知识结构，获取待评估要素概率分布的过程。根据第 2 章的分析，海上雷达有源诱饵临界布放距离以及制导武器的临界距离就是待评估要素，其推理过程是由非合作要素的先验概率，结合已知或者可知的要素，计算有效干扰临界条件的先验概率分布。

将每个非合作要素视为独立随机变量，正向推理过程主要涉及随机变量之间的数学运算与部分非线性变换。根据随机变量的类型，具体可分为离散型与连续型随机变量推理。根据随机变量函数的推理规则，有如下定理：

定理 3.1：若 A 和 B 均是离散型随机变量，两者相互独立且取值范围大于 0，则两者乘积 C 与商 D 均为离散型随机变量。记 A、B、C、D 的取值范围分别为 $\{a_1,a_2,\cdots,a_m\}$、$\{b_1,b_2,\cdots,b_n\}$、$\{c_1,c_2,\cdots,c_s\}$ 和 $\{d_1,d_2,\cdots,d_p\}$，则 C 和 D 的概率分布为

$$\begin{cases} P(C=c_k)=\sum_{i=1}^{m} P\left(B=\dfrac{c_k}{a_i}\right)P(A=a_i) \\ P(D=d_l)=\sum_{i=1}^{m} P\left(B=\dfrac{a_i}{d_l}\right)P(A=a_i) \end{cases} \tag{3.1}$$

定理 3.2：若 A 是连续型随机变量，B 是离散型随机变量，两者相互独立且取值范围大于 0，$C=AB$、$D=A/B$ 和 $E=B/A$ 均为连续型随机变量，记 A、C、D、E 的取值分别为 a、c、d、e，概率密度分别为 p_A、p_C、p_D、p_E，B 的取值范围是 $\{b_1,b_2,\cdots,b_n\}$，则 C、D 和 E 概率分布密度为

$$\begin{cases} p_C(c)=\sum_{j=1}^{n} \dfrac{1}{b_j} p_A\left(\dfrac{c}{b_j}\right)P(B=b_j) \\ p_D(d)=\sum_{j=1}^{n} b_j p_A(db_j)P(B=b_j) \\ p_E(e)=\sum_{j=1}^{n} \dfrac{b_j}{e^2} p_A\left(\dfrac{b_j}{e}\right)P(B=b_j) \end{cases} \tag{3.2}$$

定理 3.3: 若 A 和 B 均为连续型随机变量,两者相互独立且取值范围大于 0,则 $C=AB$、$D=A/B$ 均为连续型随机变量,其概率密度函数的表达式为

$$\begin{cases} p_C(c)=\int_0^{+\infty}\frac{1}{|x|}p_B(x)p_A\left(\frac{c}{x}\right)\mathrm{d}x \\ p_D(d)=\int_0^{+\infty}|x|p_B(x)p_A(dx)\mathrm{d}x \end{cases} \tag{3.3}$$

基于上述 3 个定理,利用概率形式对非合作要素进行描述,结合各要素与有效干扰临界条件的关系,可以得到在实现有效干扰的前提下,制导武器临界距离与雷达有源诱饵临界布放距离的概率分布,进一步结合雷达有源诱饵的实际布放态势,就可以对其干扰有效性进行评估。

3.2.2 干扰有效性的反向概率推理

反向概率推理主要是根据贝叶斯公式,将已经发生事件作为证据,由证据反向得到其他随机变量条件概率分布的过程,属于后验概率分析的理论范畴[8]。对雷达有源诱饵的干扰有效性评估而言,这一过程以干扰结论作为出发点,已知诱饵在某种态势下对雷达导引头的干扰结果,或者在能够确定部分非合作要素情报的基础上,分析干扰对抗中其他非合作要素的概率分布情况。与正向概率推理类似,反向概率推理有以下定理:

定理 3.4: 若 A 和 B 均为离散型随机变量,两者相互独立且取值范围大于 0,结合定理 3.1,C 和 D 均为离散型随机变量,则在已知 C 和 D 事件发生的情况下,可以得到 A 的条件概率分布为

$$\begin{cases} P(A=a_i|C=c_k)=\dfrac{P\left(B=\dfrac{c_k}{a_i}\right)P(A=a_i)}{P(C=c_k)} \\ P(A=a_i|D=d_l)=\dfrac{P\left(B=\dfrac{a_i}{d_l}\right)P(A=a_i)}{P(D=d_l)} \end{cases} \tag{3.4}$$

定理 3.5: 若 A 为连续型随机变量,B 为离散型随机变量,两者相互独立且取值范围大于 0,结合定理 3.2,C、D 和 E 都是连续型随机变量,则在已知 C、D 和 E 事件发生的情况下,得到 A 和 B 的条件概率分布为

$$
\begin{cases}
P(A<a_i|C<c)=\dfrac{\sum\limits_{b_j\in\{b_1,b_2,\cdots,b_n\}}P(B=b_j)P\left(A<a_i,A<\dfrac{c}{b_j}\right)}{P(C<c)}\\
P(A<a_i|D<d)=\dfrac{\sum\limits_{b_j\in\{b_1,b_2,\cdots,b_n\}}P(B=b_j)P(A<a_i,A<db_j)}{P(D<d)}\\
P(A<a_i|E<e)=\dfrac{\sum\limits_{b_j\in\{b_1,b_2,\cdots,b_n\}}P(B=b_j)P\left(A<a_i,A>\dfrac{b_j}{e}\right)}{P(E<e)}\\
P(B=b_j|C<c)=\dfrac{P(B=b_j)\int_0^{\frac{c}{b_j}}p_A(x)\mathrm{d}x}{P(C<c)}\\
P(B=b_j|D<d)=\dfrac{P(B=b_j)\int_0^{db_j}p_A(x)\mathrm{d}x}{P(D<d)}\\
P(B=b_j|E<e)=\dfrac{P(B=b_j)\int_{\frac{b_j}{e}}^{+\infty}p_A(x)\mathrm{d}x}{P(E<e)}
\end{cases}
\tag{3.5}
$$

定理 3.6： 若 A 和 B 均为连续型随机变量，两者相互独立且取值范围大于 0，结合定理 3.3，C 和 D 都是连续型随机变量，在已知 C 和 D 事件发生的情况下，得到 A 和 B 的条件概率分布为

$$
\begin{cases}
P(A<a|C<c)=\dfrac{P(A<a,C<c)}{P(C<c)}=\dfrac{\int_0^a p_A(x)P\left(B<\dfrac{c}{x}\right)\mathrm{d}x}{P(C<c)}\\
P(A<a|D<d)=\dfrac{P(A<a,D<d)}{P(D<d)}=\dfrac{\int_0^a p_A(x)P\left(B>\dfrac{x}{d}\right)\mathrm{d}x}{P(D<d)}\\
P(B<b|D<d)=\dfrac{P(B<b,D<d)}{P(D<d)}=\dfrac{\int_0^b p_B(y)P(A<dy)\mathrm{d}y}{P(D<d)}
\end{cases}
\tag{3.6}
$$

反向概率推理的重要作用是根据当前诱饵的干扰态势以及干扰结论，得到非合作要素的参数分布情况，并可以基于新的参数分布，制定更加有效的干扰策略，降低干扰对抗场景中的不确定性，提高后续干扰有效性分析的准确性以及雷达有源诱饵部署策略的合理性。

3.3 雷达有源诱饵欺骗干扰有效性评估方法

3.3.1 雷达有源诱饵干扰的非合作要素分析

根据有效干扰临界条件，可以判定诱饵是否可以诱偏雷达导引头，这一过程存在两点先决条件，一是要求干扰态势已知，二是要求干扰对抗参数已知，但在实际环境下，态势与对抗相关的参数只能做到部分可知。从干扰方看，可以将传感器获取和直接控制的要素参数视为已知，而将无法获取或者难以控制的参数称为非合作要素。

首先，在态势层面上，雷达有源诱饵和舰船目标的态势可以通过通信定位设备实时获取，制导武器的态势主要依赖舰船或者外部传感设备获得。站在干扰视角，即使制导武器的位置可以实时可知，但对于雷达有源诱饵而言，其进行角度欺骗干扰的作用距离是制导武器主动雷达导引头对目标持续跟踪的这一阶段，如图 3.1 所示。

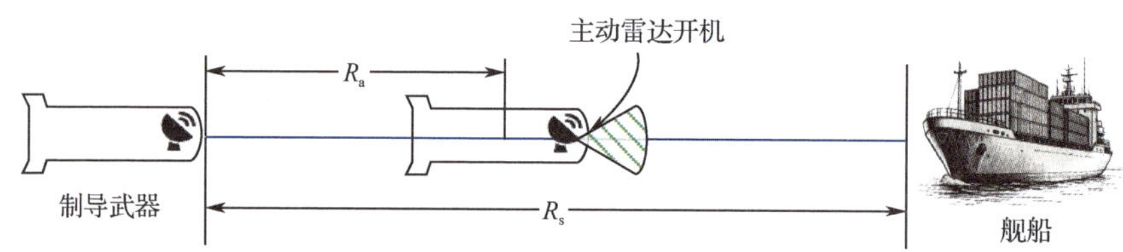

图 3.1　制导武器主动雷达导引头与诱饵干扰阶段示意图

图 3.1 中，R_s 可以理解为舰船发现来制导武器的距离，R_a 是指制导武器被发现后再到其开启主动雷达持续跟踪舰船时的距离。这里，主动雷达导引头的开机跟踪距离是有效干扰判定的重要条件，但敌方导引头制导规则的未知性使得开机跟踪距离及末段制导方向难以准确描述，这两者是雷达有源诱饵在态势层面上预期实现有效干扰的主要非合作要素。

其次，在信号层面上，根据式（2.13），主要对抗参数包括导引头的发射功率、波束宽度、方向增益等，诱饵的干扰功率、方向增益、干扰损失以及被保护舰船目标 RCS 起伏特性等。从雷达有源诱饵的视角看，制导武器雷达导引头相关参数都是未知的，诱饵干扰功率与方向增益可以做到已知，舰船的雷达截面通常已知但具有起伏特性。上述未知或非确定性的参数直接导致了无法对诱饵布放态势进行有效干扰评估分析。这里以制导武器雷达导引头发射功率或者波束宽度的单一参量未知性为例，分析其对有效干扰临界条件的影响，如图 3.2 所示。

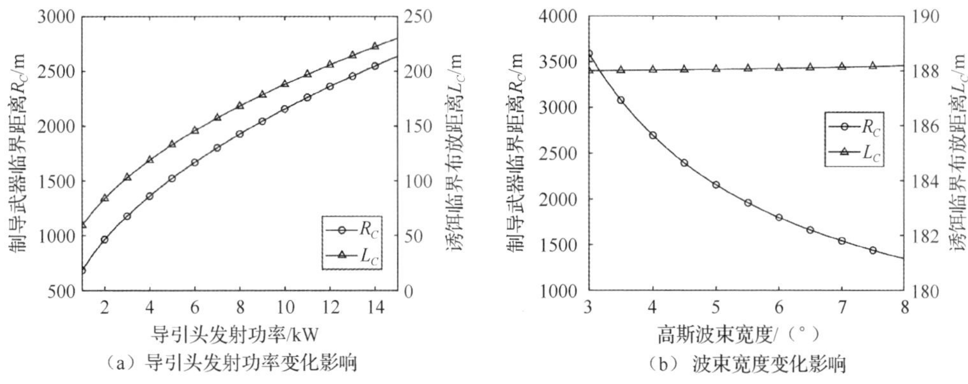

图 3.2　未知或非确定性参数对有效干扰临界条件的影响

图 3.2（a）中，雷达导引头的波束宽度设为 5°，诱饵干扰功率 $P_{\mathrm{j}}=600\ \mathrm{W}$，干扰机方向增益 $G_{\mathrm{j}}=3\ \mathrm{dB}$，舰船的雷达截面积采用平均值 $\bar{\sigma}=5000\ \mathrm{m}^2$，以半功率波束宽度所在方位作为诱饵或者舰船位于波束边缘的干扰临界条件。由图 3.2（a）可知，随着雷达导引头发射功率的增加，雷达有源诱饵需要与舰船目标保持更远距离才能实现有效干扰。

图 3.2（b）中，在高斯波束前提条件下，设置雷达发射功率 $P_{\mathrm{t}}=10\ \mathrm{kW}$，除波束宽度外，其余参数与图 3.2（a）相同。由图 3.2（b）可知，随着波束宽度增加，诱饵临界布放距离基本保持不变，但是制导武器的临界距离不断减小。在含义上，制导武器临界距离是指其在实际到达该距离前，诱饵能使舰船目标优先脱离跟踪波束即可实现有效干扰，该值的减小意味着诱饵进行有效干扰具有更大的距离容限。

进一步从被保护舰船目标的角度，其雷达截面积（RCS）起伏特性较为复杂[9]，这里以常见 Swelling Ⅱ型目标起伏模型为例，来描述在雷达导引头探测过程中的舰船 RCS 起伏变化。设置舰船的平均雷达截面积 $\bar{\sigma}=5000\ \mathrm{m}^2$，其 RCS 概率密度分布及其对雷达有源诱饵的有效干扰临界布放距离的影响如图 3.3 所示。

图 3.3 中，舰船 RCS 起伏使有源诱饵的临界布放距离由第 2 章中的确定情形变成了概率分布情形。根据图 3.3（b），若已知雷达有源诱饵的实际布放距离为 200 m，图中显示临界布放距离小于 200 m 的概率分布约为 68.0%，从干扰有效性判定的角度看，其含义就是在此布放距离下，雷达有源诱饵能够实现有效干扰的概率为 68.0%。此时，雷达有源诱饵实现有效干扰的可行性就可以利

用概率的形式进行描述。

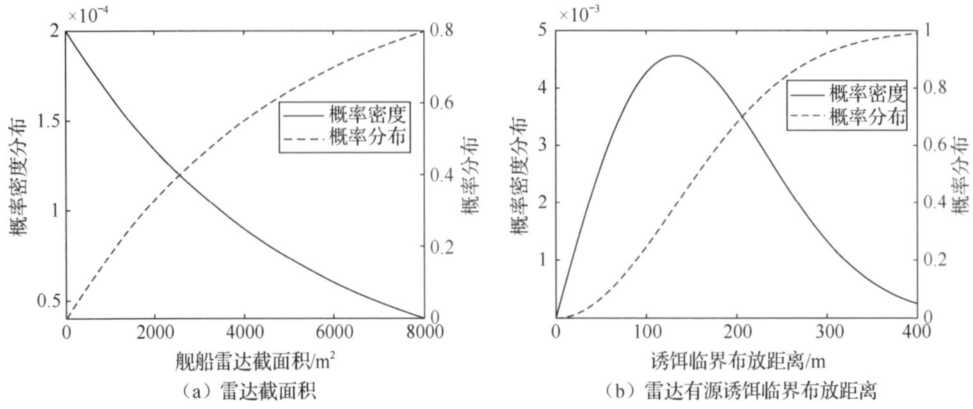

（a）雷达截面积　　（b）雷达有源诱饵临界布放距离

图 3.3　舰船 RCS 概率密度分布及其对雷达有源诱饵的有效干扰临界布放距离的影响

在第 2 章中，对于单个诱饵和多个诱饵的有效干扰临界条件分析是基于理想条件下的雷达方程与雷达干扰方程，忽略了工程实际中因 DRFM 信号处理环节、频域失配、时域失配、空间噪声等因素所引起的实际干扰效果与理论分析之间的偏差。这一偏差可以归结为干扰损失，用于定量表征雷达有源诱饵的实际干扰效果不能达到理论分析所给出结论的程度。

至此，我们单独讨论了影响雷达有源诱饵能否实现有效干扰相关的未知或者不确定要素。考虑到在雷达有源诱饵与制导武器雷达导引头的对抗过程中，已知要素与未知要素是同时作用的，这就给有效干扰的判断分析带来了额外困难。事实上，除了 RCS 起伏可通过概率分布进行描述以外，对于雷达导引头的发射功率等参数，同样可以使用概率化的形式加以表示，以量化未知参数的情报可靠性，并根据雷达有源诱饵干扰模型和 3.2 节的分析方法进行推理，使有效干扰临界条件概率分布在一定数值范围内，在此基础上，结合已知干扰态势，最终就可以得到雷达有源诱饵的干扰部署与其实现有效干扰的概率之间的映射关系。

3.3.2　雷达有源诱饵理想态势的有效干扰概率

考虑诱饵处于图 1.11 所示的理想干扰态势下，首先就单个雷达有源诱饵而言，根据 2.2 节中的雷达有源诱饵干扰动态对抗过程，雷达有源诱饵预期实现有效干扰需要满足以下 4 个条件：①诱饵的实际布放距离要大于临界布放距离，即 $L > L_C$；②在干扰阶段，制导武器的末段跟踪距离要在制导武器临界距离外，

即 $R > R_C = L_C/2\theta_C$；③初始干扰时，若制导武器的距离为 R，雷达有源诱饵要位于跟踪波束主瓣内，即满足 $R > L/\theta_C > R_C$；④雷达有源诱饵的干扰信号要位于跟踪波门内。这里，条件④是在制导武器来袭方向发生变化时，对雷达有源诱饵构建等效干扰态势提出的要求。结合 3.3.1 节中的非合作要素分析，可进一步绘制雷达有源诱饵有效干扰临界条件的概率推理模型如图 3.4 所示。

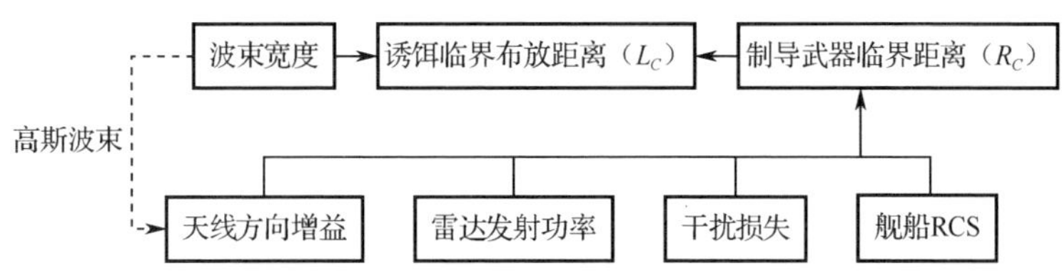

图 3.4　雷达有源诱饵有效干扰临界条件的概率推理模型

图 3.4 反映了非合作要素对有效干扰临界条件的影响。其中，天线方向增益、雷达发射功率、干扰损失和舰船雷达截面积共同决定了有效干扰临界条件分析中的制导武器临界距离与诱饵临界布放距离，且这些要素之间可认为是相互独立的。需要注意的是，天线方向增益主要和雷达导引头的波束宽度有关，而诱饵的临界布放距离又由波束宽度和武器临界距离共同决定。可以发现，当雷达导引头的波束宽度已知时，制导武器临界距离与诱饵布放距离之间存在一一对应的关系。由概率推理模型，就可以得到单个雷达有源诱饵满足有效干扰条件的概率分布情况。

在雷达有源诱饵干扰对抗的非合作要素中，考虑到由波束宽度计算天线方向增益是一种非线性映射，为了便于分析，这里假设波束宽度为离散型随机变量，其概率分布为 $P(\theta_\rho)$，其他信号层面的非合作参数为连续型随机变量。根据第 2 章的式（2.11），在已知波束宽度的条件下，诱饵有效干扰临界布放距离的条件概率密度为

$$p(L_C|\theta_\rho) = \frac{2L_C\pi P_j G_j \gamma}{\theta_C^2 G_t(\theta_C)\sigma} p(P_t) \tag{3.7}$$

式中：γ 为干扰损失系数。根据上述有效干扰条件①，已知诱饵布放距离为 L，代入离散化的波束宽度，布放距离满足干扰需求的概率为

$$P(L > L_C) = \sum_{\theta_\rho} P(\theta_\rho) P(L > L_C|\theta_\rho) \tag{3.8}$$

有效干扰条件②是从信号层面推导得到，而条件③是从态势层面的初始条件得到，从数值大小看，两者可以合并成干扰态势的初始距离条件，即 $R > L/\theta_C$，如图 3.5 所示。

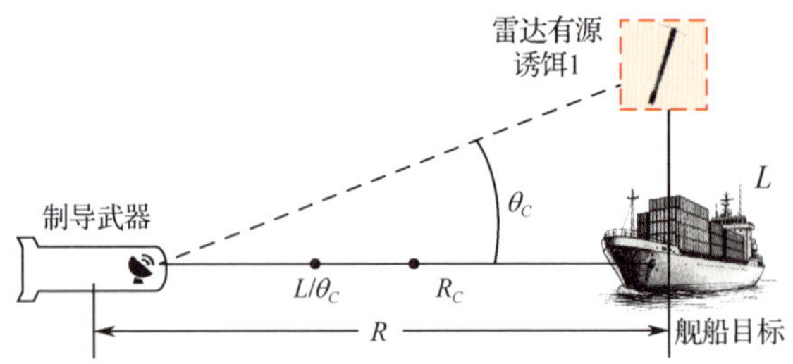

图 3.5 诱饵干扰时制导武器的初始距离条件

结合图 3.1，记制导武器雷达导引头末段开机跟踪目标的初始距离概率分布密度为 $p(R)$，则雷达有源诱饵初始干扰时，位于跟踪波束内的概率为

$$P\left(R>\frac{L}{\theta_\rho}\middle|\theta_\rho\right)=\int_{\frac{L}{\theta_\rho}}^{+\infty}p(R)\,\mathrm{d}R \tag{3.9}$$

这里，以半功率波束宽度的一半 θ_ρ 作为临界角度，即在初始状态下，只要满足诱饵位于波束宽度内即可。在诱饵布放距离 L 给定的情况下，θ_ρ 是诱饵布放距离和导引头跟踪距离分别满足有效干扰需求，这两者相互独立的前提条件。结合式（3.8）与式（3.9），将诱饵能够实现有效干扰记为事件 W，可以得到其发生概率为

$$\begin{aligned}P(W)&=P\left(L>L_C,R>\frac{L}{\theta_\rho}\right)=\sum_{\theta_\rho}P(\theta_\rho)P\left(L>L_C,R>\frac{L}{\theta_\rho}\middle|\theta_\rho\right)\\&=\sum_{\theta_\rho}P(\theta_\rho)P(L>L_C|\theta_\rho)P\left(R>\frac{L}{\theta_\rho}\middle|\theta_\rho\right)\end{aligned} \tag{3.10}$$

使用多个诱饵进行组合干扰，干扰态势如前文的图 2.18 所示。多诱饵能够进行梯次干扰与接力干扰，接力干扰是在实现有效干扰的前提下，进一步放大干扰引起的偏差。这里，从诱饵有效干扰下限的角度看，只需要考虑多诱饵的梯次干扰，式（3.10）可以改写成

$$P(W)=\sum_{\theta_\rho}P(\theta_\rho)\left(\begin{aligned}&P(L_1^s>\hat{L}_{C1}|\theta_\rho)P\left(R>\frac{L_1}{\theta_\rho}\middle|\theta_\rho\right)\\&+\sum_{i=2}^{N}P(L_i^s>\hat{L}_{Ci}|\theta_\rho)P\left(\frac{L_{i-1}}{\theta_\rho}>R>\frac{L_i}{\theta_\rho}\middle|\theta_\rho\right)\end{aligned}\right) \tag{3.11}$$

式中：$L_i(i=1,2,\cdots)$ 为由远到近的每个诱饵布放距离；L_i^s 为第 i 个诱饵到第 N 个诱饵视为单个诱饵的等效布放距离；$\hat{L}_{Ci}$ 为当第 i 个诱饵到第 N 个诱饵同时干扰时的临界布放距离。结合式（3.11），多个雷达有源诱饵梯次布放进行干扰，实质上是将制导武器的末段跟踪距离划分成了多个区间段，并以多个诱饵组合同

时干扰的形式提升每个区间段的有效干扰概率。在这过程中，结合图 3.5 和有效干扰条件③，诱饵以不同布放距离实施干扰，可以应对导引头跟踪波束宽度的不确定性。至此，利用式（3.10）和式（3.11），就可以计算得到理想干扰态势下，单个或者多个雷达有源诱饵对制导武器雷达导引头的有效干扰概率。

3.3.3　雷达有源诱饵空间组合的有效干扰概率

当雷达有源诱饵处于非理想干扰态势下，即制导武器从其他方位来袭，由 2.3.3 节的空间干扰模型分析可知，雷达有源诱饵可通过时域调制进行延时转发，从而形成等效干扰源，其等效干扰源的布放距离可以根据式（2.39）计算得到，结合式（3.11）可以计算得到此时诱饵布放态势的有效干扰概率。基于此，针对空间中有多个雷达有源诱饵组合伴随舰船的干扰对抗场景，就可以量化分析其对制导武器进行有效干扰的可行性。进一步考虑 2.3.3 节中诱饵空间组合时的相互关系，在实际使用时，针对某一方向的制导武器雷达导引头，可能不会使用全部诱饵实施干扰，如图 3.6 的案例所示[10]。

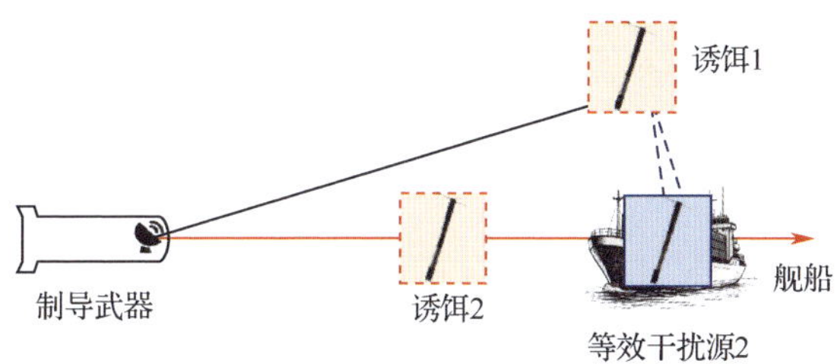

图 3.6　多诱饵组合干扰冲突案例示意图

图 3.6 中，诱饵 2 形成的等效干扰源与舰船重叠，在与诱饵 1 同时进行干扰时，反而起到了制导武器锁定舰船目标的信标作用。在此情形下，代入仅使用诱饵 1 进行干扰的情形来计算，以得到当前阵型对当前来袭制导武器的有效干扰概率。因此，对于由多个雷达有源诱饵所构成的干扰编队，在干扰有效性评估环节中，需额外增加使用诱饵的组合策略生成模块，并以所有组合中的最大有效干扰概率作为对当前制导武器雷达导引头的干扰有效性评估值。

综合上述分析，雷达有源诱饵编队组合干扰有效性评估流程如图 3.7 所示。

图 3.7 中，评估流程也可从信号层面与态势层面进行理解。在信号层面上，将合作要素以及非合作要素进行参数化处理，并基于概率推理计算公式，得到有效干扰临界条件的概率分布；在态势层面上，诱饵伴随态势与制导武器来袭

态势作为临界条件的边界值，结合上述概率分布，得到当前态势的有效干扰概率。在涉及处理多个有源诱饵的编队时，可以通过排列组合方法在有限时间复杂度内得到诱饵编队的空间组合干扰策略；当涉及多个不同方位制导武器来袭的干扰有效性评估时，可对每个方位的干扰需求赋予相对主观的权重系数，乘以最大评估值再进行求和，作为当前多诱饵编队态势的干扰有效性评估值。上述过程主体是基于正向推理，反向推理是在评估步骤过程中，设置某一态势下的干扰结果为 0 或 1 作为证据起点，并沿着评估环节，利用条件概率计算得到非合作要素的后验概率分布。由此结合信号与态势层面，构成了基于概率推理的雷达有源诱饵干扰有效性评估全过程。

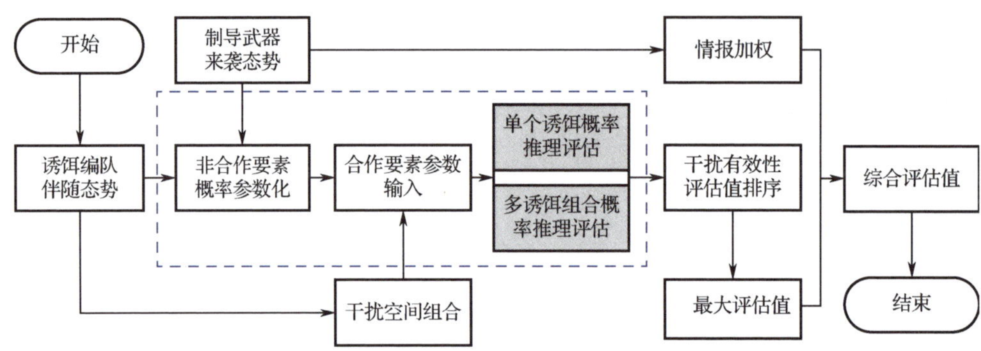

图 3.7　雷达有源诱饵编队组合干扰的有效性评估流程

3.4 干扰有效性评估数值仿真分析

3.4.1 参数未知条件下的动态仿真

第 2 章已在对抗参数已知且制导武器来袭态势确定的情况下，验证了雷达有源诱饵在信号层面和态势层面的理论分析以及相关性质。但在实际干扰对抗中，非合作的制导武器其参数指标和来袭态势未知，这直接影响了雷达有源诱饵的干扰有效性判别，以下面的两种情形为例。

情形 1：干扰方以导引头波束宽度 5°作为先验条件，据此制定有源诱饵布放策略。单个诱饵的干扰功率为 200 W，根据有效干扰临界条件计算公式，诱饵有效干扰布放距离为 265.9 m。假设诱饵实施干扰时，制导武器的距离为 8000 m，根据半功率波束宽度的定义和图 3.5，诱饵在起始条件位于波束宽度内的布放距离应小于 349.1 m。若雷达导引头实际波束宽度为 3°，此时诱饵要求布放距离小于 209.4 m，若有源诱饵布放在 265.9 m 处，位于波束宽度以外，不能满足干扰需求，无法进行有效干扰，如图 3.8 所示。

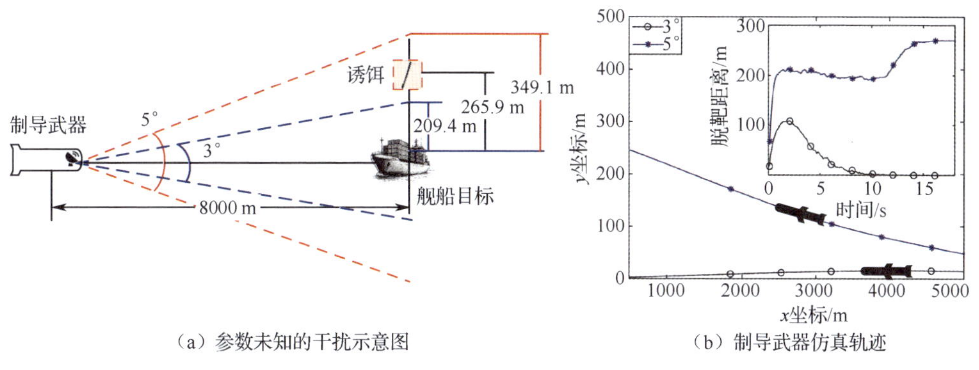

（a）参数未知的干扰示意图　　（b）制导武器仿真轨迹

图 3.8　导引头不同波束宽度下的干扰分析

情形 2：若已知敌方雷达导引头的相关参数与前文相同，诱饵干扰功率为 200 W，可得诱饵有效干扰布放距离为 265.9 m。设置诱饵布放位置为(0 m, 300 m)，易知此时可以对从图示水平 0°方位来袭的制导武器实现有效干扰。而当制导武器从不同方位来袭时，雷达有源诱饵通过控制转发时延，可实现干扰信号与目标回波信号在距离跟踪波门上的一致。设置制导武器的初始距离为 8000 m，其从不同方向来袭在受到干扰后，测量指示目标的脱靶距离如图 3.9 所示。这里结果显示制导武器从 40°和 50°方位来袭时，有源诱饵不能实现有效干扰。

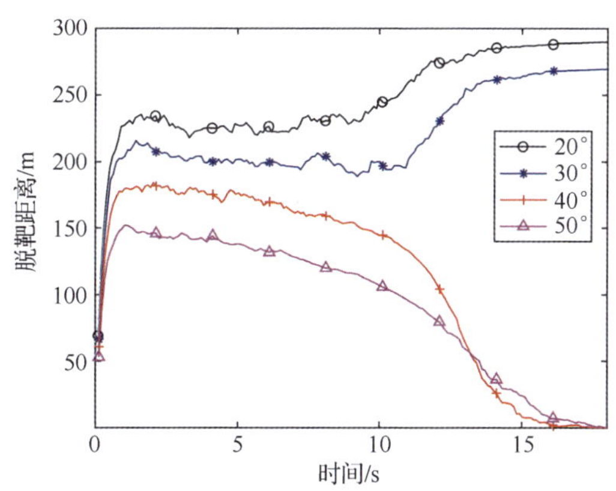

图 3.9　制导武器从不同方向来袭受干扰时的脱靶距离变化

情形 1 和情形 2 基于具体数值，分别从信号层面和态势层面列举分析了参数未知性可能导致的干扰失败。结合 3.3.1 节的分析，进一步综合考虑干扰对抗中的其他非合作要素，对雷达有源诱饵的干扰有效性进行评估。

3.4.2 基于 GeNIe 软件的有效干扰临界条件正反向推理

GeNIe 软件是一款基于贝叶斯网络的人工智能建模以及机器学习软件，它通过节点和网络模型的形式对系统中各要素及其结构加以描述，并根据具体的数学关系进行推理分析，基于蒙特卡罗模拟给出相应的概率计算结果，并以可视化的形式呈现。以单个雷达有源诱饵为例，根据诱饵和制导武器雷达导引头的干扰对抗关系，基于 GeNIe 绘制的雷达有源诱饵干扰有效性评估网络如图 3.10 所示。

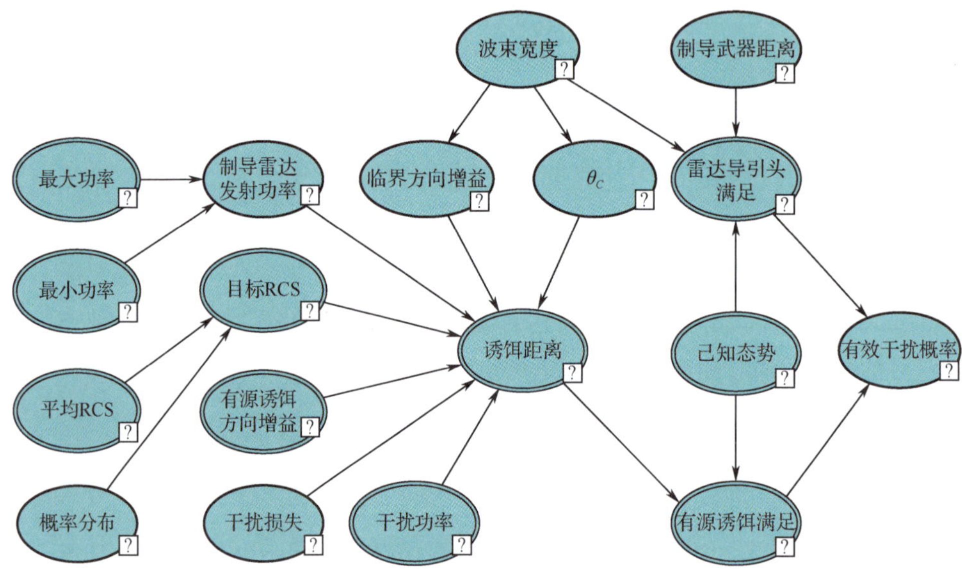

图 3.10 基于 GeNIe 绘制的雷达有源诱饵干扰有效性评估网络

针对干扰对抗的非合作要素，基于情报分析，以概率的形式假设分布情况如表 3.1 所示。

表 3.1 非合作要素概率分布情况

参数名称	分布情况	分布参数
发射功率	连续均匀分布	[1 kW,10 kW]
波束宽度	离散均匀分布	$\{1^\circ,1.5^\circ,\cdots,5.5^\circ,6^\circ\}$
来袭方向	离散均匀分布	$\{0^\circ,1^\circ,\cdots,358^\circ,359^\circ\}$
制导武器距离	连续均匀分布	[2 km,10 km]
舰船 RCS	Swelling 分布	$\bar{\sigma}=5000\ \text{m}^2$
干扰损失	连续均匀分布	[0.1,0.9]

在不考虑制导武器来袭方向变化的条件下，令干扰载荷的干扰功率为 1000 W，结合有效干扰临界条件计算公式和正向概率推理原理，可以得到雷达有源诱饵的有效干扰临界布放距离的概率密度分布和有效干扰概率与诱饵布放距离关系如图 3.11 所示。

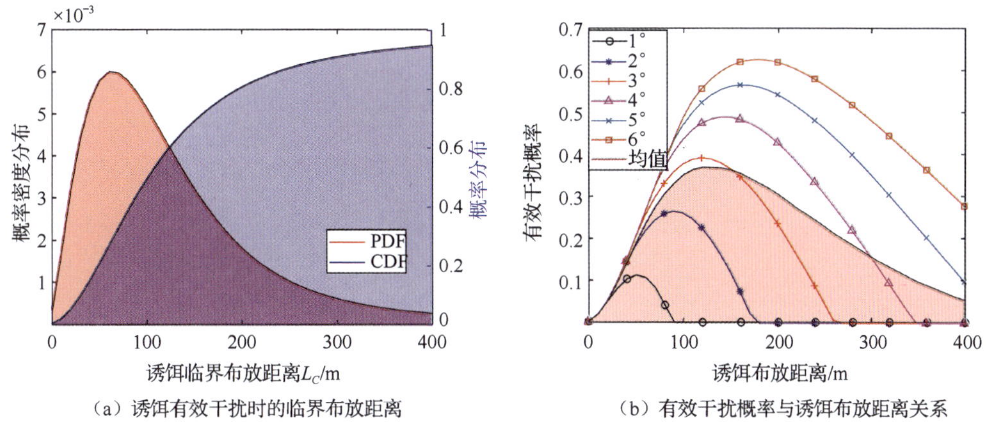

（a）诱饵有效干扰时的临界布放距离　　（b）有效干扰概率与诱饵布放距离关系

图 3.11　雷达有源诱饵的有效干扰临界布放距离的概率密度分布和有效干扰概率与诱饵布放距离关系

图 3.11（a）显示了雷达有源诱饵为实现有效干扰的临界布放距离分布情况，结果显示，临界布放距离在 80 m 附近具有较大的概率密度。对于有效干扰而言，更关注的是诱饵布放距离能够大于临界距离的概率，结合累积得到的概率分布，从非合作对抗角度看，当诱饵实际布放距离大于 150 m 时，有超过 69%的概率可以满足实现有效干扰的布放距离要求。

图 3.11（b）显示了有源诱饵布放在某一距离下的有效干扰概率，其结果是结合了对抗态势中的制导武器距离信息，基于式（3.10）计算得到，图中不同曲线表示不同波束宽度下的有效干扰条件概率。从中可以看出，随着诱饵布放距离的增加，有效干扰概率先增加后减小，增大过程是图 3.11（a）中诱饵布放距离增加使得其满足干扰需求的可能性增加，而后续的减小则是因为布放距离增加后，诱饵位于波束宽度外的可能性增大，使制导武器的距离能够满足被干扰距离需求的概率迅速降低。

上述正向概率推理从干扰方的视角，得到了对自身干扰态势的评估结果。当已知在某一干扰态势下，对制导武器雷达导引头无法进行有效干扰时，通过反向推理，就可以对当前的非合作对抗参数分布情况进行进一步衡量评估。

基于图 3.11（b）可以得到在 200 m 处布放诱饵可以获得最大的有效干扰概

率，而在实际干扰时，若 200 m 布放诱饵未能达到期望干扰效果，则基于 GeNIe 构建的推理网络，通过反向推理可以得到诱饵布放距离未能满足干扰需求的概率和制导武器距离未能满足干扰需求的概率，如图 3.12 所示。

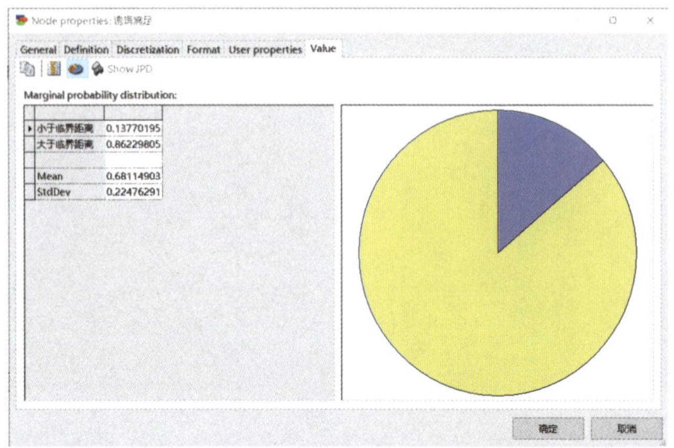

（a）诱饵布放距离未能满足干扰需求的条件概率

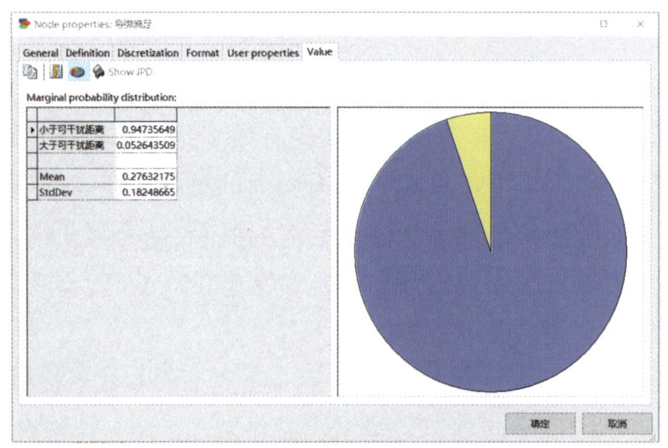

（b）制导武器距离未能满足干扰需求的条件概率

图 3.12　反向推理中诱饵布放距离与制导武器距离条件概率分析

从图 3.12 中可以看出，布放距离未能满足干扰需求的概率为 13.8%左右，而制导武器距离未能满足干扰需求的概率为 94.7%左右，因而此时干扰失败受制导武器距离影响较大。制导武器的距离要求主要受波束宽度的影响较大，因而进一步可得到各不同波束宽度的条件概率分布，如图 3.13 所示。

从图 3.13 中可看出，制导武器雷达导引头波束宽度小于 3.5°的概率要大于 72.7%，对比表 3.1 所示的均匀分布，在敌方制导武器雷达导引头的参数情报方面，对干扰一方假设的先验分布进行了更新。此时，可以代入波束宽度的条件概率并替换先验概率，计算得到更新后的诱饵布放距离与有效干扰概率分布，如图 3.14 所示。

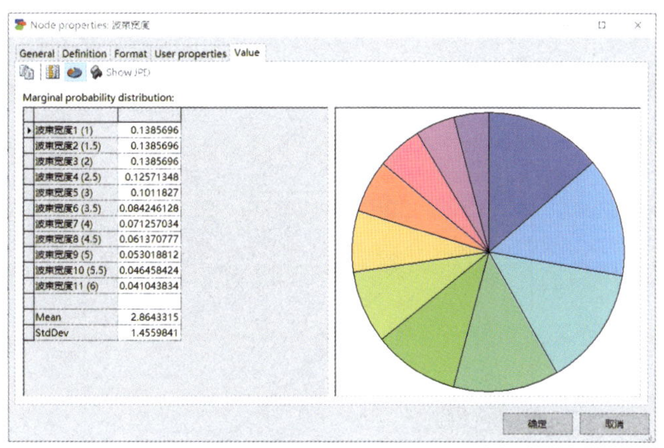

图 3.13　反向推理中的雷达导引头波束宽度条件概率分布

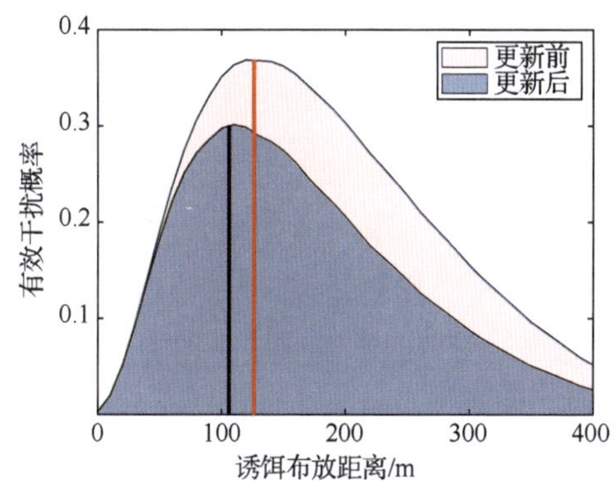

图 3.14　波束宽度概率更新前后的诱饵有效干扰概率分布

从图 3.14 中可看出，波束宽度概率分布更新后，200 m 处的雷达有源诱饵实现有效干扰的概率下降，结果一方面是对不能满足干扰要求的结论进行修正，表现为有效干扰概率的下降；另一方面，结合图 3.11 不难发现，较低的有效干扰概率源于诱饵对较窄波束宽度的干扰效果不佳。反向推理对波束宽度进行了更新修正，修正结果要求布放诱饵的距离要更适用于较窄的雷达波束宽度，即要靠近舰船目标进行布放，这里修正后的最优的诱饵布放距离为 100 m 左右。

根据上述数值分析，正向概率推理对某个给定的诱饵布放策略能够实现有效干扰的概率进行了评估，而反向概率推理则结合具体的干扰情形与结果，对非合作要素进行评估，从而更新雷达有源诱饵的部署策略，以提高后续干扰有效性评估的准确性与可靠性。

3.4.3 多雷达有源诱饵干扰有效性评估分析

进一步考虑多雷达有源诱饵。当多个诱饵同时对来袭的制导武器进行干扰且布放位置相同时，对雷达导引头的有效干扰概率随诱饵个数增加的变化如图 3.15 所示。

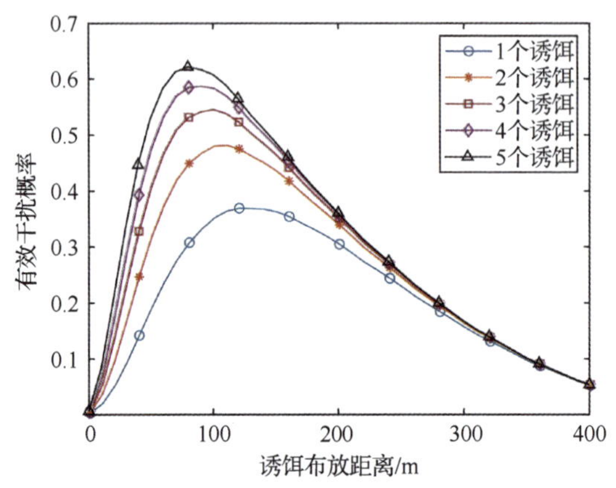

图 3.15　有效干扰概率随诱饵个数增加的变化

从图 3.15 中可以看出，随着诱饵个数增加，诱饵能够实现有效干扰的概率逐渐增大，并且取得最大有效干扰概率所对应的诱饵布放距离逐渐减小，但是注意到，增长幅度逐渐减小。当诱饵布放距离超过 200 m 时，无论诱饵个数多少，有效干扰概率均迅速衰减。这里有两点与多诱饵干扰效果所期望的干扰效果相悖：第一点，多个诱饵布放距离更接近舰船，尽管有效干扰概率更大，但带给舰船的威胁更高；第二点，多诱饵并未改善更远布放距离的有效干扰概率。这也是多个诱饵布放在同一位置的局限性，仅起到了功率叠加的作用，不能有效地应对制导武器来袭及其雷达导引头开机距离存在的不确定性。

当采用如图 2.18 所示的多诱饵干扰态势，分开布放 2 个诱饵，同时对来袭的制导武器雷达导引头进行干扰，代入计算得到有效干扰概率分布随着第二个诱饵布放距离变化的曲线，如图 3.16 所示。

图 3.16 中，两个曲线分别表示单个诱饵以及布放在同一位置 2 个诱饵的有效干扰概率与布放距离的关系。当诱饵布放在不同位置时，图 3.16（a）中考虑到诱饵之间应靠近布放，即满足 $L_1 < 2L_2$。分别考虑 3 种组合干扰情形。情形①：诱饵 2 布放距离为 50 m，诱饵 1 布放距离在 50～100 m；情形②：诱饵 2 布放距离为 100 m，诱饵 1 布放在 100～200 m；情形③：诱饵 2 布放距离为 200 m，

诱饵 1 布放距离在 200～400 m。三种情形结果与图 3.16（b）中标注①～③对应，阴影部分表示两个诱饵分开布放与布放在原先同一位置有效干扰概率的差值。

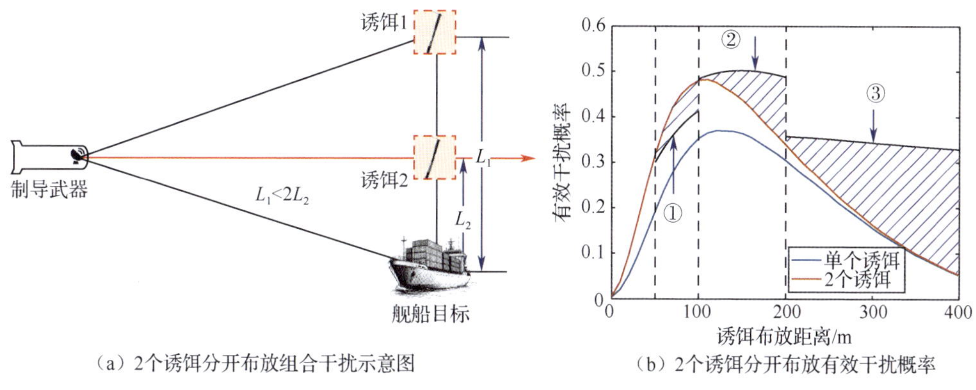

（a）2个诱饵分开布放组合干扰示意图　　（b）2个诱饵分开布放有效干扰概率

图 3.16　不同位置布放两个诱饵的有效干扰概率随诱饵布放距离变化

从图 3.16 的结果可知，对比 2 个同一位置布放诱饵的结果，在情形①中，不同位置布放时的有效干扰概率要低于同一位置布放，情形②与情形③中，其有效干扰概率要高于同一位置布放。结合图 3.11（b）所示的每种波束宽度下的有效干扰概率分析，在情形①中，诱饵 2 近距离布放可以最大化波束宽度为 1°时的干扰概率，而诱饵 1 布放距离逐渐增大，提高了对其他波束情形的有效干扰概率，尽管综合有效干扰概率不如 2 个同一位置布放的诱饵，但是确保了对窄波束宽度导引头的干扰有效性；情形②和情形③中的布放态势则是有效避免了图 3.15 所示的布放距离增大带来的有效干扰概率迅速衰减，同时部分远距离布放的诱饵，从动态对抗过程的角度看，可以增大干扰诱偏程度。对比图 3.15，多个诱饵分开同时干扰，在起到功率叠加作用同时，对来袭制导武器距离的不确定性进行了有益补充。

3.4.4　雷达有源诱饵机动干扰评估分析

上述数值分析基于制导武器从固定方向来袭，并且满足第 2 章分析中的基本干扰态势。当单个雷达有源诱饵布放位置为(0 m, 200 m)，同时考虑制导武器从不同方向来袭的情形，根据干扰有效性评估方法，此时有源诱饵对不同方向来袭制导武器的有效干扰的概率分布如图 3.17 所示。

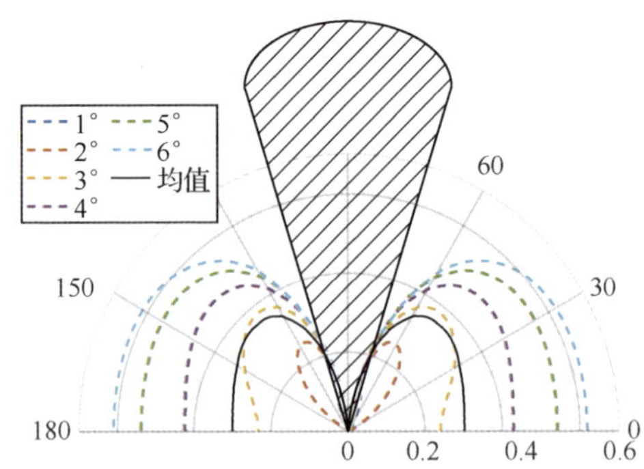

图 3.17　单个诱饵对不同方向来袭制导武器的有效干扰的概率分布

图 3.17 中，虚线表示导引头不同波束宽下的有效干扰概率，黑色实线表示它们的均值，即综合有效干扰概率。由此可知，当制导武器雷达导引头的波束宽度较大时，诱饵能够干扰的制导武器来袭的方位范围较大，同时有效干扰的概率值也较高。图中阴影区域的有效干扰概率分布表明，无论导引头的波束宽度多少，(0 m, 200 m)位置处的诱饵对 90°方位附近总会形成一个锥形干扰盲区，评估结果与雷达有源诱饵存在干扰盲区这一局限的理论分析一致。

考虑到有源诱饵基于移动平台具备一定的机动特性，当制导武器在进入可被干扰阶段之前，有源诱饵可以有一定时间来改变与舰船构建的干扰态势。在此分析的基础上，雷达有源诱饵针对不同方向来袭制导武器的有效干扰概率分布如图 3.18 所示。

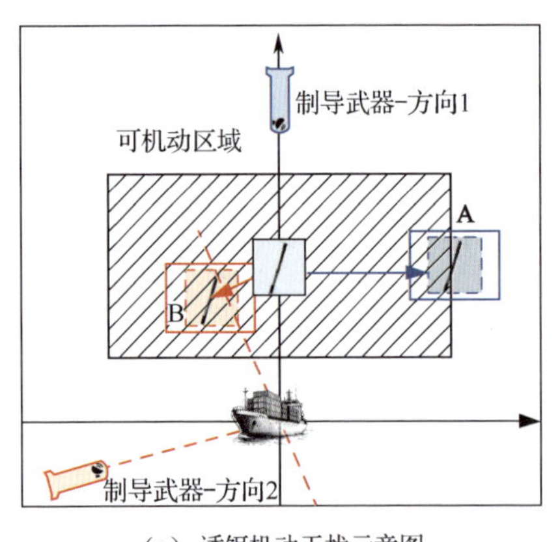

（a）诱饵机动干扰示意图

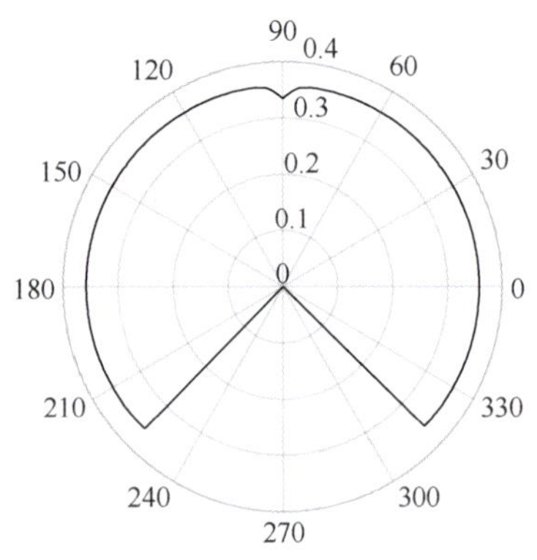

（b）对不同方向制导武器的有效干扰概率

图 3.18　单个诱饵在机动条件下的有效干扰概率分布

图 3.18（a）中，阴影区域表示诱饵在制导武器雷达导引头被干扰之前可以进行机动的区域。当制导武器从方向 1 来袭时，雷达有源诱饵通过机动到位置 A 可以形成有效干扰态势；当制导武器从方向 2 来袭时，则可以机动到位置 B

以实现有效干扰。图 3.18（b）反映了在阴影区域内，诱饵在可机动条件下，对不同方向制导武器最大有效干扰概率的分布情况。对比图 3.17 可知，雷达有源诱饵基于“移动平台”可控的机动特性，能够对锥形的干扰盲区进行补充。

然而在实际干扰对抗中，有源诱饵尽管可以通过平台的机动形成有利的干扰态势，但是实施起来，一方面较大程度上依赖外部信息源提供的预警信息，从而能够预先判断制导武器末段的突防方向，另一方面仅使用单一雷达有源诱饵，在应对不同方向来袭制导武器时需要大范围地机动，在干扰时效性上难以满足需求。更加鲁棒的做法是基于多个“移动平台+干扰载荷”构成雷达有源诱饵编队，满足不同的干扰态势需求。根据图 3.7 多有源诱饵干扰有效性评估过程，编队态势下，雷达有源诱饵对不同方向来袭制导武器的有效干扰概率分布如图 3.19 所示。

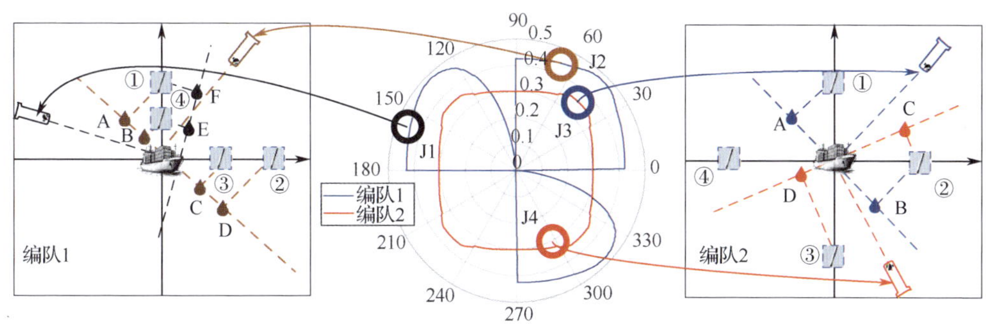

图 3.19　雷达有源诱饵对不同方向来袭制导武器的有效干扰概率分布

图 3.19 显示了 4 个诱饵在两种不同编队阵型下，对四周不同方向来袭制导武器雷达导引头的有效干扰概率分布情况。其中，舰船坐标位置为(0 m, 0 m)，编队 1 中各有源诱饵的位置分别是(0 m, 200 m)、(0 m, 150 m)、(200 m, 0 m)和(150 m, 0 m)，编队 2 中各有源诱饵的位置分别是(0 m, 200 m)、(200 m, 0 m)、(−200 m, 0 m)和(0 m, −200 m)。中间的图中圈出来的特定方位有效干扰概率，对应左右图中的各编队干扰情形。以 J1 为例，其对应于 4 个诱饵以编队 1 阵型护航，制导武器从 160°方位来袭时的干扰情形。此时，仅左图中诱饵①与诱饵④可通过延迟转发干扰信号，生成干扰信号的位置为 E 和 F，干扰信号对应布放距离分别是 141.0 m 和 187.9 m，可进行干扰的组合包括{E}、{F}与{E、F}三种，每种组合的有效干扰概率分别为 0.356、0.316 和 0.440，此时{E、F}同时干扰的组合的有效干扰概率最大。图中的 J2～J4 对应情形的分析与 J1 类似。

结合图 3.17 存在的锥形干扰盲区分析，编队 1 和编队 2 的多诱饵干扰阵型均实现了一定程度的补盲处理。但对比编队 1 和编队 2 的干扰概率分布可以发现，编队 1 在180°～270°方位上仍留有干扰盲区，这是由于有源诱饵无法提前对导引头脉冲进行转发引起的，尤其是对于采用捷变频抗干扰手段的雷达导引头[11]，但编队 1 护航阵型对特定方位的干扰效果特别是 0°～90°方位来袭制导武器的干扰效果进行了加强。

本节从数值仿真的角度，围绕参数未知影响、正向概率推理与反向概率推理、多雷达有源诱饵干扰评估、干扰态势变化干扰评估这 4 个方面对雷达有源诱饵干扰有效性评估方法进行了分析。雷达有源诱饵实现有效干扰，在满足干扰机理的同时，需要处理对抗中非合作要素带来的影响，基于概率推理的干扰有效性评估方法，对其中已知要素和未知要素之间的关系进行了描述，且提供了可量化的计算方式。上述 4 个方面的数值仿真分析表明，该评估方法与干扰效果的理论分析结果是一致的，主要体现在以下 3 个方面：①评估过程反映出诱饵实现有效干扰需要同时满足诱饵布放态势与制导武器来袭态势要求；②对单一方向制导武器雷达导引头干扰效果的评估结果表明，多个诱饵在获得干扰功率叠加的同时，能够分开布放，以弥补导引头参数情报的不确定性；③对于不同方向制导武器干扰评估的分析，进一步解释了有源诱饵存在干扰盲区局限，并表明利用移动平台机动或者多个有源诱饵编队干扰，弥补干扰态势情报的不确定性。评估方法与理论分析的一致性体现了本章所提有效性评估方法的可行性与适用性。

3.5 小结

本章在雷达有源诱饵欺骗干扰动态分析基础上，针对干扰对抗的非合作性，对雷达有源诱饵的干扰有效性评估方法进行了研究。首先，基于有效干扰临界条件，介绍了离散型随机变量与连续型随机变量混合的正向概率推理与反向概率推理的基本原理；接着，通过对雷达有源诱饵干扰的非合作要素分析，提出了雷达有源诱饵在理想干扰态势下的有效干扰概率的计算公式，并结合实际空间态势，给出了多雷达有源诱饵编队空间组合干扰的有效性评估流程；最后，利用动态对抗仿真系统与 GeNIe 概率推理软件，仿真验证了干扰有效性评估方法与干扰效果的一致性。本章研究结果为后续章节开展雷达有源诱饵集群干扰阵型优化方法与干扰目标分配方法提供了理论评判依据。

参考文献

[1] Liu X, Yang J, Lu J, et al. Application of AHP and D-S evidential theory in radar seeker anti-interference performance evaluation[J]. The Journal of Engineering, 2019, 2019(21): 7977-7980.

[2] Qi Zongfeng, Han Shan, Li Jianxun. Research on radar anti-jamming performance evaluation index system based on rough set theory [J]. Journal of System Simulation, 2016, 28(2): 335-342.

[3] 葛杨，刘松涛. 基于 Vague 集和 TOPSIS 法的雷达导引头干扰效能评估[J]. 中国电子科学研究院学报，2020, 15(4): 364-369.

[4] Chien Y, Zhou M, Peng A, et al. Signal processing and machine learning for smart sensing applications [J]. Sensors, 2023, 23(3): 1445.

[5] 杨洋，刘永鹏，于家傲，等. 运用深度信念网络的雷达干扰效能评估[J]. 空军预警学院学报，2020, 34(5): 356-359.

[6] 冉小辉，朱卫纲，邢强. 电子对抗干扰效果评估技术现状[J]. 兵器装备工程学报，2018, 39(8): 117-121.

[7] 杜斯，祁志卫，岳昆，等. 基于自编码器的贝叶斯网嵌入及概率推理[J]. 软件学报，2023, 34(10): 4804-4820.

[8] Ge J, Xie J, Wang B. A cognitive active anti-jamming method based on frequency diverse array radar phase center[J]. Digital Signal Processing, 2021, 109:102915.

[9] Tang H, Cha H, Liu F, et al. Research on RCS measurement of ship targets based on conventional radars [J]. Applied Mathematics and Nonlinear Sciences, 2022, 7(2): 1105-1116.

[10] 吴兆东，罗亚松，胡生亮，等.多无人艇载舷外有源诱饵组合干扰及评估方法[J].系统工程与电子技术，2024, 46(6): 1878-1891.

[11] 全英汇，陈侠达，阮锋，等. 一种捷变频联合 Hough 变换的抗密集假目标干扰算法[J]. 电子与信息学报，2019, 41(11): 2639-2645.

基于改进粒子群优化算法的集群干扰阵型优化方法

4.1 引言

第 2 章已经指出，单一雷达有源诱饵在应对制导武器雷达导引头时存在干扰盲区，尤其是在面临多个制导武器的攻击威胁时，难以适应复杂多变的干扰态势需求。而在第 3 章中，我们已经发现，通过多个雷达有源诱饵的空间组合，能够缩短干扰的响应时间，有效弥补这一不足。在此基础上，进一步提出雷达有源诱饵集群干扰形式。根据实际干扰对抗的时序关系，雷达有源诱饵伴随在舰船周围，进行常态化干扰护卫，其主要目的是为了应对潜在的雷达制导武器的攻击威胁。结合第 3 章干扰有效性评估仿真分析可知，不同站位的雷达有源诱饵对不同方向来袭制导武器雷达导引头的干扰能力不同，为满足应对潜在威胁的防卫需求，就需要考虑雷达有源诱饵集群以何种阵型伴随护航，才能最大化干扰有效性。因此，本章围绕雷达有源诱饵集群干扰阵型优化问题开展研究，分成三个部分，首先对集群干扰阵型优化问题进行阐述，并建立干扰阵型优化数学模型，其次针对该问题设计寻优算法，最后进行仿真和结果分析。

4.2 雷达有源诱饵集群干扰阵型优化问题

4.2.1 集群干扰阵型优化问题描述

雷达有源诱饵集群干扰阵型作为运筹优化问题进行处理[1]，考虑目标函数、决策变量和约束条件三个基本要素。在目标函数上，根据第 3 章干扰有效性评估数值仿真可知，多个雷达有源诱饵组成编队，以不同阵型伴随舰船目标护航时，对不同方向来袭制导武器雷达导引头的有效干扰概率不同。干扰阵型优化就是通过数学建模以及特定寻优算法，得到集群中每个雷达有源诱饵的合理布放位置，使整个有源诱饵集群在满足舰船目标干扰防卫需求的同时，实现干扰效果的最优化。其中，干扰防卫需求主要是指潜在来袭制导武器的态势，包括来袭方向和有源诱饵进行干扰或者雷达导引头开机的距离，如图 4.1 所示。

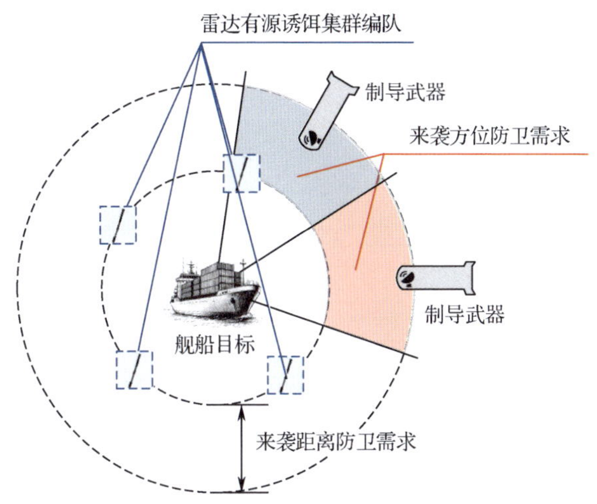

图 4.1　雷达有源诱饵集群干扰防卫需求示意图

图 4.1 中，防卫需求主要由外部信息源从干扰对抗环境中获取分析得到，主要分为方位防卫需求与距离防卫需求，其中方位防卫需求可以理解为制导武器从该方向跟踪突防概率较高，距离防卫需求是指制导武器雷达导引头在该距离区间对舰船目标进行持续跟踪概率较高。

首先，干扰阵型优化的目标函数围绕防卫需求展开。对制导武器方位和雷达导引头跟踪距离的判断需要结合雷达有源诱饵的干扰能力，结合第 3 章有效干扰概率这一评估指标，干扰阵型优化问题的目标函数可以明确为利用多个雷达有源诱饵组成阵型，实现对舰船目标防卫需求范围内的制导武器雷达导引头有效干扰概率最大化。

其次，干扰阵型优化问题的第二个方面是决策变量，这里是指每个雷达有源诱饵相对于舰船目标的坐标位置。一方面，雷达有源诱饵干扰效果与载体平台、舰船、制导武器所构成的相对态势有关。在给定舰船 RCS 分布的前提条件下，这里可以假设其位置保持静止不动。另一方面，在制导武器末段制导与干扰对抗阶段，雷达有源诱饵可机动时间极为有限，这里先不考虑诱饵“移动平台”机动对干扰阵型优化的影响。

最后，在约束条件方面，主要考虑雷达有源诱饵、舰船目标与制导武器之间，以及雷达有源诱饵集群内部之间的关系。第一点，就雷达有源诱饵、舰船目标及制导武器而言，实现有效干扰需要三者构成特定对抗态势，且由于存在不确定的非合作要素影响，有源诱饵只能够概率实现有效干扰。第二点，便是考虑有源诱饵集群中的个体之间关系，根据第 2 章中多雷达有源诱饵的空间组合干扰模型，可以归纳得到有源诱饵之间存在如图 4.2 所示 4 种关系。

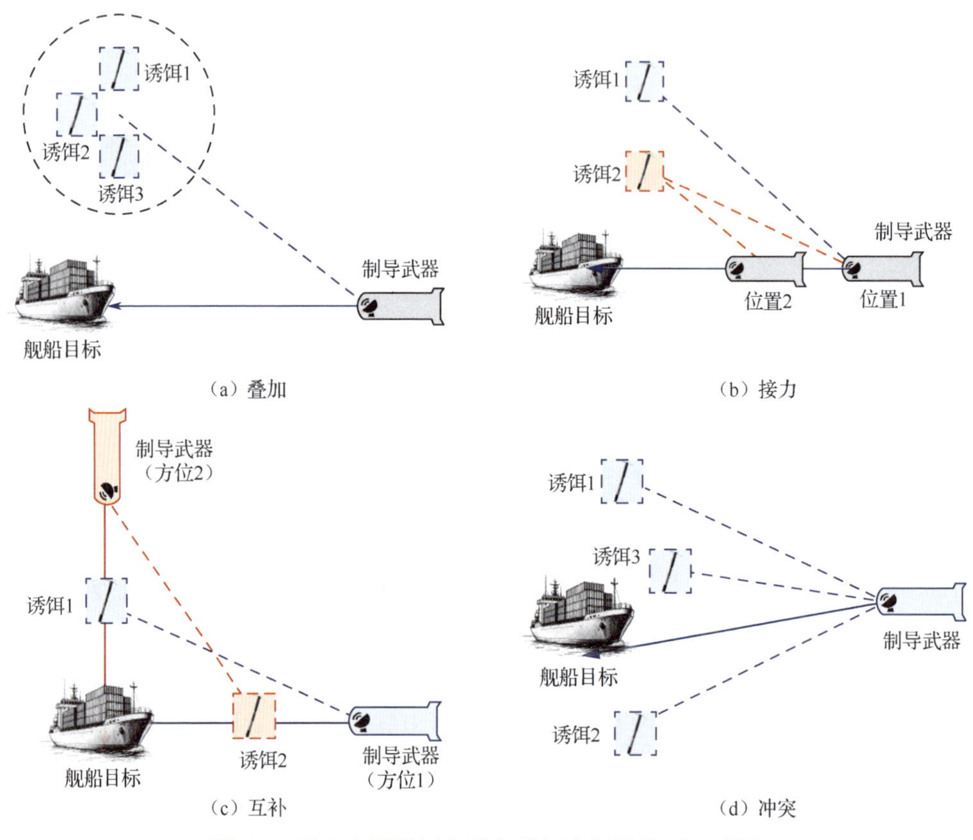

图 4.2　雷达有源诱饵集群中诱饵之间的关系示意图

结合图 4.2 与第 2 章 2.3.3 节的分析，4 种关系具体可以表述为叠加、接力、互补和冲突。其中，叠加关系是指多个诱饵在空间上就近布放，当对来袭制导武器雷达导引头进行干扰时，表现出功率叠加的干扰效果；接力关系是指多个诱饵基于不同布放距离，同时干扰同一方向来袭制导武器，如果制导武器在一定距离下未能被成功诱偏，则在接近过程中，其他诱饵能够继续进行干扰；互补关系是指多个诱饵采用分布布放，对不同方向制导武器进行干扰；冲突关系是指多个诱饵对同一方向制导武器雷达导引头进行干扰时，其干扰效果互相冲突，如图 4.2（d）中，诱饵 1 和诱饵 2 对雷达导引头的诱偏角度刚好相反，而诱饵 3 的位置更加靠近舰船，也容易成为制导武器寻的“信标”。由此可见，图 4.2（a）～（c）中所示的是正面关系，这类关系可以满足不同场景下的干扰对抗需求，而图 4.2（d）反映的是一种负面关系。结合舰船目标的干扰防卫需求，基于 DRFM 延迟转发工作机理，对于雷达有源诱饵集群而言，上述 4 种关系是同时存在的。

约束条件的重点是处理上述几类关系，一是在满足诱饵、舰船和制导武器干扰态势要求的情况下，对雷达有源诱饵的干扰可行性进行描述，这在第 3 章 3.3 节的干扰有效性评估方法中有所体现；二是考虑集群中有源诱饵个数有限，诱饵与诱饵之间选择以哪种关系形式进行协同干扰，以提高有效干扰概率；三是剔除态势不可干扰的情形，即针对无法满足诱饵、舰船与制导武器三者态势要求的情形，以及有源诱饵之间是冲突关系的情形，可通过约束条件将其剔除。

根据上述分析，可以绘制雷达有源诱饵集群干扰阵型优化流程如图 4.3 所示。

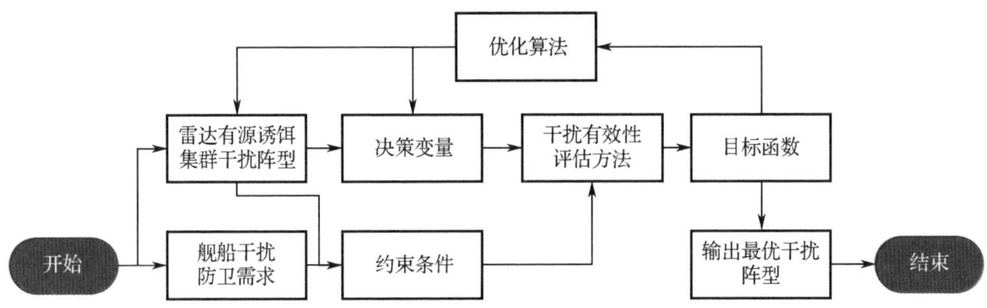

图 4.3　雷达有源诱饵集群干扰阵型优化流程图

图 4.3 主要是从数据流向角度，描述雷达有源诱饵集群阵型和优化问题要素之间的内在关联。数据流开始起点是诱饵集群阵型参数和舰船目标的干扰防卫需求，这是由外部输入确定，并转化为决策变量与约束条件，进一步通过干扰有效性评估方法步骤，得到目标函数值。接下来的优化算法部分以目标函数作为输入，优化过程作用在决策变量上，形成更新回路，具体表现为干扰阵型的优化迭代。最后经过一定次数迭代后，输出相对较优的雷达有源诱饵集群干扰阵型。本节后续部分对流程图中所示各个环节进行分析，通过构建数学模型并设计优化算法，实现雷达有源诱饵集群干扰阵型优化流程。

4.2.2 集群干扰阵型优化数学模型

根据雷达有源诱饵集群干扰阵型优化数据流向，首先分析舰船目标干扰防卫需求的数学表示。一是距离防卫需求，与 3.3.1 节中干扰态势的非合作分析类似，将制导武器雷达导引头末段跟踪距离最大值记为 $R_{\max}$，最小值记为 $R_{\min}$，当导引头锁定跟踪舰船目标时，其概率密度分布记为 $p(R)$，用于计算式（3.9）中有源诱饵布放距离满足位于波束宽度内的概率。二是方位防卫需求，将舰船目标防卫方位进行离散化处理，记制导武器来袭方向集合为 $\text{DOA}_\text{s}=\{\alpha_1,\alpha_2,\cdots,\alpha_B\}$，代入式（2.39），可以得到雷达有源诱饵对不同方向制导武器雷达导引头的等效干扰态势。这里下标 B 表示方位区间划分个数，B 值越大，划分精度越高，但相应的计算量越大。

在雷达有源诱饵集群中，以舰船目标为坐标原点构建笛卡儿坐标系，每个诱饵的坐标记为 $\{x_i,y_i\}$，$i=1,2,\cdots,N$，N 表示诱饵数量。结合图 4.3 分析，雷达有源诱饵集群阵型的有效干扰概率计算流程如图 4.4 所示。

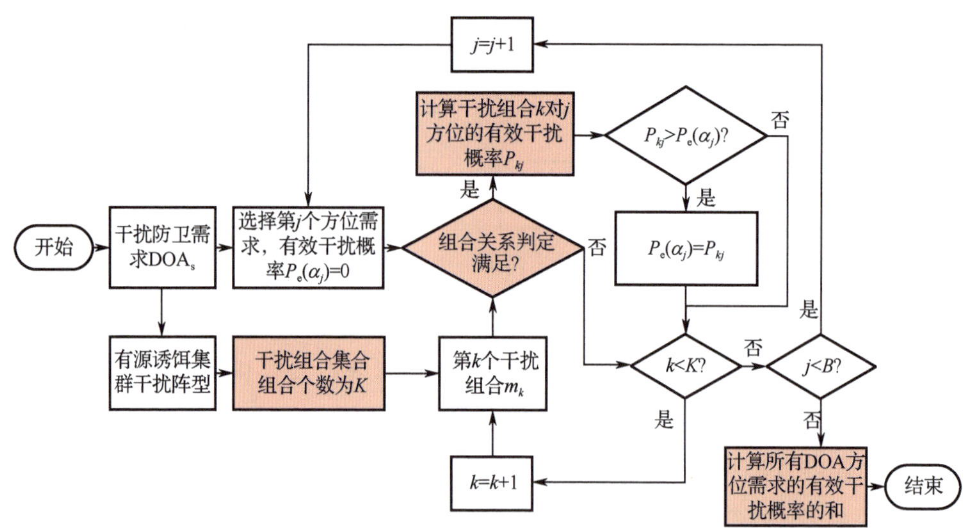

图 4.4 雷达有源诱饵集群阵型有效干扰概率计算流程图

结合图 4.4，雷达有源诱饵集群阵型有效干扰概率计算流程可以分为以下 3 个环节：

（1）根据集群干扰阵型生成不同干扰组合。针对单个制导武器，可以使用多个雷达有源诱饵同时干扰，此时可能形成冲突关系，但这一步主要筛选出全部有源诱饵干扰组合。记组合总数为 K，则 $K=\sum_{n=1}^{N}C_N^n$，C_N^n 表示从 N 个元素中选出 n 个不同元素的组合数，记每个有源诱饵干扰组合为 m_k。

（2）计算防卫需求有效干扰概率。对舰船目标方位防卫需求 α_j，$1\leqslant j\leqslant B$，分析环节（1）中 K 个干扰组合是否满足干扰需求：一是要满足基本干扰态势要求，即组合中的每个诱饵都可以通过延迟转发实现干扰；二是结合延迟转发，组合干扰中诱饵之间不能存在冲突关系。记第 k 个诱饵组合干扰下，防卫方位 α_j 的有效干扰概率为 P_{kj}。如果上述两个条件不能全部满足，则 $P_{kj}=0$，反之，基于式（3.11），可以得到 P_{kj} 计算公式为

$$P_{kj}(W)=\sum_{\theta_\rho}P(\theta_\rho)\left(\begin{array}{l}P(L_1^{s,\alpha_j}>L_{C1}|\theta_\rho)P\left(R>\left.\dfrac{L_1^{\alpha_j}}{\theta_\rho}\right|\theta_\rho\right)\\+\displaystyle\sum_{i=2}^{N}P(L_i^{s,\alpha_j}>L_{Ci}|\theta_\rho)P\left(\left.\dfrac{L_{i-1}^{\alpha_j}}{\theta_\rho}>R>\dfrac{L_i^{\alpha_j}}{\theta_\rho}\right|\theta_\rho\right)\end{array}\right) \tag{4.1}$$

式中：W 为事件–诱饵组合实现有效干扰；$L_i^{\alpha_j}(i=1,2,\cdots)$ 为当制导武器从 α_j 方位来袭时，干扰组合中每个雷达有源诱饵基于延迟转发的等效干扰源由近及远布放距离；L_i^{s,α_j} 为第 i 个等效干扰源到第 N 个等效干扰源整体被视为单个诱饵时的等效布放距离；L_{Ci} 为当第 i 个等效干扰源到第 N 个等效干扰源同时干扰时的有效干扰临界布放距离。

（3）计算集群干扰阵型目标函数值。记雷达有源诱饵集群干扰阵型为 O，对方位 α_j 的有效干扰概率为 $P_e(\alpha_j)$，$P_e(\alpha_j)$ 取其所有 P_{kj} 最大值，干扰阵型优化的目标函数为

$$\max \mathrm{Fit}(O)=\sum_{j=1}^{B}w_j\max_{O=\{x_1,y_1,\cdots,x_N,y_N\}}(P_{kj}(W),1\leqslant k\leqslant K) \tag{4.2}$$

式中：w_j 为对 α_j 方向制导武器的有效干扰权重；$\mathrm{Fit}(O)$ 为适应度值函数（Fitness Function），结合问题背景，称为综合有效干扰概率。由式（4.2），干扰阵型优化即找到一个阵型 O，其对防卫需求内制导武器雷达导引头的综合有效干扰概率最大。对舰船目标防卫需求集合 $\mathrm{DOA_s}$ 的有效干扰概率，采取了加权求和形式，可理解为对各个方位防卫需求的重视程度不同。这里为了将式（4.2）映射到 $(0,1)$ 范围内，取

$$\sum_{j=1}^{B}w_j=1 \tag{4.3}$$

集群干扰阵型 O 具体表示为每个诱饵坐标，即决策变量是 $\{x_i,y_i\}$。从诱饵

布放约束看，在最大的距离防卫需求 $R_{\max}$ 下，结合干扰对抗非合作要素中的波束宽度，记波束宽度可能的最大值为 $2\max(\theta_\rho)$，诱饵布放区域应该是位于以舰船目标为圆心、半径为 $2R_{\max}\max(\theta_\rho)$ 的圆域内。此外，需考虑一个隐性约束，集群干扰阵型应尽可能满足防卫需求，当 $w_j \neq 0$ 时，对 α_j 方位有效干扰概率应不为 0。为了避免在阵型优化过程中，片面追求综合有效干扰概率上升而牺牲部分防卫干扰需求的情形出现，这里引入惩罚性约束条件：令 P_c 为最小有效干扰概率，当对 α_j 方位制导武器有效干扰概率 $P_e(\alpha_j) < P_c$ 时，则在式（4.2）中添加一个负面因子 $P_{e,j}^- = -1$，此时目标函数的取值范围在 $(-1,1)$。引入惩罚系数，可以从优化后的阵型适应度值，额外判断出当前雷达有源诱饵集群规模是否能够满足舰船目标防卫需求。

综合上述分析，雷达有源诱饵集群干扰阵型优化问题数学模型可以写成

$$\max \mathrm{Fit}(O) = \sum_{j=1}^{B} w_j \cdot \left(\max_{O=\{x_1,y_1,\cdots,x_N,y_N\}} (P_{kj}(W), 1 \leqslant k \leqslant K) + P_{e,j}^- \right)$$

$$\text{s.t.}\begin{cases} \sqrt{x_i^2 + y_i^2} \leqslant 2R_{\max} \cdot \max(\theta_\rho), 1 \leqslant i \leqslant N \\ P_{e,j}^- = 0, \max(P_{kj}(W), 1 \leqslant k \leqslant K) \geqslant P_c, 1 \leqslant j \leqslant B \\ P_{e,j}^- = -1, \max(P_{kj}(W), 1 \leqslant k \leqslant K) < P_c, 1 \leqslant j \leqslant B \end{cases} \tag{4.4}$$

从式（4.4）可看出，集群干扰阵型优化问题需要求解一个复杂多元函数最大化问题，该问题解空间维度是雷达有源诱饵集群规模的 2 倍。根据上述分析，优化阵型与有效干扰概率之间映射关系是非线性的，其中涉及诱饵集群组合、干扰态势判断、组合关系分析、有效干扰概率排序比较等非连续操作，传统非线性规划算法难以直接求解，本章主要通过智能优化算法对雷达有源诱饵集群干扰阵型优化问题进行求解。

4.3 基于多策略改进的粒子群优化算法

4.3.1 标准粒子群优化算法

粒子群优化（Particle Swarm Optimization，PSO）算法由 Kennedy 博士和 Eberhart 博士于 1955 年提出，该算法主要是受鸟类种群在觅食过程中社会行为的启发衍生而来[2]。PSO 算法核心思想是将优化问题的解视为空间中的个体粒子，该粒子基本属性包括位置、速度和适应度值，由多个这样不同的个体粒子

组成了一个种群，通过共享信息并设置特定更新方式，使其有方向性地在解空间运动，从而实现在解空间中寻找最优位置的目的。算法的寻优更新公式为

$$\begin{cases}\boldsymbol{v}_i^{t+1}=w\boldsymbol{v}_i^t+c_1r_1(\mathrm{pbest}_i^t-\boldsymbol{x}_i^t)+c_2r_2(\mathrm{gbest}^t-\boldsymbol{x}_i^t)\\ \boldsymbol{x}_i^{t+1}=\boldsymbol{x}_i^t+\boldsymbol{v}_i^{t+1}\end{cases}\tag{4.5}$$

式中：$\boldsymbol{x}_i^t$ 和 $\boldsymbol{v}_i^t$ 分别为在第 t 次迭代中，种群中第 i 个粒子的位置矢量与速度矢量；pbest_i^t 为第 i 个粒子经过 t 次迭代后的历史最优位置；gbest^t 为整个粒子种群经过 t 次迭代后的历史最优位置；w 为粒子自身速度的惯性权重系数；c_1r_1 和 c_2r_2 分别为向自身经验和社会经验学习的权重（ c_1 和 c_2 为预设常数，表示学习步长；r_1 和 r_2 为 $(0,1)$ 范围内的随机数，用于增大搜索过程随机性）。PSO 算法的内在寻优动力来自粒子速度更新。对单个粒子而言，速度更新包括三个部分，分别是自身速度惯性、自身历史最优位置影响与种群历史最优位置影响。

标准 PSO 算法的主要优点是搜索速度快，通用性与灵活性好，其寻优能力一方面与种群规模、初始化方式和寻优参数设置有关，另一方面与寻优问题复杂度有关。从寻优过程看，PSO 算法最优解位于其搜索路径上，粒子速度更新过程具有较强关联性，映射到解空间中，寻优过程具有“所见即所得”特点，这一点约束了算法在复杂问题上的适用性。具体到处理多峰非凸优化问题，尤其是高维解空间寻优问题，PSO 种群在解空间中的分布表现出稀疏性，稀疏程度会随着问题维度增大呈指数上升，这就意味着在搜索空间中的观测范围大幅缩减，极容易使种群陷入局部最优，错过全局最优位置。在本章集群干扰阵型优化问题中，解空间维度与集群规律有关，随着诱饵个数增加，标准 PSO 算法将难以满足干扰阵型寻优需求。

4.3.2　算法改进策略

为了提升 PSO 算法高维解空间寻优能力，本节从粒子群算法结构、耦合其他智能优化算法两个方面对标准 PSO 算法进行改进，提出了一种多族群[3]、融合遗传算法（Genetic Algorithm，GA）变异策略[4]与模拟退火（Simulated Annealing，SA）算法 Metropolis 准则[5]的自适应粒子群优化算法（A Multi-tribe Adaptive PSO algorithm with a mixed Mutation strategy and Metropolis criterion，3M-APSO），使其能够适用于雷达有源诱饵集群干扰阵型优化问题。

首先，考虑到一般集群中每个独立个体信息处理能力有限，尤其在鸽群、鱼群中[6]，个体通常只与自身相邻近的其他个体进行信息交互。结合 PSO 算法，

这里提出了一种多族群改进策略。与标准 PSO 算法不同，多族群策略将粒子在“种群—个体”的关系中增加一层关系，称为“族群”，形成“种群—族群—个体”3 层结构，此时单个粒子速度更新方式新增一个族群经验学习，即

$$\boldsymbol{v}_i^{t+1}=w\boldsymbol{v}_i^t+c_1r_1(\text{pbest}_i^t-\boldsymbol{x}_i^t)+c_2r_2(\text{gbest}^t-\boldsymbol{x}_i^t)+c_3r_3(\text{Tbest}_{\text{tr}(i)}^t-\boldsymbol{x}_i^t) \quad (4.6)$$

式中：$\text{tr}(i)$ 为第 i 个粒子所属族群；$\text{Tbest}_{\text{tr}(i)}^t$ 为粒子 i 所属的族群经过 t 次迭代之后的历史最优位置。在添加族群层级后，每个粒子在迭代过程中将会维持层级的特征。

理论上，当部分族群粒子陷入局部最优时，其他族群的粒子仍然具有全局搜索性能，并通过种群更新将经验传播到局部族群中。多族群策略实质上是增加了一层缓冲，以此提升种群在迭代过程中的多样性，从而抑制 PSO 算法在求解高维问题时容易“早熟”的问题。

其次，考虑到标准 PSO 算法寻优过程“所见即所得”的特点，种群中所有粒子迭代更新过程仅依靠上一代的所有观测结果，一旦全局或者满足寻优要求的相对位置距离种群较远或者处于未被搜索覆盖的区域，则 PSO 种群极容易错过该位置而陷入局部最优。为了使粒子群在解空间寻优过程具有更强的探索性，这里借鉴 GA 算法，在粒子更新过程中融合变异操作，如图 4.5 所示。

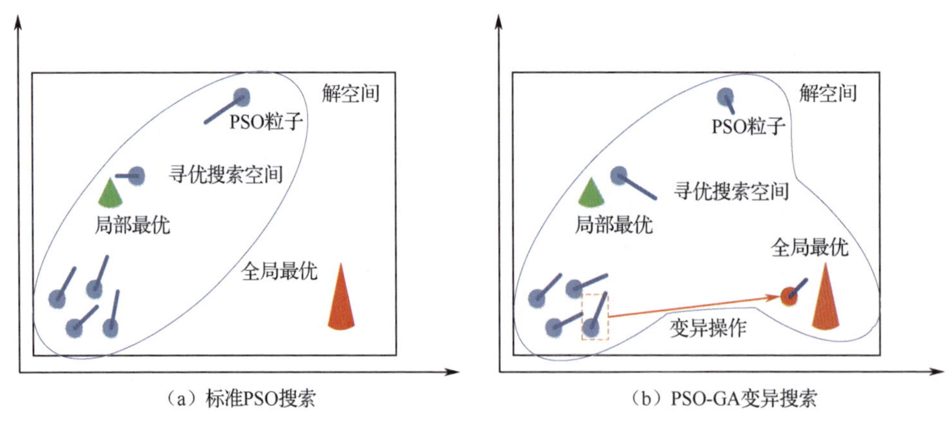

图 4.5　PSO 粒子群引入 GA 算法变异操作示意图

图 4.5（a）反映了标准 PSO 算法寻优搜索空间被已探索区域所约束的情形，如图 4.5（b）所示，当种群中部分粒子采取变异操作，可以对粒子群的潜在搜索区域进行扩展，增大了将全局最优位置纳入搜索路径的概率。参考综合学习粒子群优化（Comprehensive Learning Particle Swarm Optimization，CLPSO）算法基于维度的更新策略[7]，变异操作是在粒子部分维度上进行的，具体做法如下：

（1）设立变异概率算子为 $p_{\mathrm{mu}} = \mathrm{e}^{-\varepsilon t/t_{\max}}$ ，其中 $t_{\max}$ 表示 PSO 算法最大的迭代次数；

（2）粒子群迭代更新时，针对每个粒子生成(0,1)随机数，如果值小于 p_{mu} ，根据解空间维度大小，随机选取 u 个维度，进行随机初始化操作；

（3）计算变异后粒子的适应度值，如果粒子位置变得更优，则保留该变异操作，如果变差，则将当前粒子存入缓存，是否保留变异操作则基于 Metropolis 准则。

变异策略使 PSO 粒子群具备了跃迁能力，全局最优位置更容易被包含在粒子群的搜索路径之中。从变异概率算子的变化可以看出，随着迭代次数增加，变异概率逐渐减小，这一点确保了种群收敛。

结合变异策略，改进 PSO 算法的第三个要点是引入 Metropolis 准则，该准则是 SA 算法中的核心策略。PSO 算法中引入变异策略的核心思想可以表述为：在粒子经过变异后，若该位置的适应度值变差，则依概率接受这次变异操作，这一概率值记为 p_{a} ，其表达式为

$$p_{\mathrm{a}} = \begin{cases} 1, & \mathrm{Fit}(\boldsymbol{x}_i^t) > \mathrm{Fit}(\boldsymbol{x}_i^{t,\mathrm{mu}}) \\ \mathrm{e}^{-\frac{\mathrm{Fit}(\boldsymbol{x}_i^t) - \mathrm{Fit}(\boldsymbol{x}_i^{t,\mathrm{mu}})}{T}}, & \mathrm{Fit}(\boldsymbol{x}_i^t) < \mathrm{Fit}(\boldsymbol{x}_i^{t,\mathrm{mu}}) \end{cases} \tag{4.7}$$

式中：$\boldsymbol{x}_i^{t,\mathrm{mu}}$ 为第 i 个粒子变异之后的位置。这里需要额外引入 SA 算法中的温度参数 T，T 值越大，则接受变异操作的概率越大。温度 T 会随着迭代次数增大而逐渐减小，减小规律为 $T = \nu T(\nu < 1)$ ，这保证算法在初期具有较好的全局搜索能力，并在后期聚焦于局部搜索。

最后是标准 PSO 算法的常见改进方法——速度惯性自适应策略，速度惯性权重系数 w 会随着种群迭代而动态调整。这里采用了一种非线性时变权重策略，即

$$w(t) = w_{\max} - (w_{\max} - w_{\min})\left[\frac{2t}{t_{\max}} - \left(\frac{t}{t_{\max}}\right)^2\right] \tag{4.8}$$

式（4.8）中，对于速度惯性权重系数设置了其上下限分别为 $w_{\max}$ 和 $w_{\min}$ 。

图 4.6 显示了粒子变异概率、Metropolis 准则接受变异操作概率以及自适应策略下速度惯性权重随迭代过程的变化规律。

图 4.6（a）中，变异算子中参数设置 $\varepsilon = 0.6$ ，图 4.6（b）中，初始温度 T 为 100，适应度变化 $\mathrm{Fit}(\boldsymbol{x}_i^t) - \mathrm{Fit}(\boldsymbol{x}_i^{t,mu}) = 0.2$ ，图 4.6（c）中，$w_{\max}$ 和 $w_{\min}$ 的值分别为 0.9 和 0.4。从变化规律看出，随着迭代次数增加，粒子变异概率以接近线性的速率衰减；接受变异操作概率随着迭代次数增大，先缓慢降低，而后迅速

衰减；速度惯性权重系数的衰减速度随着迭代次数增加而逐渐减弱。不难看出，上述四种改进措施是从PSO算法的不同角度来增强寻优初期的全局搜索能力与后期的局部搜索能力，以此实现寻优性能叠加式提升。

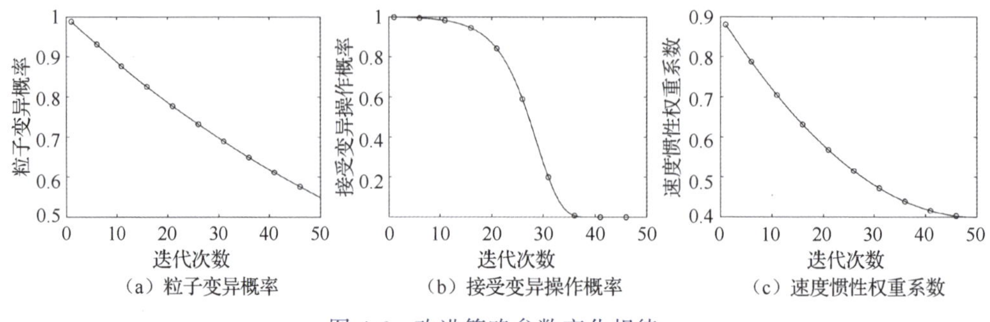

图 4.6　改进策略参数变化规律

4.3.3　集群干扰阵型寻优实现

3M-APSO算法实现方面，首先需要构建基本粒子，根据集群干扰阵型优化问题数学模型，单个粒子是指集群中所有雷达有源诱饵的空间位置，即

$$\boldsymbol{x}_i = [x_1, y_1, x_2, y_2, \cdots, x_N, y_N] \tag{4.9}$$

雷达有源诱饵集群干扰阵型寻优流程如图 4.7 所示。

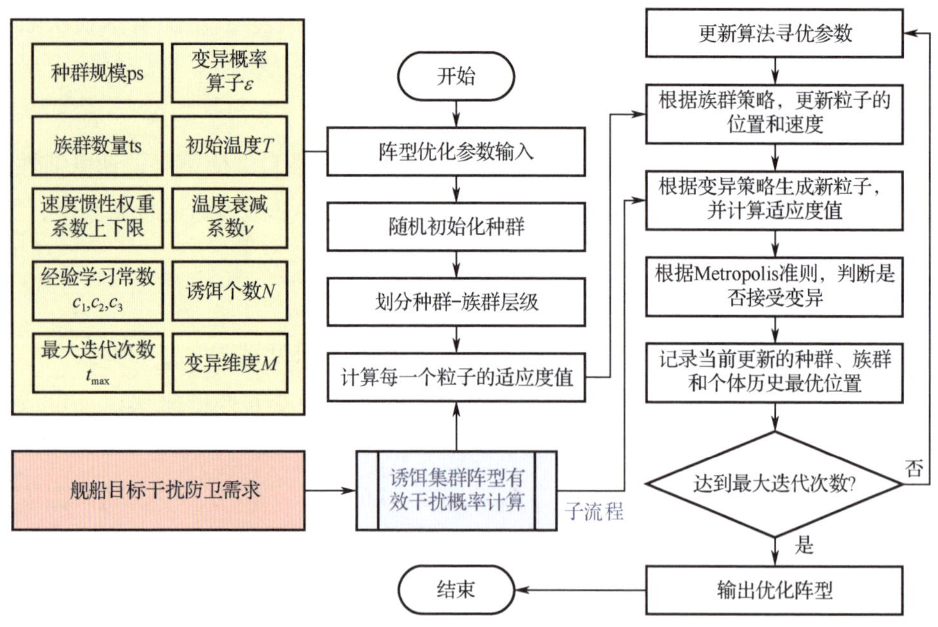

图 4.7　雷达有源诱饵集群干扰阵型寻优流程图

图 4.7 中，诱饵集群阵型的有效干扰概率计算是一个子流程，其过程如图 4.4 所示。结合图 4.7，基于 3M-APSO 算法的雷达有源诱饵集群干扰阵型寻优具体步骤如下：

步骤 1：设置雷达有源诱饵集群规模、舰船目标防卫需求和 3M-APSO 算法寻优参数，其中寻优算法方面包括种群规模 ps、族群数量 ts、最大迭代次数 $t_{\max}$、速度惯性权重系数上下限、经验学习常数、初始温度、温度衰减系数、变异概率算子系数等。

步骤 2：随机初始化种群，根据族群数量，采用随机策略划分族群，基于式（4.2）计算每个粒子适应度值，设置并记录种群、族群和粒子个体历史最优值。

步骤 3：判断迭代次数是否达到最大迭代次数，当未达到时，进入步骤 4；当达到时，进入步骤 8。

步骤 4：迭代次数 t 增加 1，更新变异概率算子 p_{mu}、温度 T 与速度惯性参数 $w(t)$，进入下一个步骤。

步骤 5：更新当前粒子的速度和位置，计算粒子适应度值，在新位置基础上，生成(0,1)范围内随机数，当小于 p_{mu} 时，则对当前粒子进行变异操作，随机选择其中 M 个维度进行随机初始化，并计算变异后的适应度值，比较适应度值变化情况，若适应度值增大，则接受当前变异后的新位置，并进入步骤 7，否则进入步骤 6。

步骤 6：根据 Metropolis 准则，生成(0,1)范围内随机数，与当前 p_{a} 进行比较，若小于 p_{a}，则接受当前变异操作。

步骤 7：基于当前粒子，更新当前种群、族群和粒子个体历史最优位置；判断当前迭代次数下所有粒子是否都已更新，如果是，则进入步骤 3，否则进入步骤 5。

步骤 8：输出优化后的雷达有源诱饵集群干扰阵型以及最优目标函数值。

由上述步骤，可以得到如下 3M-APSO 算法伪代码。

算法　3M-APSO 雷达有源诱饵集群干扰阵型寻优算法

输入： 最大迭代次数 $t_{\max}$，种群规模 ps，族群数量 ts，速度惯性权重系数上下限 $w_{\max}$、$w_{\min}$，经验学习常数 c_1，c_2，c_3，变异概率算子 ε，初始温度 T，温度衰减系数 v，诱饵个数 N，变异维度个数 M，防卫需求

输出： USV 有源诱饵集群优化阵型

```
初始化：迭代次数 $t$=1，种群历史最优 gbest$^t$，族群历史最优 Tbest$^t$，个体历史最优 pbest$^t$
随机初始化种群所有粒子的速度和位置
for $t$=1→$t_{max}$ do
    for 每一个族群 do
        for 族群中的每个粒子 i do
            old_ fitness=Fit( $x_i^t$ )
            更新粒子群中每个个体的位置与速度
            new_ fitness=Fit( $x_i^t$ )
            mutation_number=random(0.1)   //生成(0,1)范围内的随机数
            $p_{mu} = e^{-\varepsilon t/t_{max}}$   //计算变异概率
            if mutation_mumber<$p_{mu}$ then
                [dim$_s$]=random_sample(2$N$,$M$)   //随机选取 $M$ 个维度
                对当前粒子选取的 $M$ 个维度进行随机初始化
                new_ fitness=Fit( $x_i^t$ )   //计算变异后的适应度值
                if new_ fitness>old_ fitness then
                    接受此次变异操作
                else
                    new_ fitness−old_ fitness ⇒ $p_a$   //根据差值计算接受概率
                    accept=random(0,1)
                    if accept<$p_a$ then
                        接受变异操作
                    else
                        拒绝变异操作
                    end if
                end if
            end if
            更新当前粒子的历史最优位置 pbest$_i^t$ 及其适应度值
        end if
        更新当前族群的历史最优位置 Tbest$^t$ 及其适应度值
    end for
    更新温度 $T$=$vT$
```

　　更新种群的历史最优位置 $gbest^t$ 及其适应度值
end for
return 雷达有源诱饵集群化阵型

4.4 集群干扰阵型优化仿真及结果分析

本节基于 Python 实现 3M-APSO 寻优算法，并从单个和多个雷达有源两种情形进行数值仿真分析，其中干扰有效性评估分析中雷达对抗参数以及干扰态势不确定性与第 2 章仿真设置相同。

4.4.1 单个雷达有源诱饵干扰阵型优化

对于单个诱饵而言，本身不存在干扰阵型，其干扰阵型寻优可以理解为位置寻优，目标函数看成是单个雷达有源诱饵坐标 (x, y) 的二维函数。根据表 3.1 所示的参数，雷达导引头波束宽度最大是 6°，雷达有源诱饵实施干扰时，制导武器距离在 2～10 km。根据图 3.5，诱饵布放距离应小于 523.6 m。由于单个雷达有源诱饵干扰局限性较大，这里在不考虑惩罚性约束前提下，得到寻优目标函数随着有源诱饵位置变化图像如图 4.8 所示。

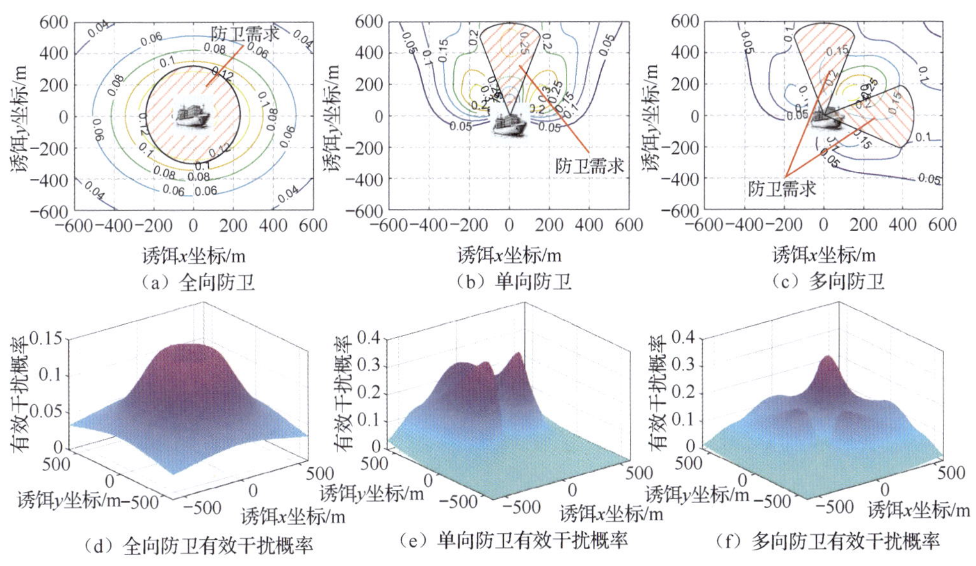

（a）全向防卫　（b）单向防卫　（c）多向防卫
（d）全向防卫有效干扰概率　（e）单向防卫有效干扰概率　（f）多向防卫有效干扰概率

图 4.8　寻优目标函数随有源诱饵位置变化图像

图 4.8（a）～（c）分别反映了舰船目标的三种不同干扰防卫需求。(a）全向防卫：制导武器从 0°～360° 方向来袭；(b）单向防卫：制导武器从 60°～120° 方向来袭；(c）多向防卫：制导武器从 –30°～30° 和 60°～120° 两个方向来袭。图 4.8（d）～（f）分别反映了基于单个雷达有源诱饵在舰船目标四周，x 轴和 y 轴分别是[-600 m, 600 m]区间位置布放时，有效干扰概率分布情况。其中，图 4.8（a）～（c）等高线图是图 4.8（d）～（f）的投影。

由第 2 章和第 3 章分析可知，单个雷达有源诱饵伴随护航的干扰能力有限，不同位置有效干扰概率可以通过可视化的图像呈现，最优位置可从图 4.8（d）～（f）中找到。图 4.8（a）中，雷达有源诱饵最优位置在距离舰船 120～180 m 的环形区域内，该区域的综合有效干扰概率相同；在图 4.8（b）中，从分布上看，综合有效干扰概率存在两处峰值，分别对应在(150 m, 120 m)和(−150 m, 120 m)附近，且存在一处局部最优位置，在(0m, 450 m)附近；在图 4.8（c）中，有效干扰概率只有一处峰值，位置在(150 m, 150 m)附近，但是有两处局部最优位置，分别在(120 m, −150 m)和(−150 m, −150 m)附近。

寻优参数设置如表 4.1 所示。三种防卫需求下，单诱饵干扰阵型寻优迭代过程如图 4.9 所示。

表 4.1　集群干扰阵型寻优算法的寻优参数设置

符号	含义	取值	符号	含义	取值
t_{max}	最大迭代次数	100	ε	变异概率算子	0.6
ps	种群规模	20	w_{max}	速度惯性权重系数最大值	0.9
ts	族群数量	2	w_{min}	速度惯性权重系数最小值	0.4
c_1	个体经验学习常数	1.0	T	初始温度	100
c_2	种群经验学习常数	1.0	v	温度衰减系数	0.8
c_3	族群经验学习常数	1.0	$\boldsymbol{v}_{max}$	粒子速度边界	10

图 4.9 中，APSO 算法表示 PSO 算法仅结合惯性权重自适应策略，M-PSO 表示结合多族群策略，2M-PSO 算法表示结合变异策略和 Metropolis 准则。图 4.9（a）~（c）反映了阵型优化目标函数随着迭代次数增加的变化情况，图 4.9（d）～（f）表示每种算法运行 100 次，在不同迭代次数下，粒子群全局最优位置对应适应度函数值的方差。各算法给出的雷达有源诱饵最优布放位置（单位为 m）如表 4.2 所示。

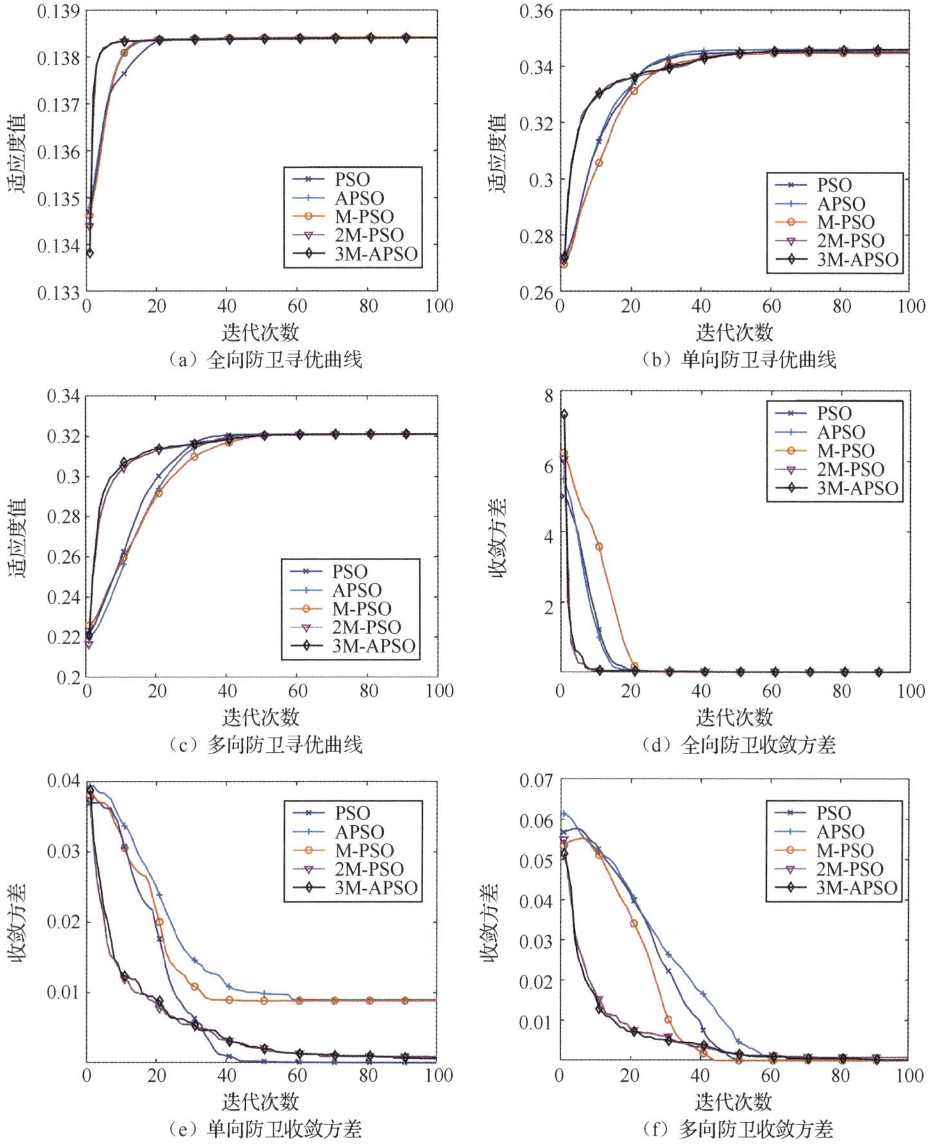

（a）全向防卫寻优曲线

（b）单向防卫寻优曲线

（c）多向防卫寻优曲线

（d）全向防卫收敛方差

（e）单向防卫收敛方差

（f）多向防卫收敛方差

图 4.9 不同防卫需求下单诱饵干扰阵型寻优迭代过程

表 4.2　不同算法得到的雷达有源诱饵最优布放位置

需求	算法					有效干扰概率的空间分布
	PSO	APSO	M-PSO	2M-PSO	3M-APSO	
全向防卫	(−157,100)	(−118,144)	(−160,91)	(−173,−66)	(−166,78)	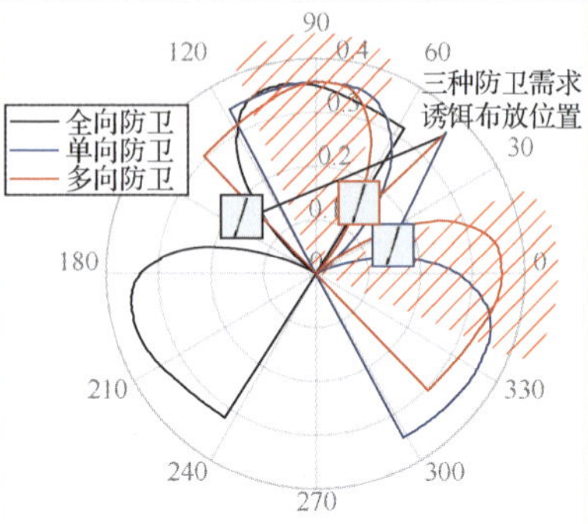
单向防卫	(140,77)	(159,88)	(139,77)	(−140,81)	(139,77)	
多向防卫	(141,137)	(139,138)	(140,138)	(140,137)	(138,136)	

从表 4.2 看出，不同算法得到的全局最优位置较为接近。在全向防卫中，最优位置的诱饵均距离舰船约 185 m；在单向防卫中，几种算法得到的最优位置在图 4.8（e）所示的两处峰值附近；在多向防卫中，优化后诱饵布放位置在图 4.8（f）所示峰值附近。在不同干扰需求下，单个雷达有源诱饵最优位置的有效干扰概率分布如表 4.2 中右侧图像所示。结果上看，仅使用单个雷达有源诱饵无法实现全向干扰，但在单向与多向防卫需求中，通过调整其布放位置，可以实现有效干扰概率最大方向与舰船干扰防卫需求重合。

由寻优过程与结果可知，对于单个雷达有源诱饵干扰阵型优化，标准 PSO 算法及其各种改进策略均能够找到其最优布放位置。但是，分析多次运行结果，由图 4.9（e）方差可知，在单向防卫需求下，PSO 与 APSO 算法曾陷入过局部最优。就本章提出的 3M-APSO 算法而言，寻优曲线表明，3M-APSO 算法得到最优位置的迭代次数要多于其他算法，但从迭代过程初期可以看出，3M-APSO 算法能够快速定位到最优位置附近；同时，从运行 100 次的收敛方差看，3M-APSO 算法在迭代次数到达 20 次之后，其方差快速下降，表明在表 4.1 所示参数下，3M-APSO 算法寻优收敛迭代次数起伏较小，寻优过程与结果表现出了更好的稳定性。这里对单个雷达有源诱饵的位置优化仿真分析初步说明了本章干扰阵型优化问题建模的可行性和算法的实用性，下面进一步考虑多个雷达有源诱饵集群干扰情形。

4.4.2　多个雷达有源诱饵集群干扰阵型优化

针对多个雷达有源诱饵集群，干扰阵型优化问题变成了高维解空间寻优问题，此时无法采用与图 4.8 类似形式呈现不同阵型目标函数分布情况。设置粒子群规模 ps=50，调整迭代次数为 200，考虑惩罚性约束，设置 $p_c = 0.05$。不同防卫需求下，雷达有源诱饵集群规模在 6～10 个时，干扰阵型寻优迭代过程如图 4.10～图 4.12 所示。

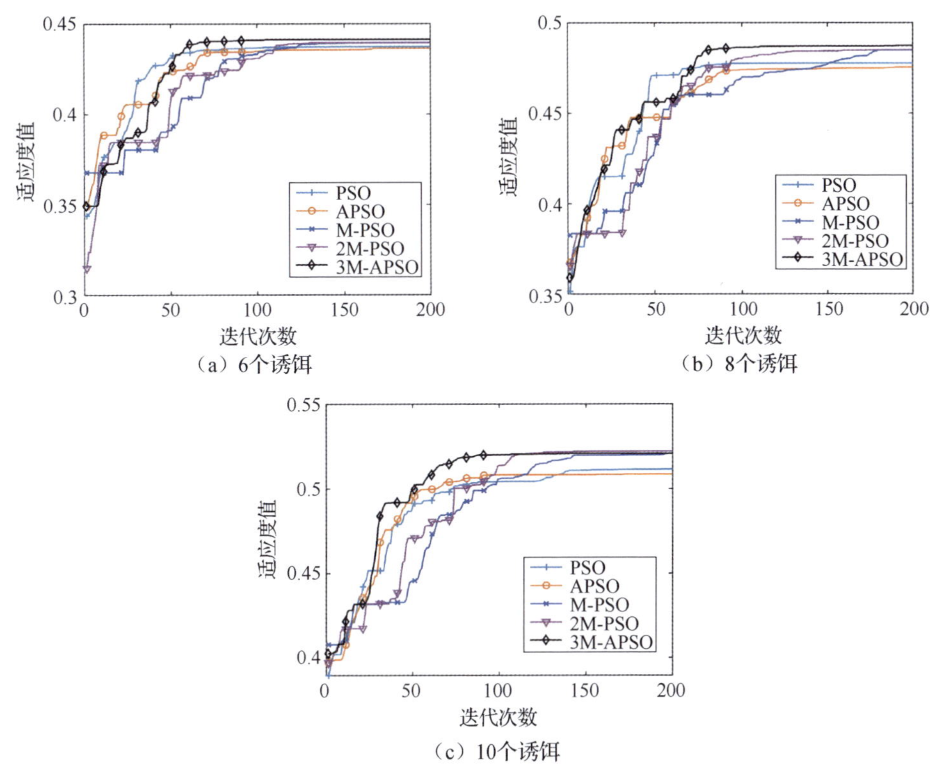

图 4.10　全向防卫需求下多诱饵干扰阵型寻优迭代过程

根据图 4.10～图 4.12，综合比较 PSO 算法各种改进策略的寻优效果。从各图（a）、（b）、（c）寻优结果看，PSO 算法以及 APSO 算法均出现了陷入了局部最优的情形，并且随着诱饵个数增加，这种情况逐渐明显。M-PSO 算法在 6 个有源诱饵干扰阵型优化中表现出与 PSO 算法接近的性能表现，但是当集群中包含 8 个诱饵和 10 个诱饵的情况下，M-PSO 算法在迭代次数超过 100 次之后，适应度值还在上升，表明了多族群策略在迭代中期仍然具有一定全局搜索能力。

在 2M-PSO 算法中，粒子群适应度值寻优过程迭代前期上升缓慢，迭代中期上升加快，在 100～150 次迭代后逐步收敛，从图 4.10～图 4.12 可以看出，2M-PSO 算法直到迭代后期才逐步超越前面几种算法寻优结果。从理论上分析，2M-PSO 算法变异策略增强了对解空间的全局探索，易将全局最优位置纳入搜索路径中来，这样做也弱化了局部搜索，因而前期表现欠佳，而在迭代后期，随着变异概率算子减小，粒子种群局部探索增加，这样已位于搜索区域内的全局最优位置更容易被找到。

最后，综合比较不同改进策略 PSO 寻优过程可知，3M-APSO 算法在各种情形下都能够得到最优结果。从原理上看，3M-APSO 算法可以理解为 2M-PSO 在融合了多族群策略和惯性权重自适应衰减策略，增加种群多样性的同时，强化了局部寻优能力，减少了结果收敛所需迭代次数，表现出比 2M-PSO 算法更优的性能。综合上述分析，不同防卫需求和不同诱饵个数情形下的集群干扰阵型寻优过程与结果，表明了 3M-APSO 算法求解雷达有源诱饵集群干扰阵型优化问题的适用性。

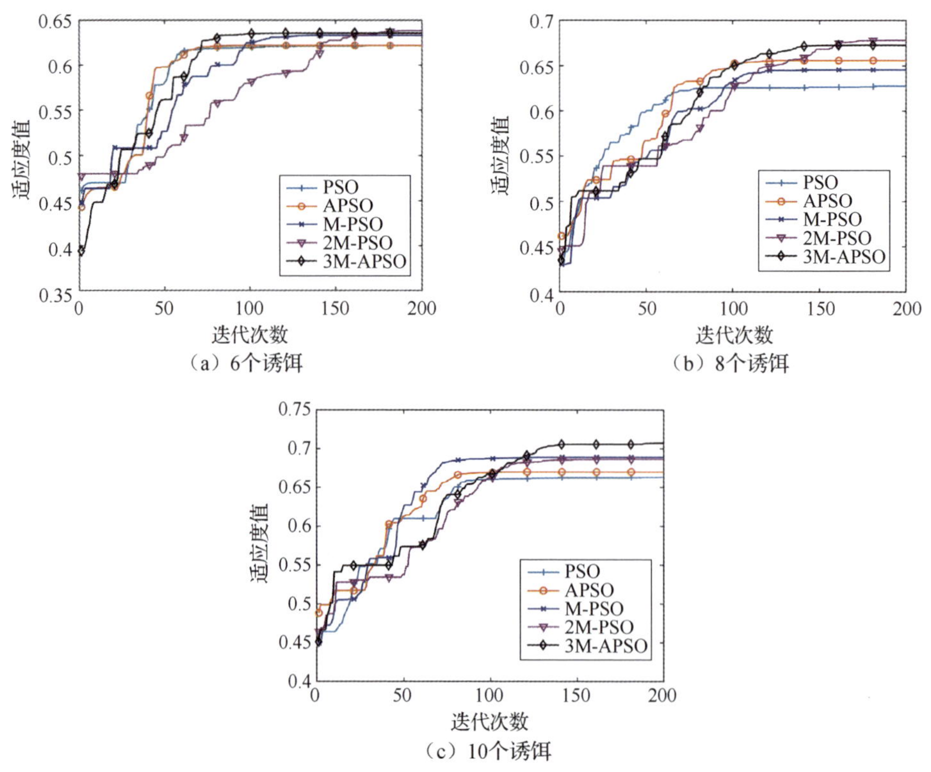

图 4.11 单向防卫需求下多诱饵干扰阵型寻优迭代过程

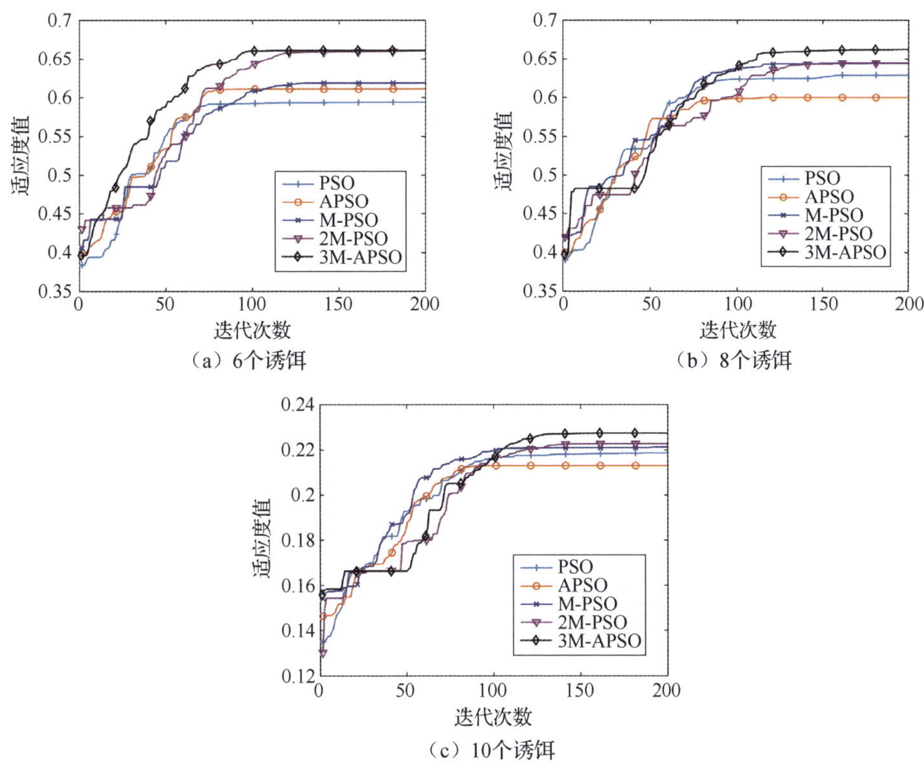

（a）6个诱饵　（b）8个诱饵　（c）10个诱饵

图 4.12　多向防卫需求下多诱饵干扰阵型录优迭代过程

根据图 4.10～图 4.12 干扰阵型寻优的结果，可以得到不同防卫需求下雷达有源诱饵集群优化阵型如图 4.13～图 4.15 所示。

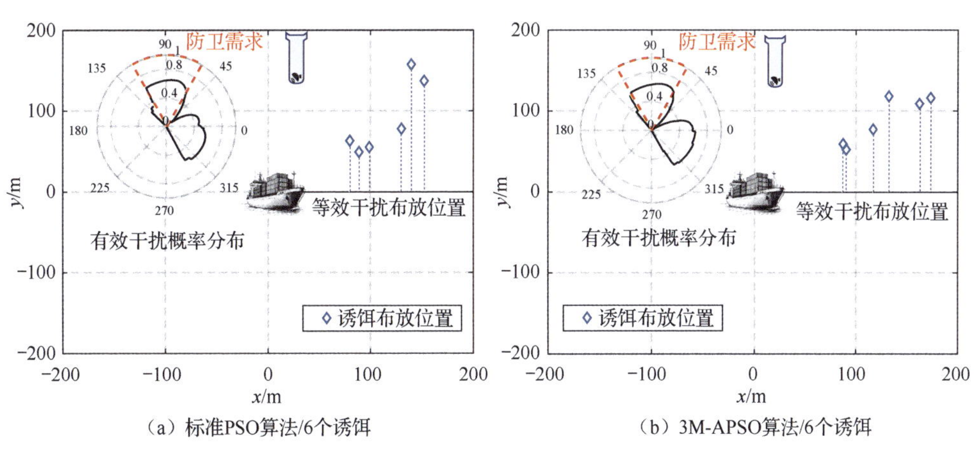

（a）标准PSO算法/6个诱饵　（b）3M-APSO算法/6个诱饵

图 4.13　单向防卫需求下的雷达有源诱饵集群优化阵型

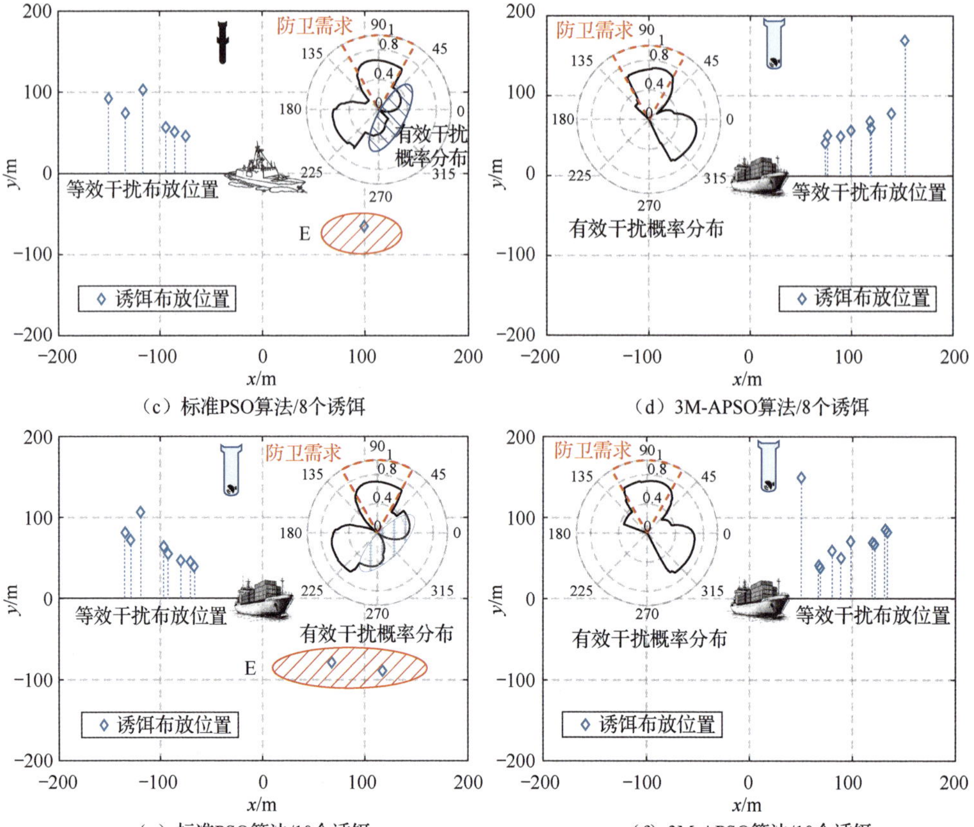

（c）标准PSO算法/8个诱饵

（d）3M-APSO算法/8个诱饵

（e）标准PSO算法/10个诱饵

（f）3M-APSO算法/10个诱饵

图 4.13　单向防卫需求下的雷达有源诱饵集群优化阵型（续）

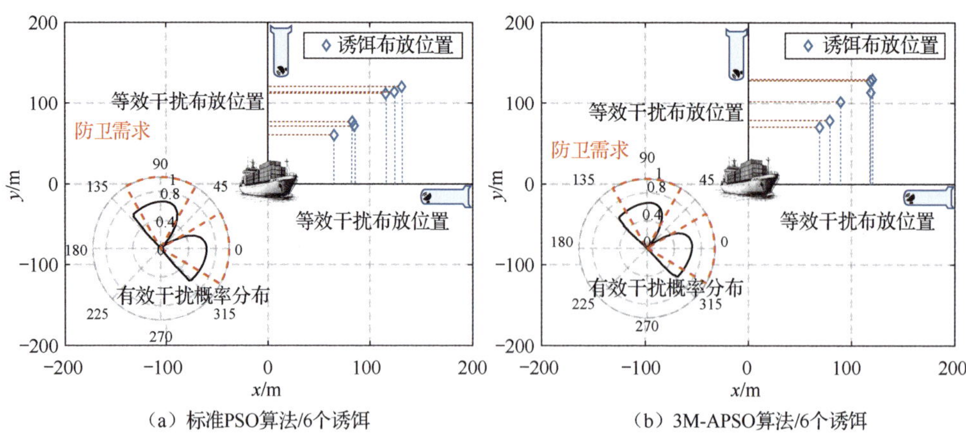

（a）标准PSO算法/6个诱饵

（b）3M-APSO算法/6个诱饵

图 4.14　多向防卫需求下的雷达有源诱饵集群优化阵型

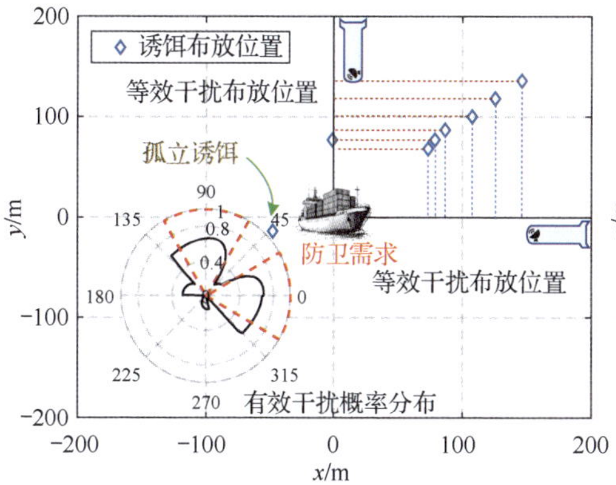

（c）标准PSO算法/8个诱饵 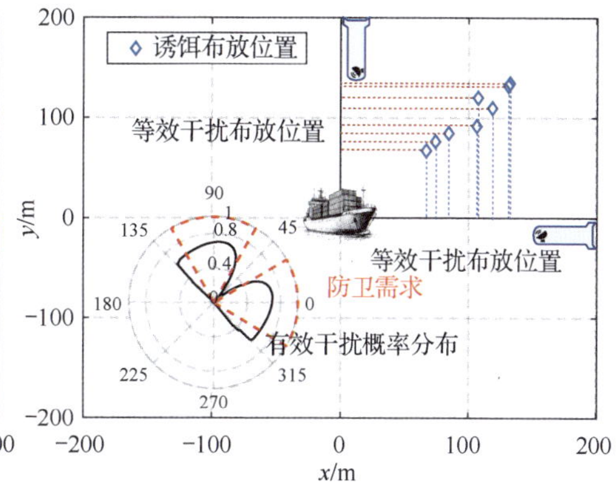　　（d）3M-APSO算法/8个诱饵

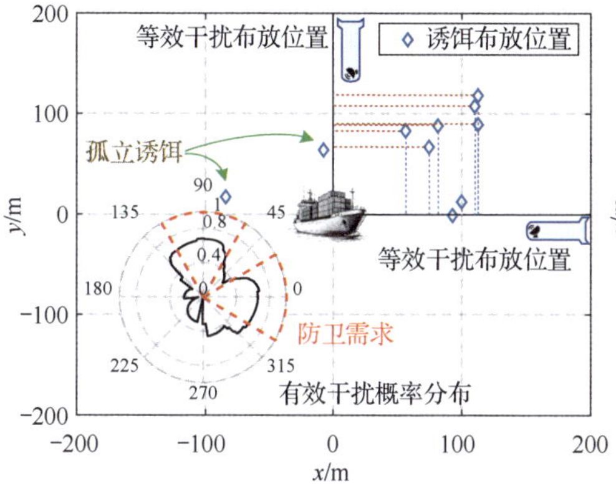

（e）标准PSO算法/10个诱饵 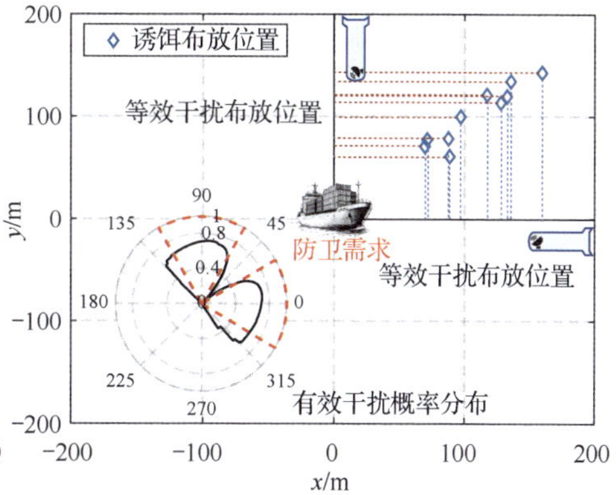　　（f）3M-APSO算法/10个诱饵

图 4.14　多向防卫需求下的雷达有源诱饵集群优化阵型（续）

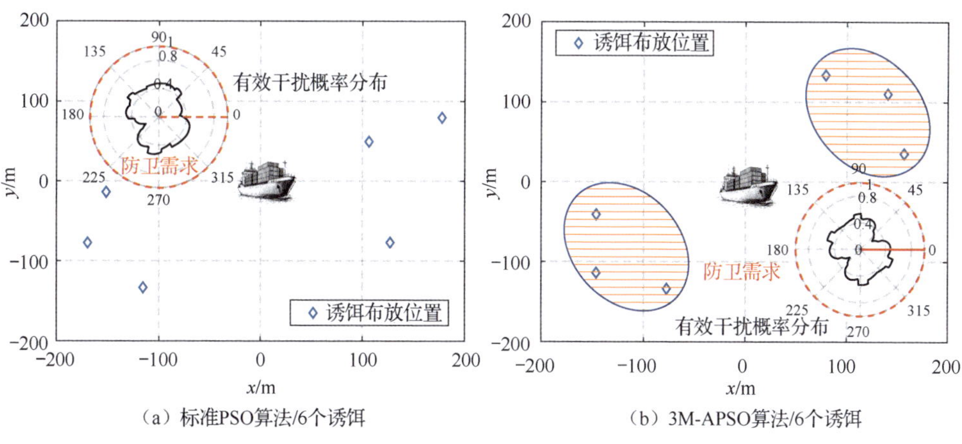

（a）标准PSO算法/6个诱饵　　（b）3M-APSO算法/6个诱饵

图 4.15　全向防卫需求下的雷达有源诱饵集群优化阵型

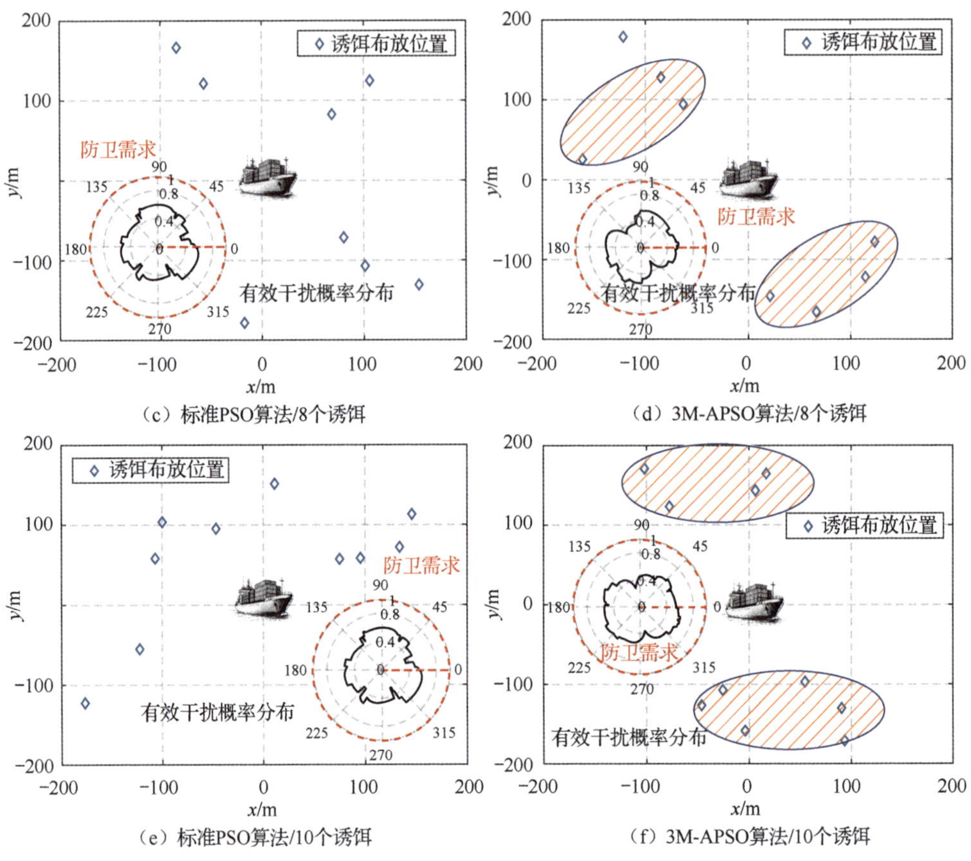

图 4.15　全向防卫需求下的雷达有源诱饵集群优化阵型（续）

图 4.13 中，采用笛卡儿坐标系表示雷达有源诱饵集群相对于舰船目标的布放态势，虚线投影表示有源诱饵对 90° 方向来袭制导武器进行干扰时，经延迟转发的等效干扰位置。图中的极坐标子图显示了在当前态势下，对不同方向来袭制导武器的有效干扰概率分布情况；子图中，红色虚线表示当前舰船干扰防卫需求，这里单向防卫需求是制导武器从 90°±30° 方位来袭。同理，图 4.14 和图 4.15 则分别显示了多向防卫与全向防卫下的雷达有源诱饵集群优化阵型。

图 4.13～图 4.15 主要对比了 3M-APSO 算法与标准 PSO 算法阵型寻优结果。分析图 4.13 的结果可知，对于单向防卫需求，当集群中仅包含 6 个诱饵时，标准 PSO 和 3M-APSO 算法得到的诱饵集群阵型接近，而当诱饵个数为 8 个和 10 个时，标准 PSO 算法得到的阵型出现了多余“孤立”诱饵，即图 4.13（c）、（e）中用红色阴影区域“E”标注的诱饵，该位置有源诱饵未能对防卫需求内的制导武器雷达导引头起到干扰作用，表现为有效干扰概率的“泄露”，即图 4.13（c）、 （e）中有效干扰概率分布子图中蓝色阴影标注区域。图 4.14 中，多向防卫需求中包含了 90°±30° 和 0°±30° 两个方位来袭制导武器，当集群中包含 6 个诱饵时，3M-APSO 算法得到结果与标准 PSO 算法结果近似，但是随着诱饵个数增加，标准 PSO 算法也出现“孤立”诱饵和有效干扰概率“泄露”情形。

与标准 PSO 算法形成对比的是，3M-APSO 算法有效地解决了上述问题，这在多向防卫需求的阵型优化中体现明显。根据图 3.17 有效干扰概率的对称特征，图 4.13（b）、（d）、（f）所示阵型有效干扰概率分布对其他干扰方向干扰概率不为 0，是由于雷达有源诱饵干扰的对称性；反过来看，图 4.14（b）、（d）、（f）充分利用了有效干扰概率分布的对称性，使有效干扰概率最大值与两个方向的防卫需求相匹配。由此可知，3M-APSO 算法得到的优化阵型充分利用了集群中的全部诱饵。从有源诱饵投影的等效干扰布放位置分布看，多有源诱饵表现出“局部集中”和“全局分散”并存的特点，这里，“局部集中”表现为部分诱饵位置接近，起到功率叠加作用；“全局分散”表现为所有诱饵在一定范围内散布式布放，结合第 3 章图 3.16，这样可以起到提高干扰可靠性的作用。

结合图 4.15 中全向防卫需求下的雷达有源诱饵干扰阵型，由于每个位置诱饵都可以对特定方位来袭制导武器进行干扰，因而不存在“孤立”诱饵问题。对比算法所得集群干扰阵型，当集群中只包含 6 个诱饵时，标准 PSO 算法和 3M-APSO 算法的优化阵型也表现出了近似性，但是对于 8 个诱饵与 10 个诱饵情形，PSO 算法结果接近于在舰船的四周随机布放，而 3M-APSO 算法则是在水面舰艇两侧区域对称布放。这里，一方面，PSO 算法优化阵型其目标函数要小于 3M-APSO 算法优化阵型，另一方面，结合图 4.2（d）所示的有源诱饵干扰冲突关系，当制导武器从某一方向来袭时，PSO 算法优化阵型并不能从中很快看出最优干扰组合。从 3M-APSO 算法得到的集群干扰优化阵型可以发现两点规律，一是对称干扰盲区补充，二是旋转干扰盲区补充，其内涵如图 4.16 所示。

结合图 4.16 可以看出，对称干扰盲区补充主要是针对雷达有源诱饵基于 DRFM 转发干扰机制只能进行延迟转发干扰的局限，而旋转干扰盲区补充主要是弥补单个雷达有源诱饵存在锥形干扰盲区的局限。由此可知，3M-APSO 算法优化阵型具有较好的可解释性，这在已知制导武器来袭方向的情形下，能够更容易地得到最优组合干扰策略。

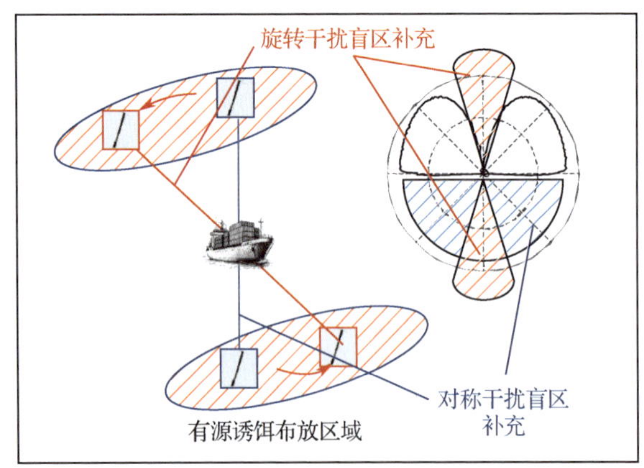

图 4.16　全向防卫需求下的多雷达有源诱饵集群优化阵型演变规律

在上述仿真分析中，雷达有源诱饵集群规模最大为 10 个。图 4.17 进一步显示了在全向防卫需求下，当雷达有源诱饵集群规模增大时，优化目标函数的变化和集群干扰阵型的演变趋势。

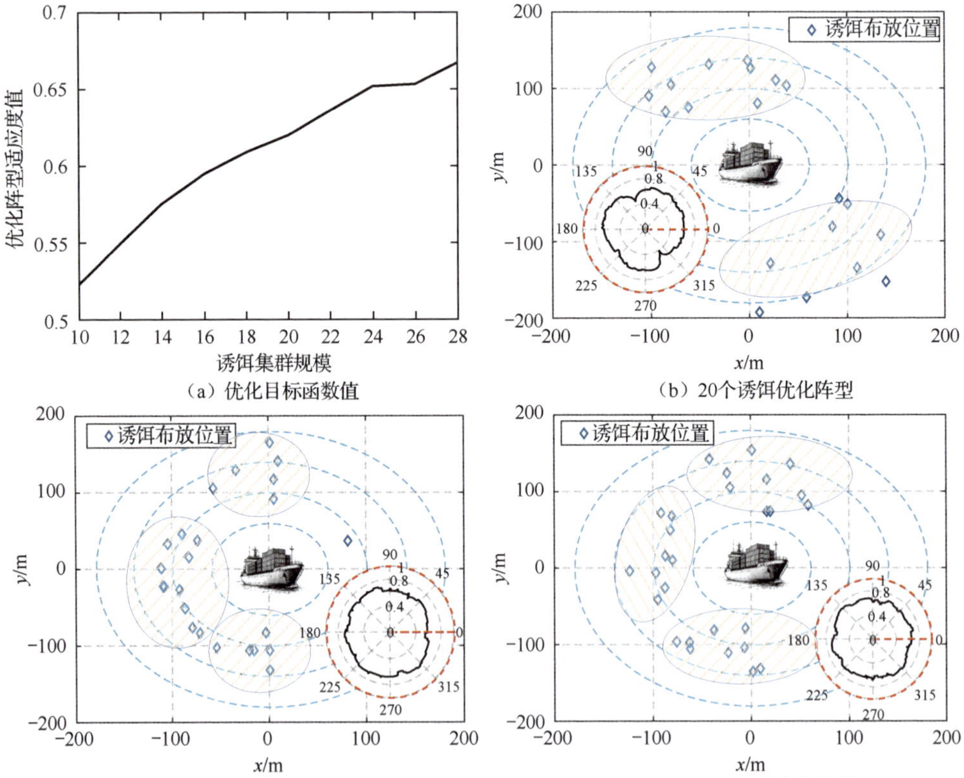

（a）优化目标函数值

（b）20个诱饵优化阵型

（c）24个诱饵优化阵型

（d）28个诱饵优化阵型

图 4.17　优化目标函数和集群干扰阵型随诱饵集群规模增大时的变化

图 4.17（a）中，随着有源诱饵数量增加，优化目标函数值不断上升，说明在全向防卫需求下，有源诱饵集群对不同方向来袭制导武器有效干扰概率随集群规模增大而提高。图 4.17（b）～图 4.17（d）分别显示了集群规模在 20、24 和 28 时，有源诱饵优化阵型及其有效干扰概率分布情况，从中可以看出，优化阵型仍然具有舰船两侧对称布放的特征；从布放距离看，诱饵主要分布在距离舰船 100～140 m 的区间内。不同规模优化阵型不同之处在于，当诱饵规模增大到 24 个以上时，干扰阵型呈现出“C”字阵型特点，在上下对称区域以外，部分诱饵位于图示左右一侧布放。对比图 4.17（b）和图 4.17（d）有效干扰概率分布可知，“C”字阵型中，左侧布放诱饵补充了对称阵型有效干扰概率的“凹陷”区域，而只在一侧布放体现了诱饵集中布放功率叠加优势。从有效干扰概率的分布看，“C”字阵型可以实现相对均匀的全向防卫需求。

如图 4.18 所示，经过优化后，雷达有源诱饵集群阵型可以分为“一”字阵型、“对称”阵型与“C”字阵型三类，其中，“一”字阵型，可以满足对某一个或者两个方位干扰对抗需求；“对称”阵型主要用于填补有源诱饵可能存在的干扰盲区；“C”字阵型用于有源诱饵集群规模较大时的全向防卫。无论是采取哪种阵型，为了提高有源诱饵非合作干扰对抗的鲁棒性，集群中雷达有源诱饵都是在一定距离区间内分散布放，即图中的圆形虚线所反映的不同距离。

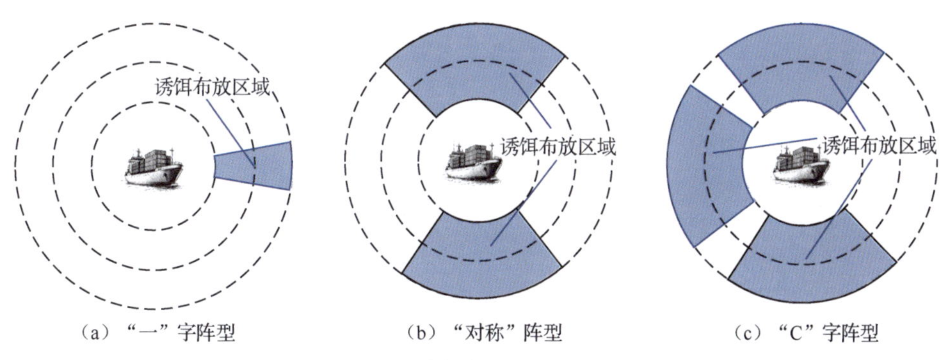

图 4.18　雷达有源诱饵集群干扰阵型简化示意图

本节主要从仿真角度，针对单/多雷达有源诱饵干扰阵型优化问题，分析了提出算法的性能以及优化后的阵型特征。综上所述，本节所提模型与寻优算法，从以下五个方面有效实现了雷达有源诱饵集群干扰阵型优化：

（1）满足了舰船干扰防卫需求与诱饵集群干扰阵型的关系匹配；

（2）结合诱饵集群数量，实现了对有源诱饵干扰盲区的补充；

（3）考虑了多个雷达有源诱饵近距布放，发挥了功率叠加的优势；

（4）兼顾了干扰对抗的非合作性，并增强了集群干扰的鲁棒性；

（5）处理了集群中诱饵与诱饵之间的冲突关系，提高了面向实际应用的可行性。

4.5 小结

针对舰船所处海上复杂多变的对抗态势及其干扰防卫需求，本章提出了雷达有源诱饵集群干扰形式，基于改进的粒子群优化算法，研究了集群干扰阵型优化问题。首先，结合舰船的干扰防卫需求、雷达有源诱饵干扰机理以及干扰有效性评估方法，分析了干扰阵型优化问题的基本要素并构建了数学优化模型；其次，根据干扰阵型优化问题的特点，在标准 PSO 算法基础上，提出了多种策略改进的 3M-APSO 算法，给出了算法的实现过程；最后，通过数值仿真验证了算法的寻优性能并归纳总结了雷达有源诱饵集群干扰的三种基本阵型。

参考文献

[1] Wu Z, Luo Y, Hu S. Optimization of jamming formation of USV offboard active decoy clusters based on an improved PSO algorithm[J]. Defence Technology, 2024, 32(2): 529-540.

[2] Kennedy J, Eberhart R. Particle swarm optimization[C]//Proceedings of the Proceedings of ICNN'95-international conference on neural networks. Perth WA: IEEE, 1995: 1942-1948.

[3] 何羚，舒文江，陈良，等. 改进的多目标粒子群优化算法及其在雷达布站中的应用[J]. 电子科技大学学报，2020, 49(6): 806-811.

[4] Katoch S, Chauhan S S, Kumar V. A review on genetic algorithm: Past, present, and future[J]. Multimedia Tools and Applications, 2021, 80: 8091-8126.

[5] 邓绍强，郭宗建，李芳，等. 基于 Metropolis 准则的自适应模拟退火粒子群优化[J]. 软件导刊，2022, 21(6): 85-91.

[6] Neshat M, Sepidnam G, Sargolzaei M, et al. Artificial fish swarm algorithm: A survey of the state-of-the-art, hybridization, combinatorial and indicative applications[J]. Artificial Intelligence Review, 2014, 42(4): 965-997.

[7] Cao Y, Zhang H, Li W, et al. Comprehensive learning particle swarm optimization algorithm with local search for multimodal functions [J]. IEEE Transactions on Evolutionary Computation, 2018, 23(4): 718-731.

基于改进差分进化算法的集群干扰目标分配方法

5.1 引言

第 4 章针对制导武器潜在攻击威胁进行了雷达有源诱饵集群预置部署的研究，而当制导武器实际来袭时，雷达有源诱饵集群中诱饵个体之间存在相互作用与干扰约束，需要进一步考虑如何合理分配诱饵集群干扰资源，从而实现干扰效果的最优化。对此，本章提出雷达有源诱饵集群干扰目标分配问题，并围绕这一问题展开。首先，基于舰船面临多个制导武器的攻击场景，阐述集群干扰目标分配问题的内涵与基本要素，并根据有源诱饵干扰空间约束条件构建干扰目标分配模型；其次，设计目标分配算法对问题进行求解，进一步考虑到实际环境中，舰船可能面临的多波次制导武器攻击的干扰对抗需求，基于雷达有源诱饵“移动平台”的机动特性，提出融合第 4 章阵型优化方法与本章干扰目标分配方法的集群梯次动态对抗策略；最后，通过仿真，验证干扰目标分配算法适用性，并基于动态对抗仿真系统，验证动态对抗策略可行性与有效性。

5.2 雷达有源诱饵集群干扰目标分配问题

5.2.1 集群干扰目标分配问题描述

雷达有源诱饵集群基于优化阵型伴随舰船进行护航，可应对从不同方向来袭制导武器潜在攻击威胁，而雷达有源诱饵集群干扰目标分配则是在制导武器尤其是多个制导武器同时来袭时，根据当前有源诱饵集群伴随阵型，选择合适的单个或者多个雷达有源诱饵实施干扰，其场景如图 5.1 所示。

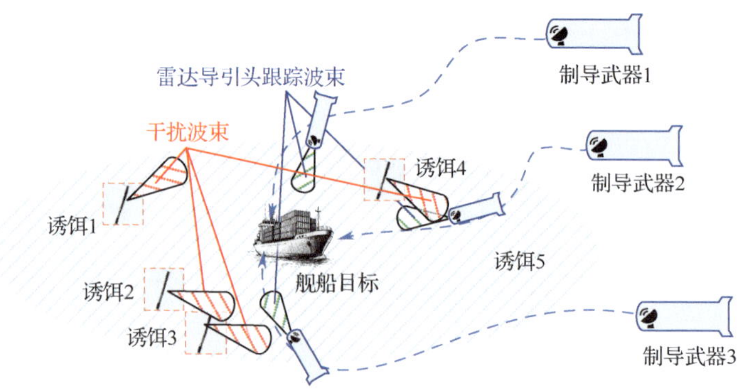

图 5.1　雷达有源诱饵集群干扰目标分配示意图

图 5.1 中，集群中的雷达有源诱饵可以分为 3 种工作状态：一是单独实施干扰，如诱饵 1 和诱饵 4，分别干扰制导武器 1 和 2；二是协同干扰，如诱饵 2 和诱饵 3，共同干扰制导武器 3；三是保持待命，如诱饵 5。根据雷达有源诱饵干扰机理，考虑到干扰波束的方向性以及有源诱饵采用转发干扰机制，需结合伴随护航态势与制导武器来袭方向加以不同的时延调制，使有源诱饵等效干扰位置满足角度欺骗与诱偏干扰要求。

针对单个制导武器，基于 4.2 节图 4.4 流程中不同干扰组合关系，可以从集群中筛选出最大化有效干扰概率的单个或者多个有源诱饵来实施干扰。而当多个制导武器同时从不同方向来袭时，对每一个制导武器，尽管可以得到最大化有效干扰概率的有源诱饵组合，但是当同一个雷达有源诱饵被指派干扰不同方向制导武器时，受干扰机理约束，需要处理存在的冲突矛盾关系，无法对多个制导武器都采用有效干扰概率最大化的分配方案。雷达有源诱饵集群干扰目标分配就是为了在多个不同方向制导武器同时来袭时，基于集群当前的伴随护卫阵型，在雷达有源诱饵干扰约束条件下，指派每个诱饵干扰任务，实现对整个制导武器群的有效干扰概率最大化（图 5.2）。

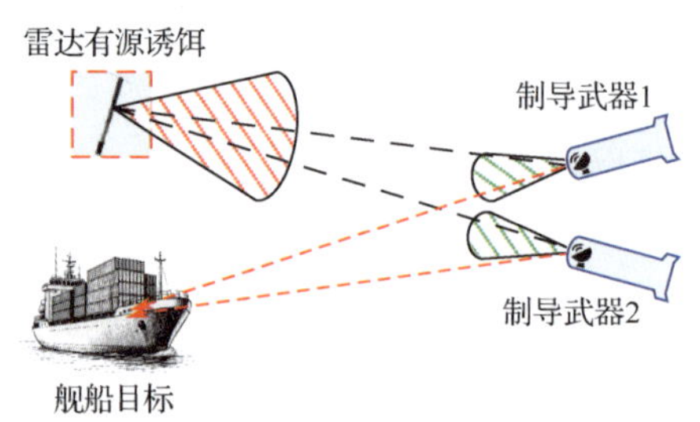

图 5.2　雷达有源诱饵干扰多个制导武器雷达导引头示意图

根据上述分析，单个有源诱饵可同时干扰多个制导武器雷达导引头，而单个制导武器又可被多个有源诱饵干扰，干扰目标分配具有“多对多”分配特征。从问题范畴上看，雷达有源诱饵集群干扰目标分配可划归为多任务机器人-多机器人任务-即时分配（Multi-Task Multi-Robot Instantaneous Assignment，MT-MR-IA）问题[1]。

5.2.2　集群干扰目标分配数学模型

任务分配问题的基本要素包括任务、资源、决策变量、评估方法与目标函数。本小节围绕这些要素对雷达有源诱饵集群干扰目标问题进行建模。

1. 任务、资源与决策变量

在集群干扰目标分配中，任务指多个待被干扰的制导武器雷达导引头，符号这里记为 $U=\{u_1,u_2,\cdots,u_M\}$，M 表示制导武器数量，资源是指伴随舰船护航的雷达有源诱饵集群，符号记为 $V=\{v_1,v_2,\cdots,v_N\}$，这里 N 表示雷达有源诱饵个数，决策变量可以抽象表示如图 5.3 所示。

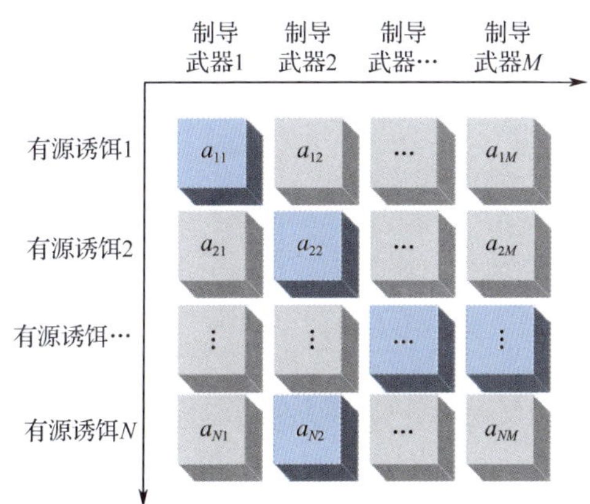

图 5.3　诱饵集群干扰目标分配决策变量示意图

图 5.3 中，记决策变量为 $\boldsymbol{A}=[a_{ij}]_{N\times M}$，$a_{ij}$ 为 0-1 变量。当 $a_{ij}=1$ 时，表示指派有源诱饵 i 干扰制导武器 j，$a_{ij}=0$ 则表示不指派。由于干扰波束具有一定宽度，在多个制导武器来袭方向接近的情形下，若指派某个有源诱饵对其中一个进行干扰，该诱饵也会对从该方向来袭的其他制导武器同时进行干扰。记第 j 个制导武器的来袭方向为 $\mathrm{Dr}(u_j)$，则决策变量满足约束

$$a_{ij_1}=a_{ij_2},\mathrm{Dr}(u_{j_1})=\mathrm{Dr}(u_{j_2}) \tag{5.1}$$

可知，干扰目标分配问题中的任务本身并不是相互独立的，即在指派第 i

个有源诱饵干扰第 j 个制导武器时，可能出现其他制导武器的雷达导引头同时受到干扰的情况。

2. 评估方法与目标函数

传统任务分配的主要依据是效益矩阵，即资源用于某项任务可以获得的收益大小[2]。根据第 3 章干扰有效性评估方法，在已知制导武器来袭方向和雷达有源诱饵布放态势的条件下，通过式（3.11）可计算出针对当前制导武器雷达导引头的有效干扰概率。但在干扰目标分配问题中，根据式（5.1）和雷达有源诱饵之间如图 4.2 所示的相互关系，指派某一个雷达有源诱饵对某个制导武器进行干扰，其有效干扰概率会受到其他诱饵干扰目标分配结果的影响，如图 5.4 所示。

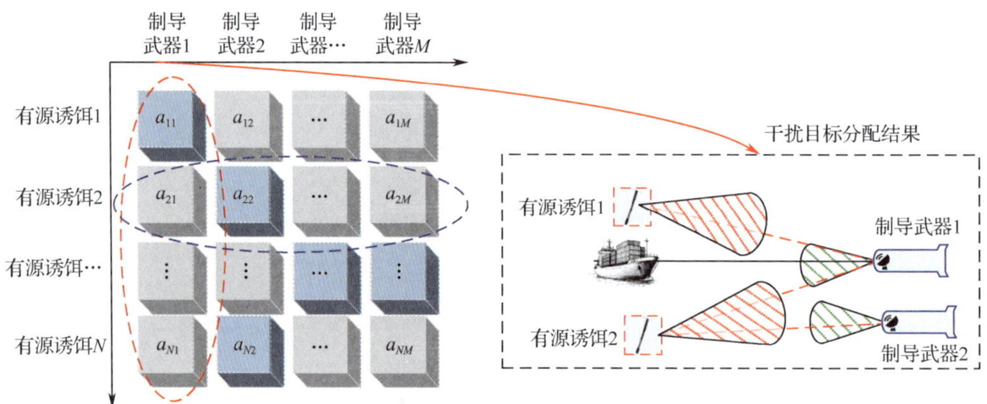

图 5.4　干扰目标分配与有效干扰概率计算关系示意图

图 5.4 中，有源诱饵 1 和 2、制导武器 1 和 2 态势如图中右侧所示，其中制导武器 1 和 2 从同一方向来袭。对于有源诱饵 2 而言，可同时对制导武器 1 和 2 进行干扰。图中所示的干扰目标分配结果是：指派诱饵 1 干扰制导武器 1，指派诱饵 2 干扰制导武器 1 和 2。从制导武器 1 的角度看，诱饵 1 和诱饵 2 形成了冲突关系，因此有效干扰概率为 0；而制导武器 2 只受到有源诱饵 2 的干扰，就可直接计算其有效干扰概率。考虑到干扰目标分配效益矩阵由有效干扰概率构成，这里图 5.4 直观显示了其值会随着分配过程或者分配结果变化而变化。

记干扰目标分配中对制导武器 j 实施干扰的雷达有源诱饵的集合为 $W_j = \{v_i | a_{ij} = 1\}$，将态势参数与干扰参数代入式（3.11）中，可以得到当前指派方案对制导武器 j 的有效干扰概率，记为 P_j。最终要实现对多个制导武器有效干扰概率的最大化，这里称其为综合有效干扰概率，符号记为 P_{com}。假设多个

制导武器之间是相互独立的，则干扰目标分配目标函数可以写成

$$\max P_{\text{com}} = \prod_{j=1}^{M} P_j \tag{5.2}$$

式（5.2）中采用累乘形式，表示如果对多个制导武器中的一枚有效干扰概率为 0，则当前的干扰目标分配策略是无效的。

综合上述分析，雷达有源诱饵集群干扰目标分配问题的数学模型为

$$\max P_{\text{com}} = \prod_{j=1}^{M} P_j$$
$$\text{s.t.}\begin{cases} P_j = f(W_j = \{v_i | a_{ij} = 1\}) \\ a_{ij} \in \{0,1\} \\ a_{ij_1} = a_{ij_2}, \text{Dr}(u_{j_1}) = \text{Dr}(u_{j_2}) \\ \sum_{i=1}^{N} a_{ij} \geqslant 1 \\ \sum_{j=1}^{M} a_{ij} \geqslant 0 \end{cases} \tag{5.3}$$

根据式（5.3），集群干扰目标问题可理解为 MT-MR-IA 问题的一种变体形式，其主要区别在于以下 3 个方面：一是在目标函数上，干扰目标分配目标函数是累乘形式；二是在评估方法上，干扰有效概率评估会受到图 4.2 所示各资源关系约束；三是目标分配并不能自由指派，受到式（5.1）所示干扰机理约束，任务彼此之间互相耦合。

5.3 基于任务组合的改进差分进化算法

MT-MR-IA 问题本身是一类 NP-Hard 问题[3]，雷达有源诱饵集群干扰目标分配作为此类问题的一种变体，难以直接通过最优化方法在多项式时间内寻找到最优解。同时，由干扰目标分配问题背景，根据制导武器的来袭态势，需要在短时间内对雷达有源诱饵集群进行任务指派，存在寻优时间与寻优解质量之间的矛盾。对此，通常可以采用启发式算法来权衡计算时间与求解质量的矛盾。本节结合雷达有源诱饵集群干扰目标分配问题的上述特点，提出一种基于任务组合策略的改进差分进化算法。

5.3.1 雷达有源诱饵干扰任务组合策略

任务组合策略是针对式（5.3）中第三个约束条件所表示的任务之间相互耦合问题，其主要思想是根据当前单个雷达有源诱饵能否对多个制导武器雷达导引头同时干扰，对这多个制导武器进行分组，其依据是干扰态势与雷达有源诱饵的干扰波束宽度，如图 5.5 所示。

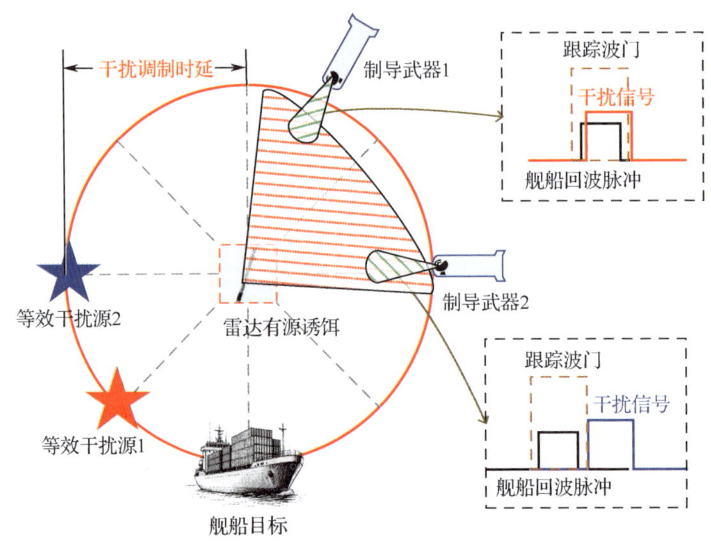

图 5.5　雷达有源诱饵对多个制导武器的干扰波束宽度与干扰态势示意图

图 5.5 中，以雷达有源诱饵为中心的圆形边界表示有源诱饵经过时延调制后，针对不同方向来袭制导武器雷达导引头的等效干扰源所在位置。此时，同一分组制导武器应满足以下两个条件：①同时位于干扰波束宽度内；②雷达有源诱饵的干扰信号与回波信号位于多个雷达导引头的同一距离跟踪波门内。结合图 5.5，雷达有源诱饵根据制导武器 1 来袭方向设置干扰转发时延，使等效干扰源 1 与舰船位于同一跟踪波门中，从而可以实现角度欺骗干扰，但此时对制导武器 2 而言，雷达有源诱饵转发生成的等效干扰源 2，与舰船回波信号并不在同一距离跟踪波门中，无法起到舷外角度欺骗干扰作用。由此可知，多个制导武器的来袭方向差异越大，则雷达有源诱饵能够同时进行干扰的可行性越差。

根据第 3 章构建的坐标系，以舰船所在位置为坐标原点，制导武器 1 和制导武器 2 的来袭方向分别记为 α_1 与 α_2，雷达有源诱饵坐标为 (x_1, y_1)。为了便于表示制导武器方向差异引起的诱饵干扰延迟差异，这里基于图 5.5 取 $x_1 = 0$，

$y_1 > 0$，制导武器 1 与制导武器 2 的延迟量记为 χ_1, χ_2，计算方法分别为

$$\begin{cases} \chi_1 = |y_1 \sin(\alpha_1)|, \chi_2 = |y_1 \sin(\alpha_2)| \\ |\alpha_1 - \alpha_2| < \theta_{\text{jam}} \\ \Delta\chi_{12} = |\chi_2 - \chi_1| \end{cases} \tag{5.4}$$

式中：θ_{jam} 为雷达有源诱饵的干扰波束宽度；$\Delta\chi_{12}$ 为两个制导武器被同一诱饵干扰时，不同转发延迟的差值。

与导引头主瓣波束宽度定义类似，在通常情况下，雷达导引头只考虑主瓣波束内目标。而对于两个不同转发延迟的干扰信号，同样只考虑距离波门内的目标。这里基于转发延迟，以距离跟踪波门宽度为基准，作为不同方向制导武器是否可以归类为同一个组合的依据，其原理如图 5.6 所示。

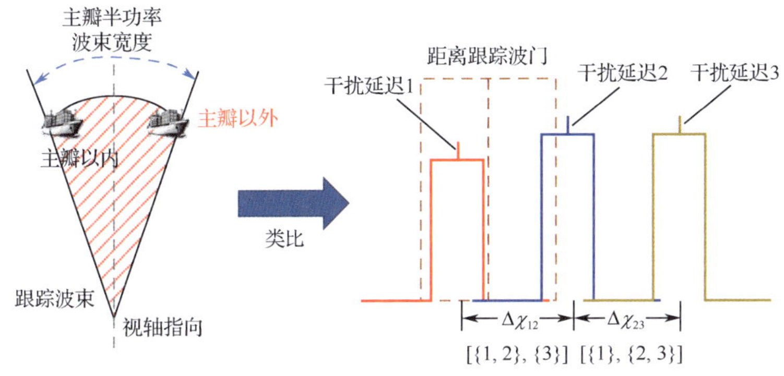

图 5.6　多个制导武器来袭方向的分组原理示意图

图 5.6 中，假设需干扰 3 个制导武器的雷达导引头，雷达有源诱饵转发延迟分别表示为图中的干扰延迟 1～3。记距离跟踪波门宽度为 χ_{trac}，当 $\Delta\chi_{12} > \chi_{\text{trac}}$ 时，两个制导武器视为来自不同方向，反之可视为来自从同一方向的组合。已经归为同一方向的多个制导武器，有源诱饵对其中任意两个的转发延迟差值均满足 $\Delta\chi_{ij} < \chi_{\text{trac}}$。结合图 5.6，进一步根据距离跟踪波门位置，不同方向制导武器可以有多种分组方法，例如图 5.6 中右侧可以划分出 $[\{1,2\},\{3\}]$ 和 $[\{1\},\{2,3\}]$。在同一个分组方法下，不同分组之间是互斥关系，例如 $[\{1,2\},\{3\}]$ 分组，雷达有源诱饵无法同时干扰制导武器组合 $\{1,2\}$ 和组合 $\{3\}$。而不同分组方法之间，每个分组又是并集关系，即对于雷达有源诱饵而言，其待被干扰制导武器的所有分组包含 $[\{1\},\{3\},\{1,2\},\{2,3\}]$。在制导武器分组基础上，可以将图 5.3 中雷达有源诱饵集群干扰目标分配模型表示成图 5.7。

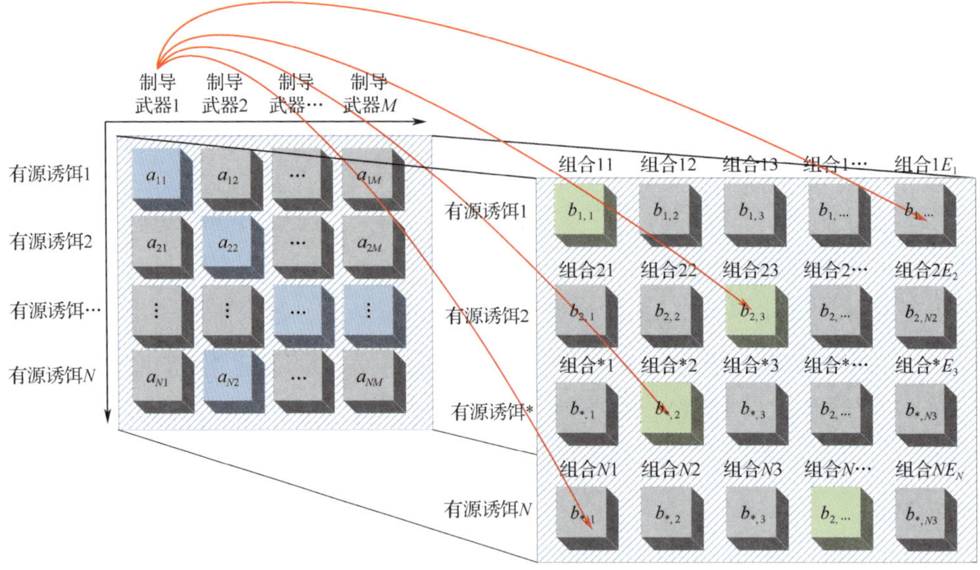

图 5.7　基于多制导武器方向组合的雷达有源诱饵集群干扰目标分配模型示意图

图 5.7 中，每一个制导武器会出现在不同组合当中，并且可以重复多次出现。设置中间决策变量 $b_{i,j} \in \{0,1\}$，表示当前诱饵是否对该制导武器组合进行干扰。根据图 5.6 中分析互斥关系，单个有源诱饵只能用于干扰某一个组合，即满足约束条件

$$\sum_{j=1}^{E_i} b_{i,j} = 1 \tag{5.5}$$

式中：E_i 为基于第 i 个诱饵可以干扰的制导武器组合数。由于制导武器来袭方向的分组过程与舰船、诱饵和制导武器三者态势有关，对不同位置雷达有源诱饵而言，其组合具体内容会有所差异，E_i 也不一定相等。至此，通过任务组合策略，对集群干扰目标分配问题的任务对象作了进一步明确，核心是将问题“多对多”特征转化成了“一对一”，然后再设计算法进行求解。

5.3.2　改进差分进化算法

进化算法是借鉴大自然生物种群优胜劣汰演化规律的启发式优化算法，其主要代表有遗传算法、进化策略、差分进化算法等[4-6]。在进化算法中，问题决策变量被视为基因，解被视为由基因组成的个体，目标函数被视为个体对自然环境的适应度。根据模式定理与积木块假设，较优个体经遗传、变异与筛选操作，会向全局最优位置靠近并收敛。进化算法在目标分配问题的适用性主要体

现在其个体基因编码与遗传操作具有较强的可解释性。

对于雷达有源诱饵集群干扰目标分配问题，进化算法的主要难点除了解空间维度指数上升以外，任务与任务之间的互相影响制约了进化算法对此问题的适用性。对此，基于任务组合策略，根据进化算法编码、遗传算子等要素，本节设计了一种邻域搜索非精英保留策略自适应差分进化（Neighborhood Search based Non-Elitism Strategy Adaptive Differential Evolution，NSNES-ADE）算法，简称改进差分进化（Improved Differential Evolution，IDE）算法，其具体操作如下：

1. 基因段编码规则

在任务组合策略基础上，第 i 个有源诱饵可以选择 E_i 个任务之一实施干扰。采用 0-1 编码，对于第 i 个有源诱饵的干扰方案，用长度为 E_i 的 0-1 向量进行表示，记为 $\boldsymbol{g}_i=[0,0,1,\cdots,0]$。在向量 $\boldsymbol{g}_i$ 中，取值为 1 的元素个数不超过 1 个，全部元素均为 0 表示当前诱饵处于闲置状态。称向量 $\boldsymbol{g}_i$ 为基因段，干扰目标分配问题的第 k 个解记为 G_k，其染色体由 N 个基因段组成，具体为

$$G_k=[[0,0,0,1,0],[1,0,0,0],[0,0],[\ ]] \tag{5.6}$$

式（5.6）中，G_k 含义包含以下几点：①集群中包含诱饵数量 $N=4$；②雷达有源诱饵 1～4 可以干扰的制导武器组合数量分别是 $E_1=5$，$E_2=4$，$E_3=2$，$E_4=0$，其中诱饵 4 不适用于此次干扰任务；③结合图 5.7，该个体对应解的干扰方案是，诱饵 1 干扰组合 14，诱饵 2 干扰组合 21，诱饵 3 则保持闲置。

2. 十进制映射变异操作

在原始差分进化算法中，变异操作是从种群中随机挑选出 3 个不同个体，记为 G_{k1},G_{k2},G_{k3}，由这 3 个个体按照下式的方式组合生成新的个体。

$$G_{\text{new}}=G_{k1}+\text{MF}(G_{k2}-G_{k3}) \tag{5.7}$$

式中：MF 为缩放因子。

然而，上述变异操作主要针对连续型变量，直接应用到 0-1 基因段编码中，易出现不符合编码规则的个体，造成计算资源浪费与寻优性能下降。对此，这里采用十进制映射方式，将基因段映射为 10 进制整型数，例如式（5.6）可映射为

$$\begin{gathered}G_k=[[0,0,0,1,0],[1,0,0,0],[0,0],[\ ]]\\ \Updownarrow\\ \text{map}(G_k)=\{\text{dec}_k=[4,1,0,-1],\boldsymbol{E}=[5,4,2,0]\}\end{gathered} \tag{5.8}$$

式（5.8）中，映射规则是 dec_k 第 i 个元素表示基因段 g_i 的非零元素对应位置，如果 g_i 中没有非零元素，则值取 0，如果 g_i 基因段长度为 0，则值取 –1。

将 dec_k 代入式（5.7）中进行变异操作，整型十进制数会生成非整型浮点数，选择向上取整或者向下取整。由于十进制数之间本身只表示序号，无大小区分，这里采用随机方法，即

$$\text{dec}_k = \begin{cases} \text{ceil}(\text{dec}_k), \text{rand}(0,1) \geqslant 0.5 \\ \text{floor}(\text{dec}_k), \text{其他情况} \end{cases} \tag{5.9}$$

式中：ceil 函数表示向上取整；floor 函数表示向下取整；rand 函数产生 0,1 之间均匀分布的随机数。经过映射后，利用向量 $\boldsymbol{E}$ 存储每个雷达有源诱饵所能干扰的组合数，将变异操作后的个体记为 dec_k^v，还需进行边界条件处理，使其满足下式约束：

$$0 \leqslant \text{dec}_k^v[j] \leqslant \boldsymbol{E}[j], \text{ if } \boldsymbol{E}[j] \geqslant 0 \tag{5.10}$$

3. 自适应交叉操作

在遗传算法中，交叉操作是在不同个体之间进行的，这在干扰目标分配问题中，无法反映出任务之间的相互作用，使得个体之间交叉操作具有“短视”缺点，容易出现不稳定的进化，限制了算法搜索能力。与遗传算法不同，差分进化算法是对任务维度进行交叉，其方法是

$$\text{dec}_k^c[j] = \begin{cases} \text{dec}_k^v[j], \text{rand}(0,1) < \text{CR} \\ \text{dec}_k[j], \end{cases} \tag{5.11}$$

式中：dec_k^c 为交叉之后的个体；CR 为交叉概率。差分进化算法交叉过程遍历了个体的全部基因段，丰富了不同基因段之间组合操作，可以进一步探索并保留较好个体，能够反映出不同雷达有源诱饵之间的协同干扰方案。同时，为了降低较好个体受交叉操作的影响，这里采用自适应交叉概率，即

$$\text{CR}_k = \begin{cases} \text{CR}^l + (\text{CR}^u - \text{CR}^l)\dfrac{P_{\text{com},k} - P_{\text{com}}^{\min}}{P_{\text{com}}^{\max} - P_{\text{com}}^{\min}}, P_{\text{com},k} < \overline{P}_{\text{com}} \\ \text{CR}^l, P_{\text{com},k} > \overline{P}_{\text{com}} \end{cases} \tag{5.12}$$

式中：CR^l 与 CR^u 分别为交叉概率的上限与下限；$P_{\text{com},k}$ 为第 k 个个体目标函数值；$\overline{P}_{\text{com}}$、$P_{\text{com}}^{\max}$ 和 $P_{\text{com}}^{\min}$ 分别为当前种群目标函数的均值、最大值和最小值。

4. 非精英策略选择操作

经过交叉操作以后，得到了另一组与原始种群规模相同的种群，先将两组

种群进行混合排列，再根据每个个体的目标函数值进行排序，最后从中挑选出目标函数值较优的个体组成下一代种群。这里，非精英策略是使下一代种群由目标函数值较优个体与目标函数值较差个体共同组成，过程如图 5.8 所示。

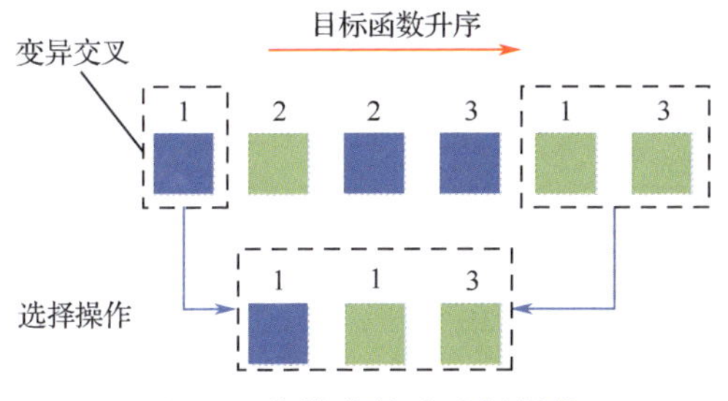

图 5.8　非精英策略选择操作

图 5.8 中，不同颜色方块分别表示当前种群与经过交叉变异后的种群个体。非精英策略实际上是精英保留策略的反向操作[7]，即保留部分表现最差个体。在干扰目标分配中，诱饵与诱饵之间可能存在的冲突关系会直接导致干扰方案目标函数值较低，但是其中此类干扰方案中存在部分有源诱饵对应的基因段较优。非精英保留策略是为了降低迭代过程中该情形下较优基因段被淘汰的概率，从而增加种群基因段表现的多样性。

5. 基于基因段的邻域搜索策略

考虑到在干扰目标分配问题解空间中，个体基因组成到目标函数的映射关系是离散且非线性的，改变其中一个有源诱饵干扰策略可能会优化整个干扰方案。因此，在基本差分进化算法基础上，针对每个个体，在经过选择操作以后，引入邻域搜索策略[8]。结合基因段，其具体操作如图 5.9 所示。

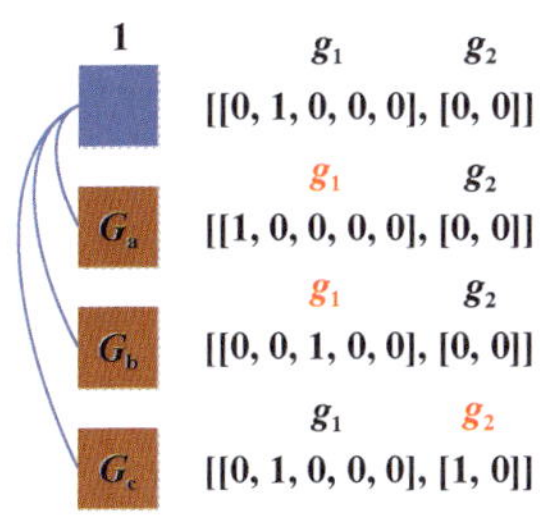

图 5.9　干扰目标分配的邻域搜索策略

邻域个体是指与原始个体 G_k 相比，其染色体基因段中的所有基因中有且仅有 1 个基因不同。在图 5.9 中，G_a 和 G_b 是以基因段 $\boldsymbol{g}_1$ 为中心的邻域解，G_c 是以基因段 $\boldsymbol{g}_2$ 为中心的邻域解。在进行邻域搜索时，针对当前个体，首先打乱基因段的排序，然后依次搜索每个基因段的邻域解，当邻域解对应的目标函数值优于原始值时，则停止搜索，替换掉当前个体染色体。

综合上述步骤，本节设计的干扰目标分配 NSNES-ADE 算法流程如图 5.10 所示。

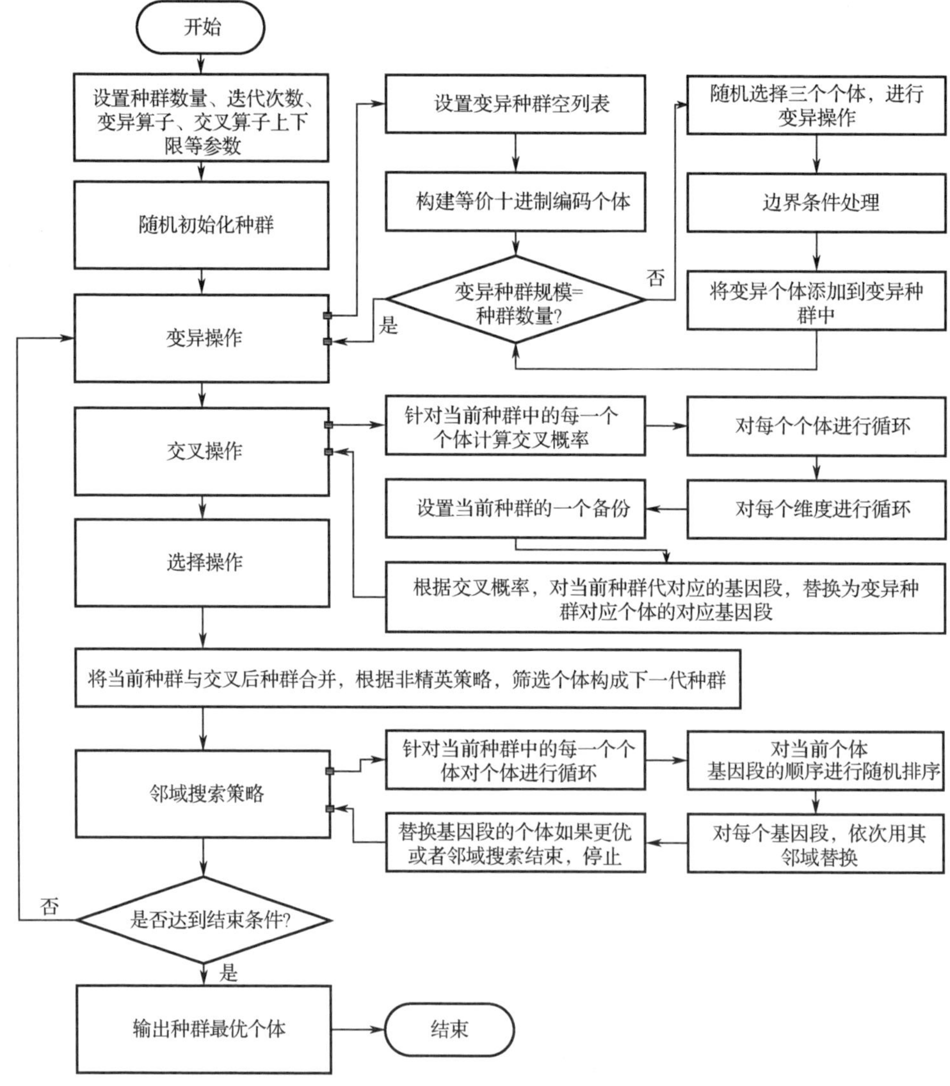

图 5.10　雷达有源诱饵集群干扰目标分配 NSNES-ADE 算法流程图

5.3.3　集群干扰目标分配仿真及结果分析

本小节基于Python编程语言对雷达有源诱饵集群干扰目标分配算法进行了

实现，其中目标函数相关参数与前几章相同。在干扰目标分配问题上，这里也对标准遗传算法（Simple Genetic Algorithm，SGA）、改进遗传算法（Improved Genetic Algorithm，IGA）、进化策略（Evolution Strategies，ES）算法和经典差分进化（Differential Evolution，DE）算法等其他进化算法进行了实现，用作算法对比。

根据第 4 章的干扰阵型分析，雷达有源诱饵集群面临的较为复杂情形是全向防卫需求场景。以诱饵个数为 6 个为例，雷达有源诱饵以“对称”阵型伴随舰船护航，如表 5.1 所示。

表 5.1　“对称”阵型雷达有源诱饵伴随护航态势

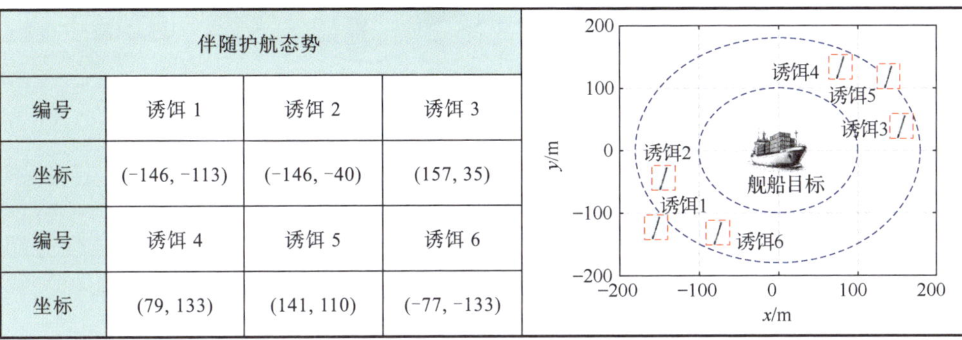

伴随护航态势			
编号	诱饵 1	诱饵 2	诱饵 3
坐标	(−146, −113)	(−146, −40)	(157, 35)
编号	诱饵 4	诱饵 5	诱饵 6
坐标	(79, 133)	(141, 110)	(−77, −133)

设置同时来袭的制导武器数量是 6 个，来袭方位覆盖了$[0°,360°)$。设置雷达导引头对两个信号源的径向分辨率距离为 50 m，即 $\chi_{\text{trac}} = 50\ \text{m}$；设置有源诱饵干扰波束宽度 $\theta_{\text{jam}} = 60°$。这里随机给出 SN 种场景，如表 5.2 所示。

表 5.2　从不同方向来袭 6 个制导武器的随机场景

场景编号	制导武器 1	制导武器 2	制导武器 3	制导武器 4	制导武器 5	制导武器 6
1	43	139	155	171	196	304
2	127	149	215	221	239	264
3	114	158	165	216	219	355
4	84	87	177	303	304	343
…	…	…	…	…	…	…
SN	4	51	126	129	129	161

在场景 1 为例，根据任务组合策略，对每个诱饵而言，其制导武器的分组情况如图 5.11 所示。

图 5.11（a）直观显示了制导武器来袭态势，图 5.11（b）通过矩阵形式反

映了每个有源诱饵可以干扰的制导武器组合情况，其中亮色块表示当前诱饵可以干扰的组合。以诱饵 2 为例，基于任务组合策略，6 个制导武器的分组情况是 $[\{4,5\},\{3,4,5\},\{2,3,4\},\{2,3\}]$，结合进化算法的编码，对应的基因段 g_2 长度 $E_2=4$，其他诱饵同理。从图 5.11（b）干扰任务组合矩阵维度可看出，不同诱饵可干扰的任务组合数可能不同。

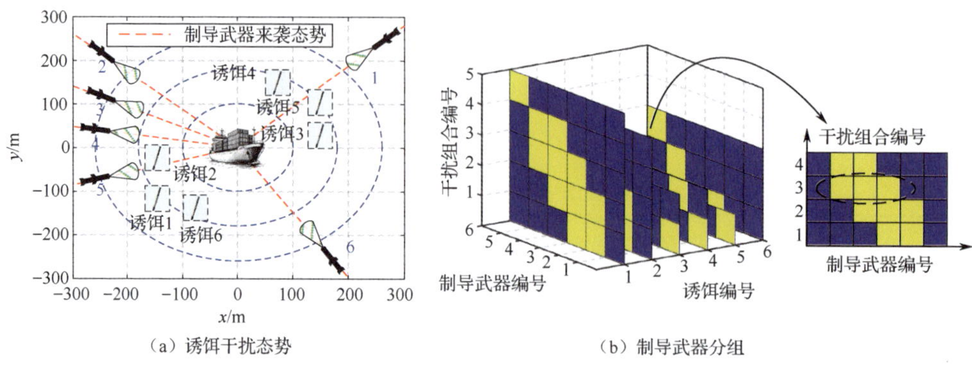

（a）诱饵干扰态势　　（b）制导武器分组

图 5.11　场景 1 中有源诱饵集群干扰态势与制导武器分组情况

设置进化算法的种群规模为 60，迭代次数为 50，结合有源诱饵集群任务组合结果，采用不同进化算法得到针对场景 1 的干扰目标分配寻优迭代曲线与诱饵集群干扰目标分配方案如图 5.12 所示。

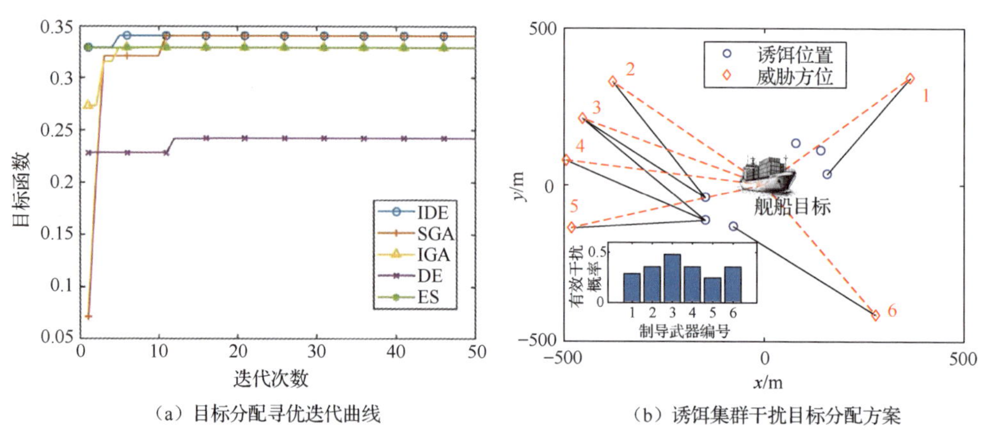

（a）目标分配寻优迭代曲线　　（b）诱饵集群干扰目标分配方案

图 5.12　干扰目标分配寻优迭代曲线与诱饵集群干扰目标分配方案

图 5.12（a）中，IDE 算法表示本章提出的 NSNES-ADE 算法。从寻优收敛结果看，IDE 算法与 SGA、IGA 和 ES 寻优算法结果接近，而从迭代过程看，IDE 算法收敛所需迭代次数少，表现最好，寻优结果的目标函数值约为 0.3402。对于该集群规模的分配问题，本节还基于穷举法与蒙特卡罗法进行了对比，穷

举法得到的结果与 IDE 算法结果相同，验证了目标函数值 0.3402 对应最优解；通过蒙特卡罗仿真，生成 10000 种随机方案，其中仅 231 次结果的目标函数值大于 0.3，从侧面说明了进化算法的有效性。

在图 5.12（b）所示的干扰目标分配方案中，数字标号分别表示诱饵与制导武器的编号，黑色实线表示诱饵干扰目标分配方案，子图表示在当前方案下诱饵集群对每个制导武器雷达导引头的有效干扰概率。结果可以看出，在场景 1 干扰态势下，诱饵 1 与诱饵 2 协同干扰制导武器 3 的雷达导引头，其有效干扰概率要略高于其他制导武器，而其他诱饵则是采用单个诱饵干扰。分配结果实现了干扰态势与干扰需求的匹配。在诱饵集群中，注意到诱饵 4、诱饵 5 与诱饵 3 同时干扰会形成冲突关系，因此均处于闲置状态。同理，可以得到集群对抗场景 2～4 与场景 *SN* 的干扰目标分配结果如图 5.13 所示。

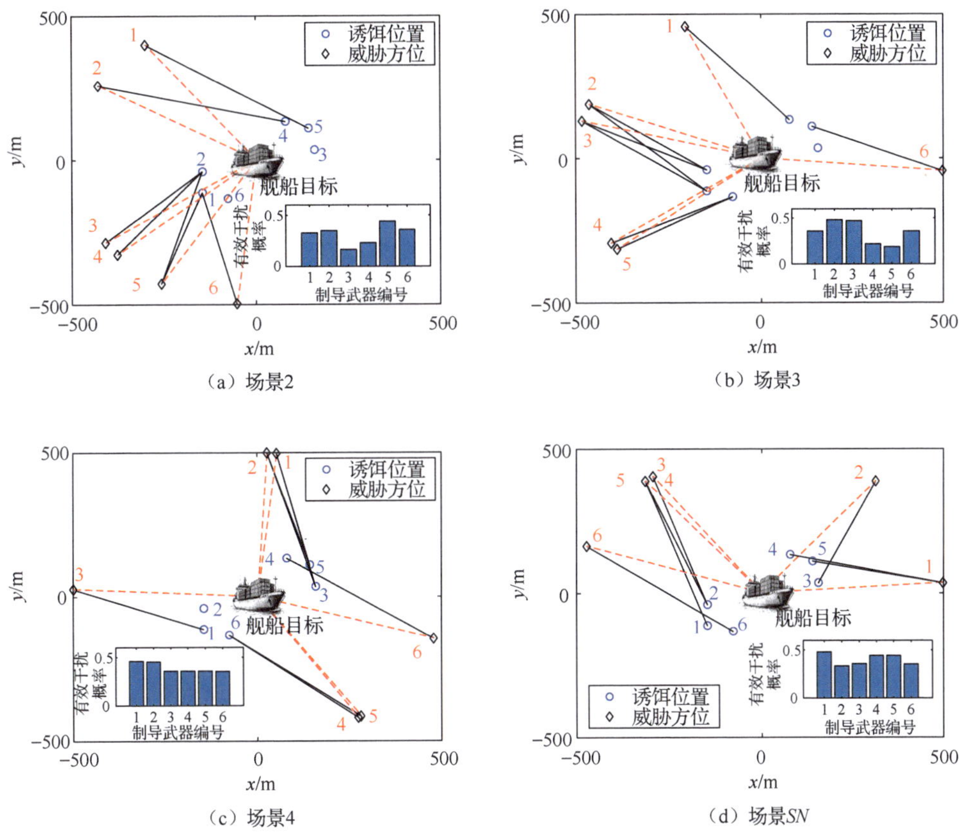

（a）场景2　（b）场景3　（c）场景4　（d）场景*SN*

图 5.13　不同集群对抗场景下的雷达有源诱饵集群干扰目标分配结果

与图 5.12 所示分析方法相同，图 5.13 所示结果表明，进化算法得到的干扰目标分配结果实现了诱饵集群干扰资源的充分利用。为了进一步检验算法的可行性，设置 SN=100，并在多种不同规模雷达有源诱饵集群干扰对抗场景下，验证本节改进进化算法的有效性。

图 5.14（a）～（c）分别反映了当制导武器的数量为 6 个、10 个和 15 个时，在 100 种随机干扰对抗态势下，不同算法最终得到的目标函数值起伏情况。对比 IDE 算法与其他算法，可以发现其寻优得到的目标函数值是其他算法结果上限，即 IDE 算法寻优结果总是不次于其他算法；图 5.14（b）和图 5.14（c）下方框出异常点表示在这 100 种随机对抗态势中，部分场景不存在可行分配方案或者算法无法找到可行方案。图 5.14（d）～（f）则表示不同算法得到可行最优或次优目标分配方案所占比例，比较上述结果可知，在不同数量制导武器来袭态势下，IDE 算法得到可行优化方案的比例始终保持最高，由此进一步说明了 IDE 算法可用于其他算法无法寻得最优或者次优方案的对抗场景，具有更好的适用性。

对于雷达有源诱饵集群干扰目标分配问题，需要在短时间内做出决策，这就要求方案首先是可行，然后才是最优。图 5.14 中，各个算法无法找到可行的干扰目标分配方案，一方面原因是算法寻优性能有限；另一方面原因是雷达有源诱饵集群规模相对较小，不足以应对当前干扰对抗态势，导致问题本身没有可行解。从图 5.14（d）～（f）反映的结果可以分析得出，当雷达有源诱饵集群规模一定时，随着制导武器的数量增加，出现无法得到可行解的比例增大。因此，提升对制导武器群来袭的干扰有效性，就需要增大诱饵集群规模，但是这样干扰目标分配过程会变得更加复杂。

在全向防卫需求背景下，令集群中诱饵个数为 28 个，根据第 4 章干扰阵型分析，采用图 4.17 所示“C”字阵型。设置来袭制导武器的数量为 28，不同算法寻优迭代曲线、有效干扰方案比例、干扰目标分配方案和对每个制导武器的有效干扰概率如图 5.15（a）～（d）所示。

图 5.15 中，算法参数与图 5.12 相同。图 5.15（a）显示了某一次干扰目标分配的优化过程，其中 IDE 算法在迭代次数在 30～40 时确定了最优或次优解，并且迭代最后得到的目标函数值明显高于其他算法。图 5.15（b）显示了在迭代次数为 40 时，各个算法 100 次运行得到的有效干扰方案比例，从中可以发现，IDE 算法得到的最优/次优解的比例最高，说明其寻优稳定性最好。

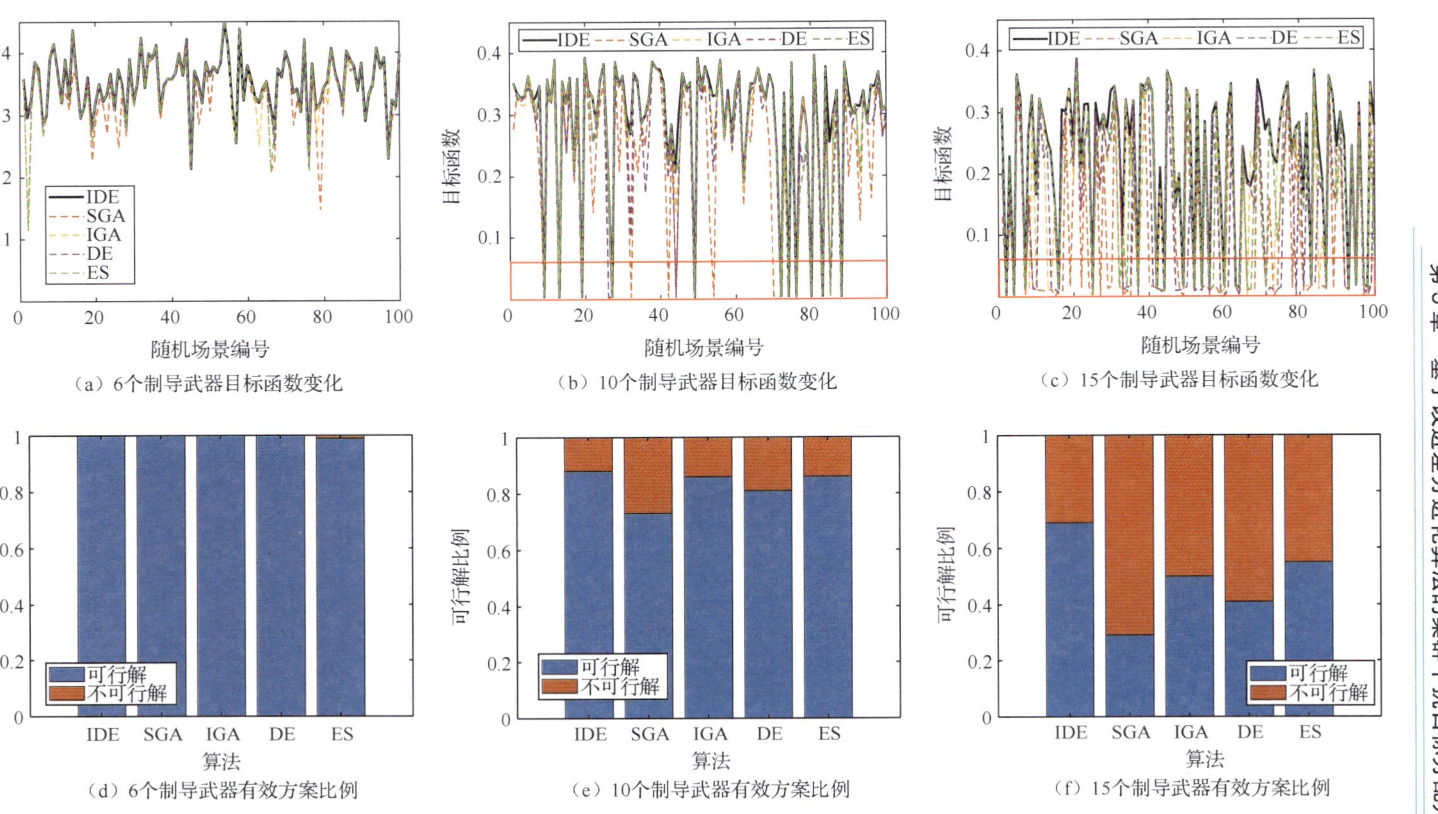

图 5.14　不同数量制导武器下 6 个雷达有源诱饵干扰目标分配

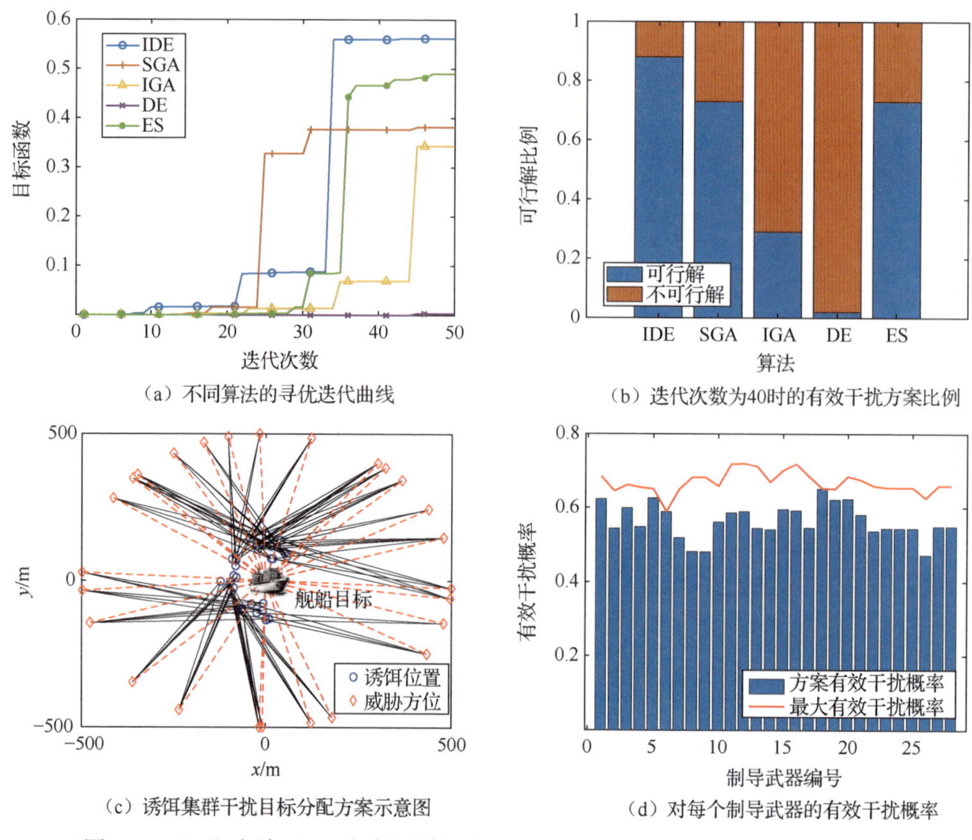

（a）不同算法的寻优迭代曲线

（b）迭代次数为40时的有效干扰方案比例

（c）诱饵集群干扰目标分配方案示意图

（d）对每个制导武器的有效干扰概率

图 5.15 “C”字阵型 28 个有源诱饵应对 28 个制导武器的干扰目标分配过程

图 5.15（c）直观显示了一组有源诱饵集群干扰目标分配方案。图 5.15（d）反映了该方案下对每一个制导武器雷达导引头的有效干扰概率，其中折线表示当前阵型对不同方向来袭的单一制导武器最大有效干扰概率，是对每个制导武器采用最多诱饵进行干扰的结果，与方案实际值差值是诱饵同时干扰条件约束所致。该方案对每个制导武器的有效干扰概率向单一制导武器的最大有效干扰概率趋近，进一步表明改进的进化算法适用于大规模集群对抗中的干扰目标分配场景。结合前文小规模诱饵集群干扰目标分配数值仿真，在雷达有源诱饵集群干扰对抗中，本节所提 NSNES-ADE 算法针对雷达有源诱饵的可用性、多诱饵协同的可行性以及诱饵彼此之间的互相冲突关系进行了有效处理，实现了对集群干扰资源的合理运用。

综合上述仿真，本小节对雷达有源诱饵集群干扰目标分配算法进行了实现，仿真验证了 NSNES-ADE 算法可行性，并将其与其他进化算法进行了对比，分析了算法迭代过程与寻优结果优势，最后通过增大集群干扰目标分配问题规模，进一步说明了集群干扰目标分配数学模型的合理性与目标分配算法的适用性。

5.4 融合阵型优化与目标分配的集群梯次动态对抗策略

5.4.1 诱饵集群多波次干扰需求分析

雷达有源诱饵集群干扰阵型优化是为了面对潜在制导武器攻击威胁，而干扰目标分配是应对实际来袭多个制导武器，两者分别对应了有源干扰对抗中的准备阶段与实际阶段，具有内在的时序关系。由于雷达导引头末段制导干扰有效时间较短，上述分析仅考虑了诱饵集群以某一固定阵型护航并实施集群干扰，并未考虑实际干扰过程中，利用载荷“移动平台”动态地切换干扰阵形来适应干扰态势的变化。在实际对抗中，舰船可能会面临多个波次攻击，不同波次干扰需求要结合态势的具体变化。同时，对制导武器的防御是体系化的，被保护舰船可通过空中平台或者其他舰船，提前获悉敌方制导武器的来袭态势。由此，对于雷达有源诱饵集群而言，其具有一定时间窗口来确定以何种护航阵型应对来袭制导武器以及以何种方式调度集群干扰资源，即实战中，上述准备阶段与实战阶段不再有明显界限，阵型优化与目标分配可以交替运行。当多个波次制导武器来袭时，雷达有源诱饵集群通过“移动平台”动态地变换阵型以适应当前舰船目标的干扰需求，其过程如图 5.16 所示。

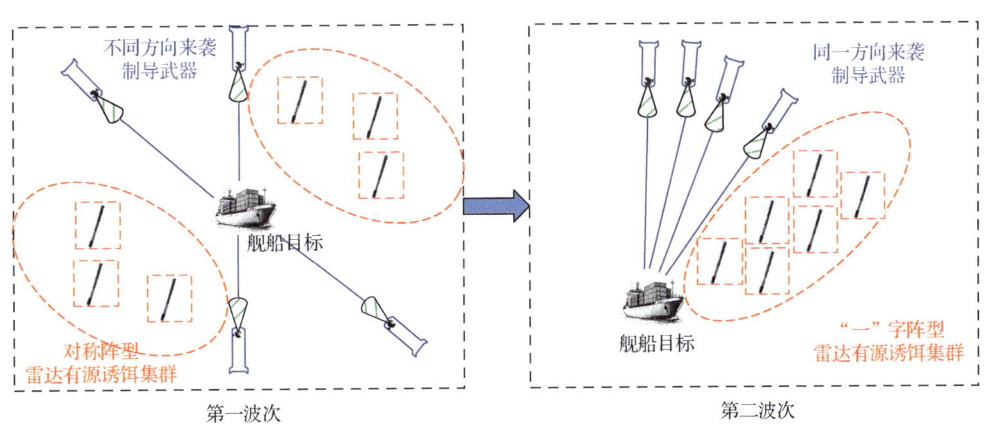

图 5.16　多波次制导武器来袭下的雷达有源诱饵集群阵型变换过程示意图

图 5.16 中，第一波次制导武器与第二波次制导武器的间隔时间为 $T_{\min}$。针对第一波次从多个不同方向来袭制导武器，雷达有源诱饵集群采用对称阵型，

利用干扰目标分配方法，实现对每一个制导武器雷达导引头的干扰。基于体系中的其他侦察感知力量，若第二波次的多个制导武器均从单个方向来袭，则根据前文阵型分析，有效干扰阵型为“一”字阵型，雷达有源诱饵集群在间隔的 $T_{\min}$ 时间内，基于“移动平台”切换成“一”字阵型，再指派干扰任务，从而最大化有效干扰概率。

5.4.2 诱饵集群多波次对抗决策流程设计

根据上述干扰需求，本小节提出雷达有源诱饵集群梯次动态对抗策略。从原理上看，干扰阵型优化与干扰目标分配方法是集群梯次动态对抗策略的内在驱动模型，考虑到多波次集群干扰对抗中，雷达有源诱饵集群干扰实施是一项复杂的系统性作业，涉及整个对抗体系的态势感知、网络通信、决策生成、组织规划等多个环节。结合模型与干扰对抗体系化运行，设计梯次动态对抗策略决策流程如下。

（1）制导武器来袭态势估计与威胁等级评估。在干扰方面，对制导武器的态势估计包含了其来袭方向、距离、高度、速度、攻击意图等方面的信息。在不考虑制导武器自身的隐身性能以及机动规避策略前提下，基于己方的预警系统，可以在制导武器的中段制导乃至更早阶段发现威胁来袭。在此基础上，雷达有源诱饵可提前构建干扰态势，提升对制导武器的有效干扰概率。尽管如此，制导武器的距离越远，雷达有源诱饵可以采取的机动空间越大，但也可能导致所需有效干扰态势的不确定性越大。在多波次多个制导武器打击背景下，在态势估计基础上，需要进一步对制导武器的威胁等级进行划分[9]，从而为调配有源诱饵干扰资源提供决策依据。

（2）基于干扰态势预测的诱饵集群干扰阵型优化。干扰态势预测是在来袭态势估计与威胁等级评估后，进一步结合己方的雷达有源诱饵单元，对诱饵、制导武器与舰船可能形成的末段对抗态势进行预测分析，由此来优化雷达有源诱饵集群的部署与伴随舰船护航的阵型。根据前文分析，预测重点是制导武器在末段可能的目标跟踪突防方向。在阵型优化算法中，结合舰船干扰防卫需求，增大预测突防方向权重，代入集群干扰阵型优化方法并得到干扰阵型调整方案。对于多波次制导武器打击，每一波次可以生成一种集群干扰阵型，结合“移动平台”平台机动性进行阵型加权处理，从而得到某一时刻下每个雷达有源诱饵位置。

（3）基于波次分析的诱饵集群干扰目标分配。波次分析是基于历史攻击情报与当前对抗态势，分析多制导武器的波次特征，包括波次的武器数量、时间间隔、攻击顺序等，并细化各个波次特点，同时对每一个制导武器的威胁等级进行排序，评估被保护舰船应对每个波次所需的雷达有源诱饵数量。波次分析的主要目的是筛选出可以直接纳入当前干扰对象的制导武器。通常情况下，以制导武器来袭时间线作为波次分析的主要依据。在此基础上，将当前波次制导武器的信息代入干扰目标分配方法中，得到雷达有源诱饵集群中每个诱饵的具体干扰任务。

（4）基于集群空闲雷达有源诱饵的多波次目标动态预锁定。在诱饵集群对抗的干扰目标分配后，被分配到干扰任务的诱饵会处于一种占用状态，无法响应其他干扰需求。而由于目标分配重点针对的是当前波次，在集群中会存在部分闲置诱饵，这些闲置诱饵可以用来应对后续波次来袭的制导武器，可以预先机动到可行干扰位置，构成预置干扰态势。在此过程中，雷达有源诱饵对后续波次制导武器可设置一种锁定状态，即如果制导武器在制导过程中采取规避策略，有源诱饵也会做出相应调整，从而提高整个诱饵集群在阵型优化与目标分配过程中应对干扰态势动态变化的干扰响应速度。

（5）基于集群规划方法的雷达有源诱饵态势变换。上述几项流程是基于敌方多波次制导武器攻击，从己方视角看，雷达有源诱饵集群从阵型优化变化、干扰目标分配以及部分诱饵机动，都依赖己方对抗体系。对于有源诱饵“移动平台”，需要确保通信可靠的同时，能够实现有规划的整体调动。在阵型变化时，需要确定每个诱饵占位指派，并保证最短时间完成，这就要进行集群运动路径规划和避碰规则设计[10]，确保每个诱饵机动路径不冲突，从而落实为有源诱饵集群的具体机动行为。

综上所述，多波次制导武器来袭背景下，诱饵集群梯次动态对抗决策流程如图 5.17 所示。

图 5.17 中，实线表示雷达有源诱饵集群干扰指挥决策流程，虚线表示干扰对抗态势以及信息数据流，图中显示的流程关系中既有顺序执行，也有相互交织运行。其中，对抗态势估计与威胁等级评估同时作为干扰态势预测与制导武器波次分析的输入，波次分析与干扰态势预测彼此之间也会有信息交互。当雷达有源诱饵集群作用于对抗环境后，敌方多波次制导武器会受到影响进而会带来环境的变化，从而形成了具有 OODA 特征[11]的动态对抗与决策过程。

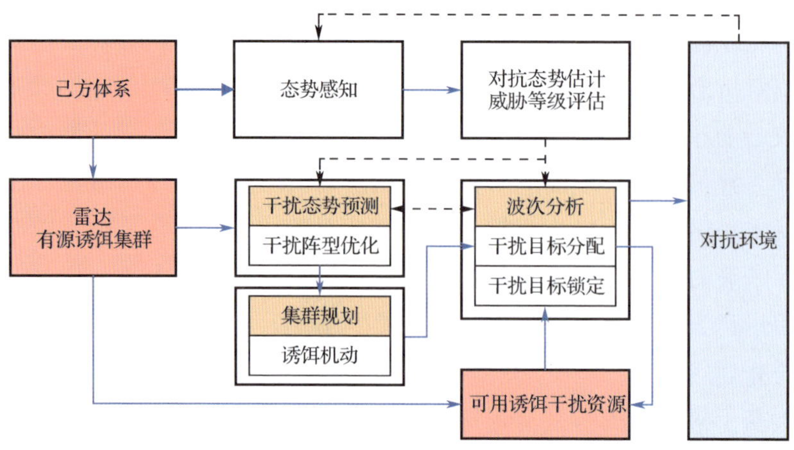

图 5.17　多波次诱饵集群梯次动态对抗决策流程示意图

5.4.3　诱饵集群多波次对抗仿真案例分析

结合第 2 章搭建的动态对抗仿真系统，开发嵌入式集群对抗决策模块，进行多波次动态对抗仿真。在仿真中，与第 2 章中采用固定参数设置不同，对制导武器雷达导引头的初始开机距离、波束宽度、发射功率等参数进行随机设置，并且在推演过程中考虑了舰船 RCS 起伏特征，仿真可视化场景如图 5.18 所示。

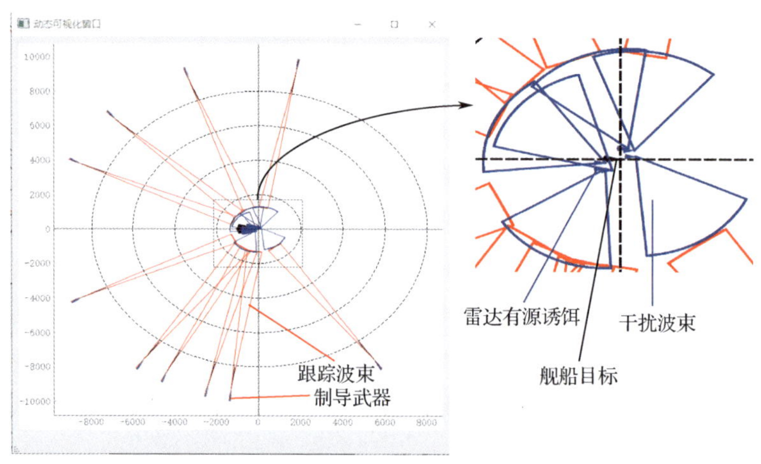

图 5.18　诱饵集群对抗仿真可视化场景

图 5.18 显示了单个波次对抗，图中有源诱饵集群阵型与表 5.1 相同，可以看出诱饵干扰波束处于相互叠加状态。这里由干扰目标分配方法得到目标分配方案，基于干扰目标分配方案，其动态对抗仿真过程如图 5.19 所示。

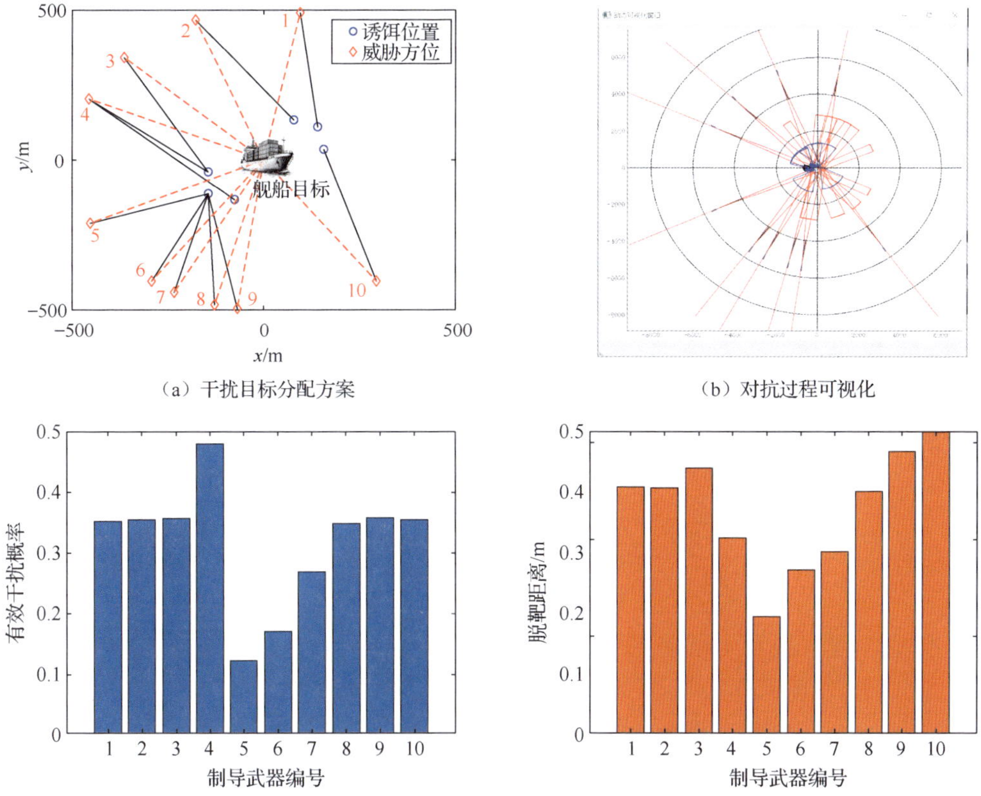

（a）干扰目标分配方案

（b）对抗过程可视化

（c）对制导武器的有效干扰概率

（d）制导武器脱靶距离

图 5.19　雷达有源诱饵集群动态对抗仿真过程

图 5.19（c）和图 5.19（d）表现出规律：有效干扰概率高，则对应制导武器的脱靶距离大。其中，对于制导武器 5～9，采用了单个诱饵干扰多个制导武器，尽管干扰上具有可行性，但干扰资源分散降低了对制导武器 5～7 的有效干扰概率。其中，对于制导武器 4 而言，尽管脱靶距离不是最大，但其有效干扰概率较高，这是由于采用了两个诱饵进行协同干扰。从评估角度看，脱靶距离表征雷达有源诱饵实施干扰时的等效布放距离，本质上反映了第 3 章图 3.11 和图 3.16 中有效干扰概率与诱饵布放距离之间的关系。

进一步考虑第二波次制导武器的攻击。当第二波次以另一种态势来袭时，如果雷达有源诱饵集群不变换阵型，其干扰目标分配方案与有效干扰概率如图 5.20（b）、（c）所示。假设在体系态势信息支撑下，基于梯次动态对抗策略，雷达有源诱饵集群在指派每个诱饵干扰任务之前，利用“移动平台”来变换阵型，则阵型变换后干扰目标分配方案和有效干扰概率如图 5.20（d）、（e）所示。

图 5.20（a）显示了诱饵集群干扰阵型变换方案，其中“☆”表示应对第二波次来袭制导武器的优化阵型，虚线是基于匈牙利算法[12-13]得到的总体机动最短路径条件下，每个雷达有源诱饵“移动平台”机动方案，具体坐标参数与方案如表 5.3 所示。

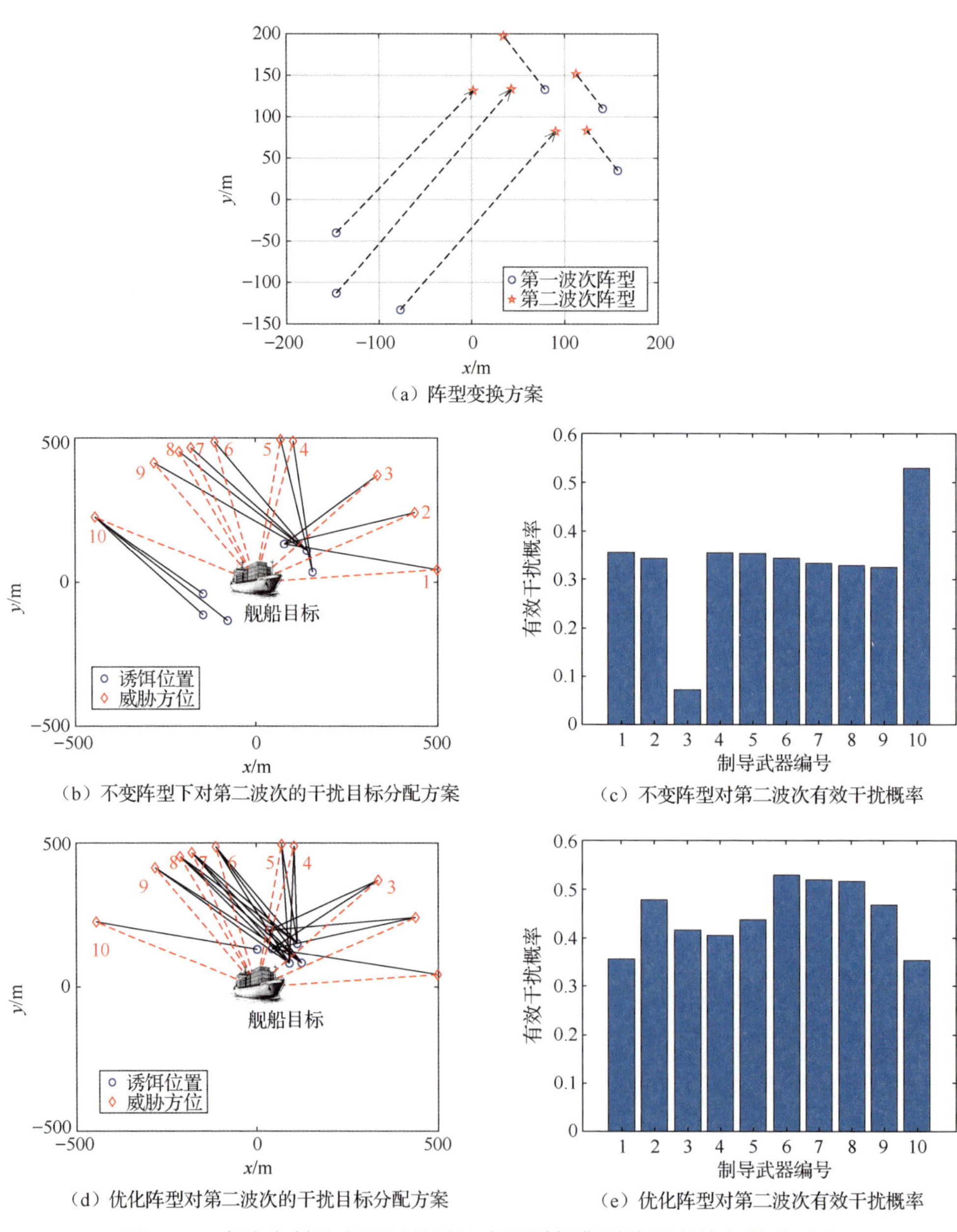

（a）阵型变换方案

（b）不变阵型下对第二波次的干扰目标分配方案

（c）不变阵型对第二波次有效干扰概率

（d）优化阵型对第二波次的干扰目标分配方案

（e）优化阵型对第二波次有效干扰概率

图 5.20　多波次制导武器下的雷达有源诱饵集群阵型变换与结果对比

表 5.3　阵型变换前后的雷达有源诱饵坐标参数与方案

诱饵编号	1	2	3	4	5	6
第一波次	(−146, −113)	(−146, −40)	(157, 35)	(79, 133)	(141, 110)	(−77, −133)
第二波次	(43.2, 133.5)	(2.0, 131.6)	(123.8, 83.6)	(34.7, 197.4)	(112.3, 151.7)	(90.3, 82.3)

表 5.3 中，坐标单位是 m。由诱饵坐标数据可知，单个诱饵最大机动距离为 310.7 m，若“移动平台”机动速度为 10 kn，在不考虑避碰等因素影响下，雷达有源诱饵集群可在 2 min 以内完成阵型变换。第二波次制导武器在态势上随机从[0°, 360°]方位来袭，而第一波次诱饵集群阵型主要是应对[0°, 360°]的全向防卫需求。对比图 5.20（b）、（c）与图 5.20（d）、（e），在目标分配方案中，原阵型的 3 个诱饵被用于干扰一个制导武器雷达导引头，另外 3 个诱饵干扰剩下的 9 个制导武器，这里可以看出，阵型的不合理性限制了目标分配干扰效果。经过优化阵型变换后，雷达有源诱饵集群针对第二波次制导武器的协同干扰情形变多，提升了整体有效干扰概率。将上述过程代入动态对抗仿真系统中，通过仿真得到每一个制导武器脱靶距离如图 5.21 所示。

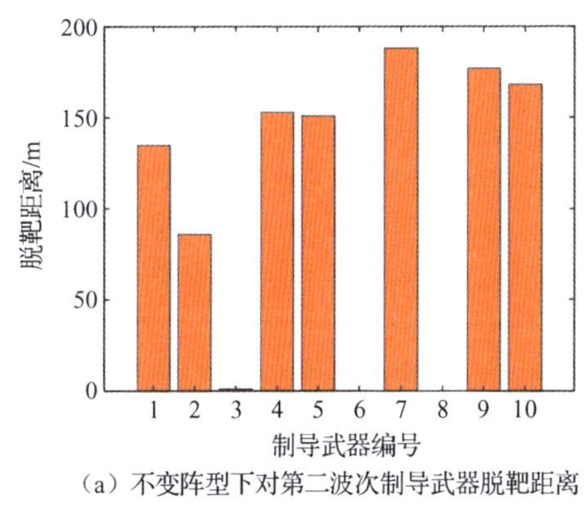

（a）不变阵型下对第二波次制导武器脱靶距离

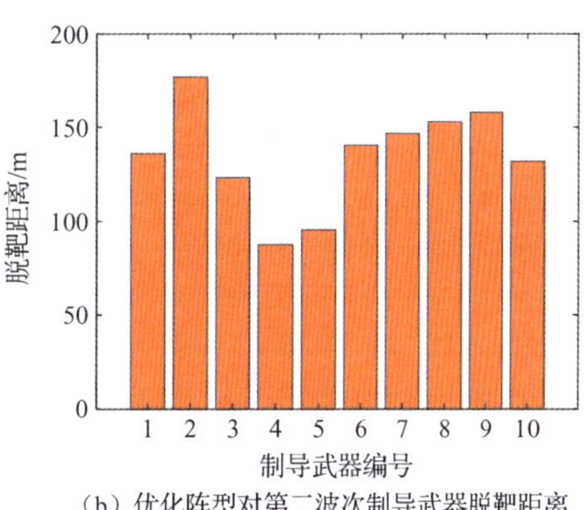

（b）优化阵型对第二波次制导武器脱靶距离

图 5.21　阵型变换前后的制导武器脱靶距离变化

图 5.21 中，在阵型变换前，雷达有源诱饵集群对制导武器 {3,6,8} 无法实现有效干扰，虽然针对剩余其他部分制导武器，可以实现较大的脱靶距离，但未能达到整体有效的集群干扰效果。对比阵型变换前后，针对制导武器 {4,5,7,8,9}，尽管优化阵型干扰下的制导武器脱靶距离降低，但结合图 5.20（d）、（e）可知，多诱饵之间的有效协同干扰增大了有效干扰概率，提高了整体干扰的可靠性。动态仿真结果进一步表明，在多波次制导武器打击下，阵型优化与目标分配动态交织运行，能够对雷达有源诱饵集群进行整体再配置，从而实现

集群干扰资源的高效利用。至此，本节根据舰船实际干扰对抗需求，结合干扰目标分配理论方法与动态仿真对抗系统，验证了融合优化阵型与干扰目标分配方法梯次动态对抗策略的有效性。

5.5 小结

本章在雷达有源诱饵集群干扰阵型的基础上，沿着集群干扰对抗时序脉络，进一步考虑舰船面对实际制导武器来袭时，对雷达有源诱饵集群干扰目标分配问题进行了研究，解决了雷达有源诱饵集群干扰资源的运用问题。首先，基于雷达有源诱饵之间的相互作用关系，分析了干扰目标分配问题的基本要素并构建了数学模型；其次，对干扰任务的耦合问题，提出并实现了基于任务组合策略的改进差分进化算法，仿真验证了算法适用性以及目标分配方案可行性；最后，结合舰船应对多波次制导武器打击的干扰需求，结合雷达有源诱饵“移动平台”机动特性，提出了融合干扰阵型优化与干扰目标分配的集群梯次动态对抗策略，设计了决策流程，仿真验证了梯次动态对抗策略对干扰效果的提升作用。本章研究为后续章节开展基于雷达有源诱饵“移动平台”的自主干扰方法研究提供了先验知识。

参考文献

[1] Jia X, Meng M Q-H. A survey and analysis of task allocation algorithms in multi-robot systems[C]//Proceedings of the 2013 IEEE International Conference on Robotics and biomimetics (ROBIO). IEEE, 2013: 2280-2285.

[2] Schwarzrock J, Zacarias I, Bazzan A L, et al. Solving task allocation problem in multi unmanned aerial vehicles systems using swarm intelligence [J]. Engineering Applications of Artificial Intelligence, 2018, 72: 10-20.

[3] Huang Y, Zhang Y, Xiao H. Multi-robot system task allocation mechanism for smart factory[C]//2019 IEEE 8th Joint International Information Technology and Artificial Intelligence Conference (ITAIC). IEEE, 2019: 587-591.

[4] Katoch S, Chauhan S S, Kumar V. A review on genetic algorithm: Past, present, and future[J]. Multimedia tools and applications, 2021, 80: 8091-8126.

[5] Wu Y, Lee W, Chien C. Modified the performance of differential evolution algorithm with dual evolution strategy[C]//Proceedings of the International conference on machine learning and computing. Perth: IACSIT Press, 2011: 57-63.

[6] Qin A, Huang V, Suganthan P N. Differential evolution algorithm with strategy adaptation for global numerical optimization[J]. IEEE transactions on Evolutionary Computation, 2008, 13(2): 398-417.

[7] Sindhu R, Ngadiran R, Yacob Y M, et al. Sine–cosine algorithm for feature selection with elitism strategy and new updating mechanism[J]. Neural Computing and Applications, 2017, 28: 2947-2958.

[8] 魏锋涛，岳明娟，郑建明. 基于改进邻域搜索策略的人工蜂群算法[J]. 控制与决策，2019, 34(5): 965-72.

[9] Yun Q, Song B, Gao H, et al. Evaluating the Combat Effectiveness of Anti-ship Missile in Cooperative Operation[C]//Proceedings of the 2018 Asia-Pacific International Symposium on Aerospace Technology. Springer, 2018: 1189-1201.

[10] Liu Y, Bucknall R. Path planning algorithm for unmanned surface vehicle formations in a practical maritime environment[J]. Ocean Engineering, 2015, 97: 126-144.

[11] 张伟，许鸿坡，雷子欣. 传统电子对抗系统融合智能化功能的技术需求探析[C]//中国指挥与控制学会. 第十届中国指挥控制大会论文集（上册）. 北京：兵器工业出版社，2022: 714-720.

[12] Frank A. On Kuhn’s Hungarian method—a tribute from Hungary[J]. Naval Research Logistics (NRL), 2005, 52(1): 2-5.

[13] 刘兴宇，郭荣化，任成才，等.基于身份匈牙利算法的无人机蜂群分布式目标分配方法[J].兵工学报，2023, 44(9): 2824-2835.

第6章 基于深度强化学习的雷达有源诱饵自主干扰方法

6.1 引言

根据雷达有源诱饵集群干扰的时序关系，第 4 章干扰阵型优化实现了对潜在制导武器的预先部署，第 5 章干扰目标分配为每个有源诱饵赋予了具体干扰任务，但在此之后，集群干扰方法不再响应单个对抗波次内的干扰态势变化。从该角度看，前两章研究具有静态干扰对抗特点。由第 2 章动态对抗仿真分析可知，在单个波次干扰过程中，雷达有源诱饵“移动平台”可采取机动策略以提高实现有效干扰的可行性，但是在此期间，干扰态势变化迅速，此时对有源诱饵而言，需要在以秒为单位的时间内确定机动干扰策略，其动态决策的实时性较强。结合现代机动式的“移动平台”，当其作为干扰载体在提升有源诱饵干扰能力的同时，增大了决策者在短时间内下达最优或者合理指令的难度。对此，本章提出基于“移动平台”的有源诱饵自主干扰方法。围绕基于“移动平台”的智能化自主决策方法一直以来都是对抗博弈领域的研究热点[1]，随着深度强化学习技术的发展，基于神经网络与强化学习算法来构建自主决策智能体（Agent）的方式逐渐兴起[2-4]。在给定环境、规则与约束条件下，智能体通过大量模拟训练，能够表现出较高的观察力与智能水平。

本章基于深度强化学习方法，以第 4 章和第 5 章的集群干扰结论为出发点，探索构建雷达有源诱饵自主干扰智能体。首先，由雷达有源诱饵集群干扰对抗过程，分析自主干扰与干扰阵型优化以及干扰目标分配的内在关系，明确雷达有源诱饵集群自主干扰问题边界，围绕强化学习环境要素，根据马尔可夫决策过程，设计状态空间与动作空间表示方法，构建收益函数；在此基础上，针对自主干扰智能体模型构建与训练，设计自主干扰决策神经网络，考虑决策过程与干扰过程的时效差异以及集群多智能体特征，基于近端策略优化（Proximal Policy Optimization，PPO）算法，提出去中心化异步递进训练结构；最后，基于动态对抗仿真系统开发雷达有源诱饵自主干扰训练环境，仿真验证决策模型、训练结构与算法有效性。

6.2 雷达有源诱饵自主干扰问题描述与建模

6.2.1 雷达有源诱饵自主干扰问题描述

这里雷达有源诱饵自主干扰是指经过干扰阵型优化、干扰目标分配两步决策之后，在干扰对抗实时推进演化过程中，雷达有源诱饵集群中每个诱饵为了实现有效干扰效果最大化，根据对抗态势变化，利用“移动平台”动态自主地采取机动策略的行为决策。自主干扰与第 4 章和第 5 章中的基于优化算法的干扰阵型优化和干扰目标分配的关系如图 6.1 所示。

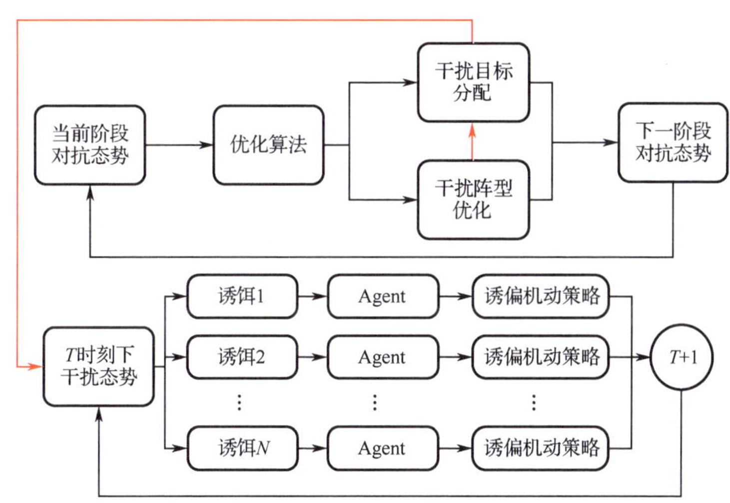

图 6.1　雷达有源诱饵自主干扰与干扰阵型优化和干扰目标分配的关系

图 6.1 中，从干扰对抗的时序上看，雷达有源诱饵自主干扰是以集群干扰目标分配决策作为起点，即在明确每个诱饵干扰任务后，其持续过程是从单个波次制导武器来袭到命中目标或者脱靶为止。在此过程中，对抗的自主性主要体现在每个雷达有源诱饵具有一个智能体（Agent），该智能体可以根据对抗态势做出“移动平台”机动决策。比较前两章优化方法与自主干扰方法，其主要区别有以下 5 点：

① 研究的应用场景不同，优化方法是针对多波次不同阶段的干扰对抗需求，给出集群干扰策略，自主干扰方法则是针对某一个阶段干扰对抗过程，为响应干扰对抗态势变化，对雷达有源诱饵“移动平台”做出机动行为决策；

② 研究关注要素不同，优化算法是基于干扰有效性评估方法关注阵型或者目标分配优化评估值，而雷达有源诱饵自主干扰是关注单个阶段对抗过程中各要素具体状态变化；

③ 研究达成目标不同，优化算法以评估指标最大化为目标，而自主干扰方法是以实际干扰效果即诱偏制导武器最大化为目标；

④ 两种方法时效性要求不同，优化算法是迭代寻优方法，时效性较弱，而自主干扰方法则是基于实时态势输入得出诱饵“移动平台”机动干扰策略，时效性强；

⑤ 对雷达有源诱饵干扰范围界定有所差异，由于是静态评估，干扰目标分配可以存在雷达有源诱饵“一对多”分配策略，而在实施动态自主干扰时，针对每个雷达有源诱饵，需要设置一个主体干扰对象，即“一对一”进行决策，但是在自主干扰对抗过程中不能忽略当前诱饵干扰信号对其他制导武器雷达导引头的影响。

雷达有源诱饵自主干扰问题如图 6.2 所示。

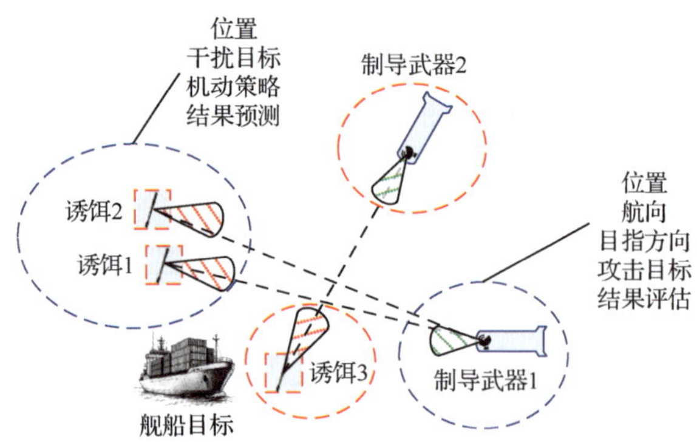

图 6.2　雷达有源诱饵自主干扰问题示意图

结合图 6.2，雷达有源诱饵自主干扰需要考虑己方状态、敌方状态、干扰结果预测、干扰结果评估 4 个方面。其中，己方状态主要是指雷达有源诱饵集群相对于被保护水面舰船目标的护航态势与采取的干扰目标分配方案；敌方状态是指制导武器的来袭态势，包括距离、飞行方向、飞行速度、导引头指向、最终脱靶距离等；干扰结果预测是指站在己方视角，根据当前干扰态势，对可能产生的干扰效果进行评估估计；干扰结果评估是指对由当前干扰态势推演得到的制导武器是否命中目标给出状态反馈与结论描述。结合第 2 章分析，雷达有源诱饵利用“移动平台”机动性，在制导武器进入末制导阶段之前，提前进入预置有效干扰位置从而满足干扰需求；在对雷达导引头进行角度欺骗干扰的过程中，雷达有源诱饵在捕获跟踪波束之后，可以进一步通过机动，使舰船在方位上更加远离导引头跟踪波束视场。基于此，雷达有源诱饵自主干扰本质上是在干扰过程中实施自主机动以增大导引头定位偏差。在此过程中，针对每个雷达有源诱饵，上述 4 个方面内容是其机动行为决策的输入依据。

综上所述，可将本章研究的雷达有源诱饵自主干扰问题定义如下：在雷达有源诱饵集群干扰阵型优化与干扰目标分配策略基础上，基于有源诱饵角度欺骗干扰机理，围绕单个波次对抗阶段中雷达有源诱饵的干扰实施过程，以其“移动平台”机动行为作为决策内容，根据单/多个制导武器状态推演过程，设计构建行为决策智能体模型并通过训练，实现雷达有源诱饵集群干扰效果最大化，具体表现为最大化制导武器的脱靶距离。

6.2.2　雷达有源诱饵自主干扰强化学习方法

本章主要采用深度强化学习（Deep Reinforcement Learning，DRL）方法来构建训练雷达有源诱饵的自主干扰决策智能体。DRL 是深度学习（Deep Learning）与强化学习（Reinforcement Learning，RL）的结合，其中，DL 的主要作用是利用其感知能力对 RL 函数进行建模。RL 是一种决策训练计算方法，它是通过智能体与环境进行交互获得训练样本，从而更新 Agent 的行为策略。RL 包含状态（State）、动作（Action）、奖励（Reward）这三个基本要素。环境与智能体之间的交互是指智能体在环境的某个 State 下基于 Agent 决策模型采取某一个 Action，该 Action 在作用于环境后，环境会发生改变，并反馈某种形式的 Reward，随着智能体看到环境处于新的状态，智能体进行下一轮动作，由此形成迭代过程。经过一整轮的迭代，奖励可以表示成智能体的整体回报（Return），这种回报的期望被定义为价值（Value）。RL 的目标则是通过与环境的交互，根据反馈的 Reward，并基于某种策略学习算法，更新智能体决策模型，实现其采取的动作行为可以获得的 Value 最大化。强化学习的过程如图 6.3 所示。

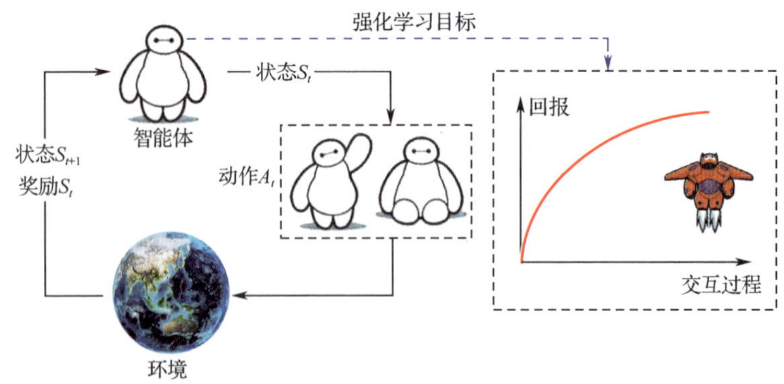

图 6.3　强化学习的过程示意图

在 RL 中，通常采用马尔可夫决策过程（Markov Decision Process，MDP）来描述 Agent 与环境之间的交互。MDP 主要反映了环境状态及状态转移机制，其理论基础是马尔可夫过程[5]。在马尔可夫过程中，环境是用有限状态 $S=\{s_1,\cdots,s_n\}$ 表示，可定义状态转移矩阵 $\boldsymbol{P}$，即

$$\boldsymbol{P}=\begin{pmatrix} P(s_1|s_1) & \cdots & P(s_1|s_n) \\ \vdots & \cdots & \vdots \\ P(s_n|s_1) & \cdots & P(s_n|s_n) \end{pmatrix} \tag{6.1}$$

式中：$P(s_j|s_i)=P(S_{t+1}=s_j|S_t=s_i)$，为状态 s_i 从变成 s_j 的转移概率；$P(s'|s)$ 为状态转移函数。根据矩阵 $\boldsymbol{P}$，从马尔可夫过程的某一状态开始采样，则可以得到一个状态序列（Episode）。在每次状态转移的过程中，引入奖励机制，加入奖励函数 r，就得到了马尔可夫奖励过程（Markov Reward Process，MRP）。对于一个从 t 时刻开始采样的状态序列 $(S_t,S_{t+1},S_{t+2},\cdots)$，其整体回报可以表示成

$$G_t=R_t+\gamma R_{t+1}+\gamma^2 R_{t+2}+\cdots \tag{6.2}$$

式中：R_t 为时刻 t 采样后经过状态转移的奖励；γ 为折扣因子，它是站在时刻 t，对未来奖励预期的一种衰减认知。在某一时刻下，一个状态 s 的期望回报，即价值函数，可写成 $V(s)=E[G_t|S_t=s]$，即

$$V(s)=E[R_t+\gamma V(S_{t+1})|S_t=s] \tag{6.3}$$

代入状态转移函数，就得到 MRP 的贝尔曼方程（Bellman Equation）[5-6]为

$$V(s)=r(s)+\gamma\sum_{s'\in S}P(s'|s)V(s') \tag{6.4}$$

MRP 要素包含了状态集合、状态转移矩阵、奖励函数与折扣因子，可记为 $\langle S,\boldsymbol{P},r,\gamma\rangle$，可以看出，其中并没有决策环节，整个采样过程以及获得奖励都是自发进行的。MDP 是在 MRP 的基础上，引入智能体的行为动作 A 来改变随机

过程的分布，内容可记为$\langle S,A,\boldsymbol{P},r,\gamma\rangle$。此时，状态转移函数表示为$P(s'|s,a)$，其含义是在状态$s$下智能体采取动作$a$后状态变成$s'$的概率。将智能体的动作策略用符号$\pi$表示，用$\pi(a|s)$表示在状态$s$下智能体采取动作$a$的概率，则可以定义基于策略的状态价值函数与动作价值函数为

$$\begin{cases}V^{\pi}(s)=E_{\pi}[G_t|S_t=s]\\Q^{\pi}(s,a)=E_{\pi}[G_t|S_t=s,A_t=a]\end{cases}\tag{6.5}$$

如果存在某一个策略π'，有$V^{\pi'}(s)>V^{\pi}(s)$，则称该策略为最优策略，此时对应的最优状态价值函数记为$V^{*}(s)$，最优动作价值函数记为$Q^{*}(s,a)$，可以推导得到贝尔曼最优方程[7]如下：

$$\begin{cases}V^{*}(s)=\max\limits_{a\in A}\left\{\pi(a|s)\left(r(s,a)+\gamma\sum\limits_{s'\in S}P(s'|s,a)V^{\pi}(s')\right)\right\}\\Q^{*}(s,a)=r(s,a)+\gamma\sum\limits_{s'\in S}P(s'|s,a)\max\limits_{a'\in A}Q^{*}(s',a')\end{cases}\tag{6.6}$$

强化学习的目标就是求解 MDP 的最优策略。其中，采用神经网络表征策略的强化学习，又被称为深度强化学习。

根据 RL 方法的理论基础，雷达有源诱饵自主干扰可以看成是一个 MDP，其强化学习过程如图 6.4 所示。首先，对整个对抗过程而言，下一时刻对抗环境中的有源诱饵状态、制导武器状态以及舰船目标状态，仅和当前时刻集群状态与集群行为有关，说明其满足马尔可夫性；其次，雷达有源诱饵实施自主决策行为的智能体，是以当前干扰对抗态势观测值作为输入，来决定下一步行为动作，智能体的作用满足 MDP 对于行为策略的定义；接着，有源诱饵集群将每个诱饵的行为策略作用于实际干扰对抗过程，从而改变了干扰对抗态势，同时，态势变化的可观测性，使得智能体能够对实际干扰效果进行描述，具体表现为 MDP 当中的奖励；最后，随着雷达有源诱饵自主干扰智能体与干扰对抗环境交互过程的进行，得到了由状态、行为、奖励组成的“经验”数据，为智能体的学习提升提供了训练样本，符合 RL 理论基本出发点。由此可知，雷达有源诱饵自主干扰问题可以建模为 MDP 模型，并采用 RL 研究思路实现其自主干扰行为决策。

与典型 RL 方法应用场景的主要区别在于，这里雷达有源诱饵自主干扰是基于其集群的，具有多智能体（Multiple Agent）决策特点[8]，如图 6.4 所示，Agent 需要决定每个有源诱饵$i(i=1,2,\cdots)$的行为。在处理多智能体自主决策问题时，有完全中心化与完全去中心化两种基本范式[9-11]。结合雷达有源诱饵集群

自主干扰，完全中心化的具体做法是将所有雷达有源诱饵视为一个整体，多个诱饵自主决策行为被当作一个超级 Agent，其将每个有源诱饵的动作连接起来作为联合动作，并进行总体决策规划。完全中心化的主要缺点是联合动作的空间维度会随着有源诱饵数量的增加而呈指数增长，易产生维度爆炸问题[12]。完全去中心化的做法是对每个雷达有源诱饵构建一个独立 Agent，其会根据当前对抗态势独立进行学习，不考虑其他诱饵决策行为影响。完全去中心化解决了维度爆炸问题，但是对于 Agent 而言，该方式所处训练环境是非稳态的，容易导致其学习训练过程不能收敛或者出现无法学习到有效决策行为的情况。

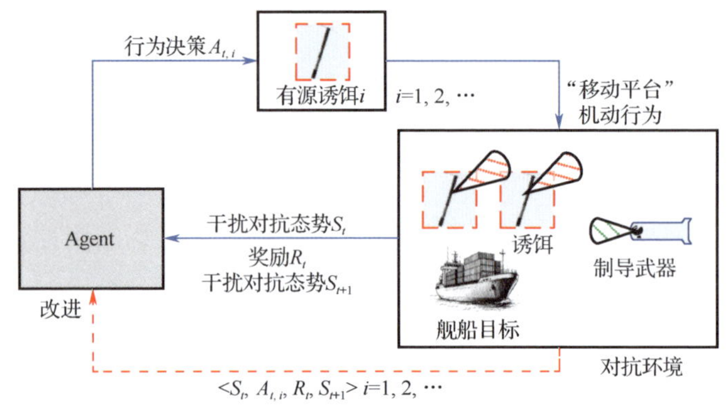

图 6.4　雷达有源诱饵强化学习过程示意图

6.2.3　雷达有源诱饵自主干扰 MDP 模型设计

本章主要采用完全去中心化的方式构建并训练雷达有源诱饵自主干扰智能体。根据雷达有源诱饵自主干扰问题描述，本小节围绕有源诱饵集群状态、制导武器状态、干扰结果预测、干扰结果评估这 4 个方面，结合完全去中心化特点，基于强化学习状态、动作与奖励三个基本要素，对状态空间、动作空间和收益函数进行设计。

1. 状态空间设计

雷达有源诱饵集群自主干扰的状态空间设计是将有源诱饵、舰船目标与制导武器的特征进行有效表示，使智能体学习过程具有足够丰富的环境信息，支持其训练收敛到正确的决策路径上。对于固定装备而言，其雷达有关参数通常是固定的，在对雷达导引头的干扰中，变化的主要是雷达有源诱饵伴随舰船的护航态势以及与制导武器构成的干扰对抗态势。根据第 2 章与第 3 章的分析，干扰效果主要与诱饵、舰船、制导武器三者相对位置关系有关，最为朴素的思想是将所有要素信息叠加作为输入[13]，但是，该做法存在雷达有源诱饵集群规模、制导武器数量变化引起的输入特征维度变化问题，并且当有源诱饵状态或者制导武器状态排序发生变化时，同一干扰对抗态势可能会产生多种不同输入[14]，使得状态表示具有歧义，进而会影响到智能体决策模型的训练过程。对此，这里采用一种基于方位角排序的定长容量的状态空间表示方法，简称定长排序法，其思想如图 6.5 所示。

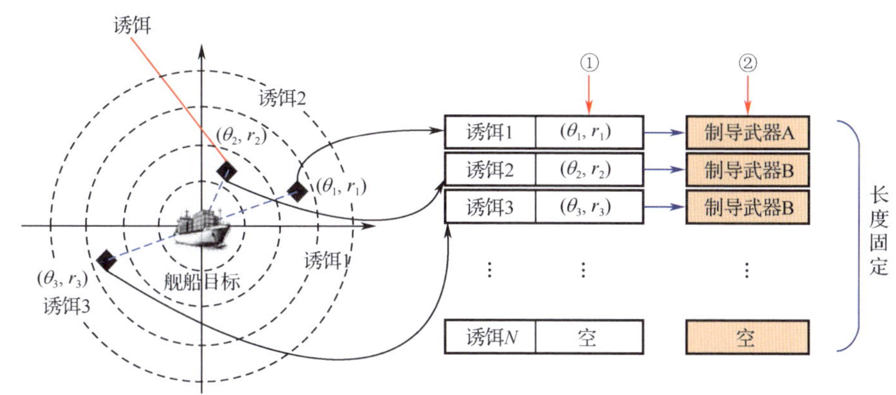

图 6.5　基于定长排序法的状态空间表示

定长排序法的具体做法是，首先设置一个固定长度的空列表，接着将多个有源诱饵状态信息根据其极坐标角度进行排序，而后再将排序后的诱饵半径坐标与角坐标分别单独添加到空列表中。如图 6.5 中的“①”所示，若诱饵个数为 N，则空列表的维度是 N×2。制导武器状态信息也是放在一个固定长度列表中，但是这里不直接以制导武器来袭方位的极坐标进行排序。根据图 6.1 和图 6.2 中自主干扰与阶段对抗的关系，在实施自主干扰前，雷达有源诱饵已被指派用于干扰某一方向来袭制导武器。因此，为了反映出这种干扰目标分配关系，制导武器的顺序基于有源诱饵的排序，如图 6.5 中“②”所示。与干扰目标分配不同，这里单个有源诱饵只实时响应单个制导武器的状态变化，诱饵会以某个制导武器作为干扰对象，但是其中会存在多个诱饵干扰同一个制导武器的情况，此时在制导武器的状态列表中，会将该对象状态重复罗列，例如图 6.5 中“②”所示，制导武器 B 出现了两次。

根据完全去中心化要求，智能体的输出是作用在每一个独立的有源诱饵上。但是，基于上述舰船视角的状态表示方法，对每个智能体而言，其输入都是相同的，不能反映出不同雷达有源诱饵个体之间的差异性。在图 6.5 所示思想基础上，将视角调整为基于每个诱饵，如图 6.6 所示。

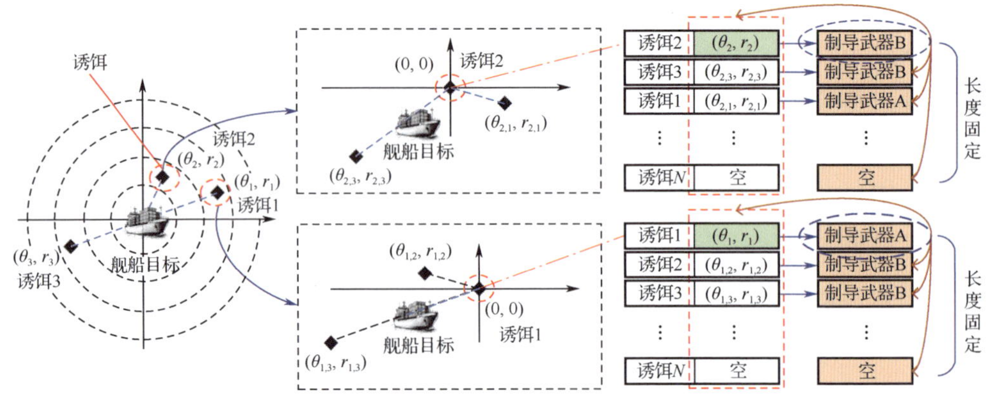

图 6.6 基于诱饵视角的定长排序法状态空间表示

图 6.6 中，这里以诱饵 1 为例，基于雷达有源诱饵视角的状态空间表示方法具体操作如下：以诱饵 1 作为坐标原点，计算出周围其他诱饵的相对极坐标，周围其他诱饵进一步根据其极坐标角度大小进行排序并存放在列表中。其中，列表的第一位是诱饵 1 坐标，为了能够反映诱饵 1 与被保护舰船目标的方位关系，诱饵 1 坐标是相对于舰船位置的极坐标值，而不是直接用坐标(0,0)表示。制导武器列表排序随着有源诱饵排序的变化而变化。诱饵 2 与诱饵 3 同理，从中易知，对于不同诱饵智能体而言，其输入状态信息不相同，进而智能体输出的决策行为动作也不相同。进一步考虑到舰船 0° 方位角选择基准发生变化，会使相同态势存在多种表示结果，这里在区分每个智能体输入状态信息基础上，以有源诱饵 i 所干扰的制导武器来袭方向作为 0° 方位角，并在状态列表中对其他制导武器以及诱饵角度进行基准变换，如图 6.6 右侧所示。

围绕雷达有源诱饵状态空间设计，针对集群规模变化、排序变化、完全去中心化表示、基准变化等问题，分别对应提出了固定状态空间长度、基于角度信息排序、基于诱饵视角切换和基于制导武器视角基准选定等方法。在本章中，主要考虑了 10 个以内规模雷达有源诱饵集群的自主干扰，从态势看，诱饵状态信息主要包含方位和距离，制导武器状态信息主要包含方位、距离和方向，因此状态空间维度是 10×5。

2. 动作空间设计

雷达有源诱饵决策行为主要是指其通过“移动平台”机动来改变干扰对抗态势。这里采用离散化动作空间表示方法，具体操作是以雷达有源诱饵所在位置为中心，对其四周机动方向进行离散化处理，如图 6.7 所示。

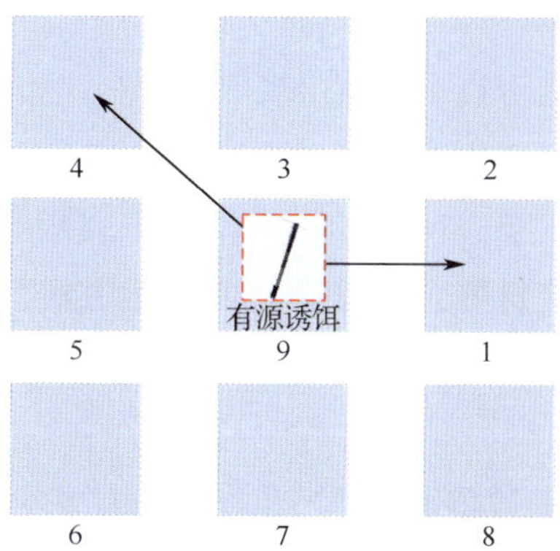

图 6.7　雷达有源诱饵动作空间设计

图 6.7 中，雷达有源诱饵机动方向均匀分为了 8 个，方向之间间隔为 $360^\circ/8=45^\circ$，包括 1 个保持不动的动作，动作空间维度为 9 维，对这 9 个动作分别编号为 1～9。在智能体输出某个动作编号值后，将其转换成“移动平台”机动速度方向的变化。

3. 收益函数设计

通过设计合适的收益函数，评估当前雷达有源诱饵采取行动的优劣，从而引导智能体向提升欺骗干扰效果的方向更新。根据 6.2.1 节中自主干扰问题描述，收益主要分结果收益和过程收益两种。其中，结果收益是从最终制导武器受干扰后的结果来衡量雷达有源诱饵自主干扰智能体决策行为的有效性，符号记为 r_1，当制导武器未命中目标，则 $r_1>0$，反之，则 $r_1<0$。本章直接以制导武器脱靶距离作为 r_1 数值大小，但是如果制导武器命中目标，r_1 取固定负值。过程收益是指雷达有源诱饵在干扰过程中采取的机动行为所带来的欺骗干扰效果变化，从观测角度看，干扰效果具体表现为制导武器飞行方向变化，结合制导武器当前距离，可以对其脱靶距离进行预测，因此这里可以用预测的脱靶距离增量来表示过程收益的大小，符号记为 r_2。根据前文分析，有源诱饵在满足干扰态势的情况下，才能够引起有脱靶距离变化，但在自主干扰过程中，诱饵机动行为可能会导致干扰态势不满足要求，主要是无法满足干扰信号延迟转发要求，对此，这里引入惩罚性收益 r_3，当转发延迟时间小于 0 时，$r_3<0$，反之，则 $r_3=0$。从训练过程看，结果收益只在一次训练过程结束时状态序列的最后得到，过程收益与惩罚性收益是实时性收益。每一时刻反馈给智能体的奖励是这

三种收益的和，即

$$r = r_1 + r_2 + r_3 \tag{6.7}$$

综合上述雷达有源诱饵自主干扰 MDP 模型分析，针对问题中所包含多智能体的属性，本章采用完全去中心化的方式处理，实质上是从每个雷达有源诱饵的视角，分别构建其状态空间、动作空间与收益函数，其中最主要的是状态空间设计，本节采用多信息融合的状态空间表示方法能够充分反映出雷达有源诱饵个体与集群之间的关系。

6.3 基于 PPO 算法的自主对抗训练方法研究

RL 有动作价值与状态价值两种描述对象，根据优化对象的不同，RL 算法可分为基于价值的算法与基于策略的算法[15]。基于价值的算法包括 Q-learning、Sarsa、DQN 及其改进算法等[16-18]；基于策略的算法包括策略梯度、Actor-Critic、TRPO、PPO、DDPG 等[19-21]。其中，PPO 算法具有较好的训练稳定性与超参非敏感性，同时其多智能体学习训练表现出色，在众多 AI 对抗场景中都得到成功应用[10,22-24]。本章主要基于 PPO 算法来实现雷达有源诱饵自主干扰智能体训练。

6.3.1 雷达有源诱饵自主干扰决策神经网络

PPO 算法是在 TRPO 算法出发点基础上，采用更加简单的形式限制目标函数，使决策网络更新参数与原先参数差距不至于太大[25]，其采用 Actor-Critic 框架，包含策略网络 π_θ 和价值网络 V_ϕ。针对雷达有源诱饵自主干扰决策神经网络，这里采用全连接结构对策略网络与价值网络进行描述，如图 6.8 所示。

图 6.8 中，策略网络包含 4 个全连接层，在第一层中，由于雷达有源诱饵与制导武器状态输入量纲及其物理含义不同，这里将状态按照物理含义分开，使用一个全连接层和一个 ReLU 激活层对其进行去量纲处理，接着将输出按次序通过一个包含 128 个节点和 64 个节点的全连接层进行混合，再使用 9 个节点的全连接层来输出动作，最后再经过 Softmax 激活层处理，得到一组包含 9 个数值的概率数组，将其映射到图 6.7 所示的动作空间中并进行采样，得到了雷达有源诱饵机动干扰动作策略。价值网络拥有 3 个全连接层，与策略网络前半部分具有相同结构，但是最后使用单节点来表征状态价值。需要注意的是，这里价值网络与策略网络只是结构类似，不共享网络参数。

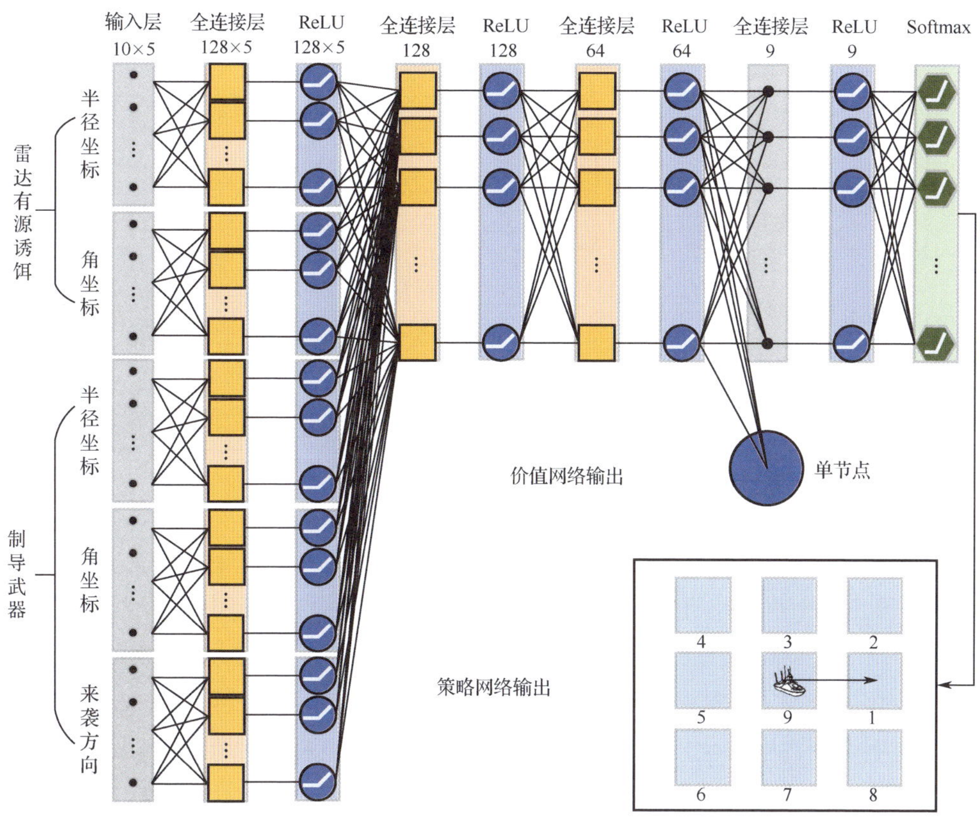

图 6.8 雷达有源诱饵智能体 Actor-Critic 神经网络结构

考虑在去量纲处理过程中，雷达有源诱饵与制导武器的半径坐标在相同单位下绝对值存在较大差异，尤其是制导武器的距离参数较大，直接作为输入容易引起策略网络产生无效的动作概率，这里对有源诱饵与制导武器半径坐标进行了不同尺度的最大值归一化处理。针对雷达有源诱饵半径坐标，以 1000 m 作为其伴随水面舰艇最远距离，而对制导武器，以 15 km 作为有源诱饵对其实施干扰的最远距离。雷达有源诱饵与舰船的角坐标以及制导武器来袭方向，均采用弧度制。

6.3.2 完全去中心化异步递进训练结构设计

结合前文 MDP 模型设计、智能体决策模块构建与 PPO 算法更新方式，基于集群多智能体特征与完全去中心化处理方式，雷达有源诱饵自主干扰决策智能体训练结构如图 6.9 所示。

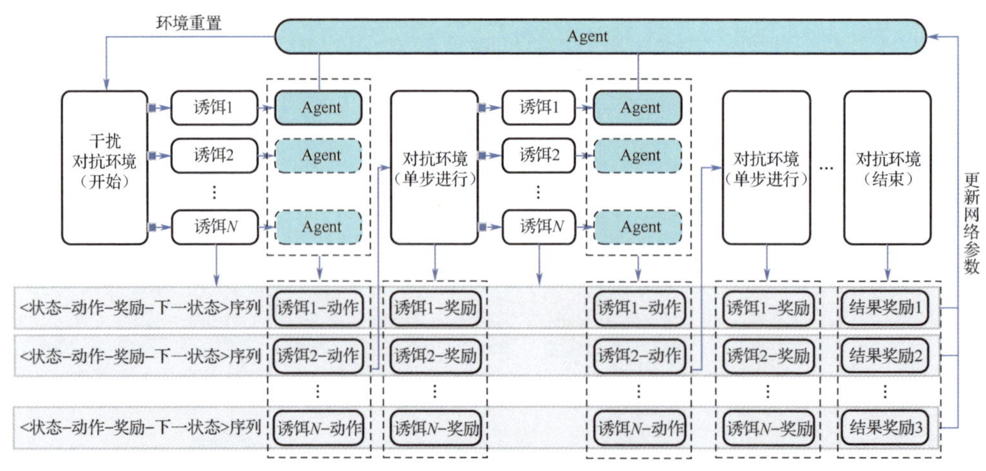

图 6.9　雷达有源诱饵自主干扰决策智能体训练结构

图 6.9 结构反映了雷达有源诱饵自主干扰智能体一轮（Episode）学习训练过程，其中，干扰对抗环境是以诱饵集群基于某种阵型在干扰目标分配策略下，对多个制导武器雷达导引头实施干扰作为开始时间节点，纳入到训练过程中的个体是指被分配了干扰任务雷达有源诱饵，暂不考虑闲置个体。

这里完全去中心化主要表现在雷达有源诱饵集群采样更新过程。每个诱饵自主干扰决策智能体是同一个智能体的“复制”，即行为决策模块共享同一个 Actor-Critic 网络及其参数。在一次决策中，雷达有源诱饵基于自身视角，构建整个干扰对抗态势状态表示，经过决策网络输出采样得到“移动平台”机动动作，所有动作共同作用于对抗环境并进行单步（Step）更新，但收益函数奖励返回给每个诱饵，接着进入下一轮决策与交互过程。当所有制导武器都得到了结果，干扰对抗环境处于结束状态并停止更新。假设雷达有源集群中包含有 N 个诱饵，从干扰对抗开始到结束可以得到图 6.9 所示 N 条不同<状态-动作-奖励-下一状态>序列，由于制导武器距离方位差异，其结束时刻可能不同，因此每个雷达有源诱饵得到的序列长度可能不同。使用这 N 条序列，根据 PPO 算法更新规则，对智能体策略网络与价值网络进行更新，然后重置对抗环境并进入下一轮对抗、采样与决策模型学习训练。

对于智能体而言，图 6.9 中<状态-动作-奖励-下一状态>序列样本是其提升性能的数据来源。从学习训练角度看，雷达有源诱饵集群序列样本具有“长度”和“宽度”两个特征。“长度”是指单个诱饵序列样本<状态-动作-奖励-下一状态>的个数，“宽度”是指诱饵个数。在图 6.9 所示结构下，序列样本“长度”

等于对抗环境的迭代 Step 步数。由于环境更新是基于干扰信号进行的，更新步长短、频率快，但是有源诱饵决策行为需要经过一段时间才会有明显的效果反馈，因此直接采用干扰对抗环境更新频率作为有源诱饵决策行为的频率，容易产生较多无效的动作奖励序列，从而影响智能体的学习过程。对此，这里提出一种异步决策结构，如图 6.10 所示。

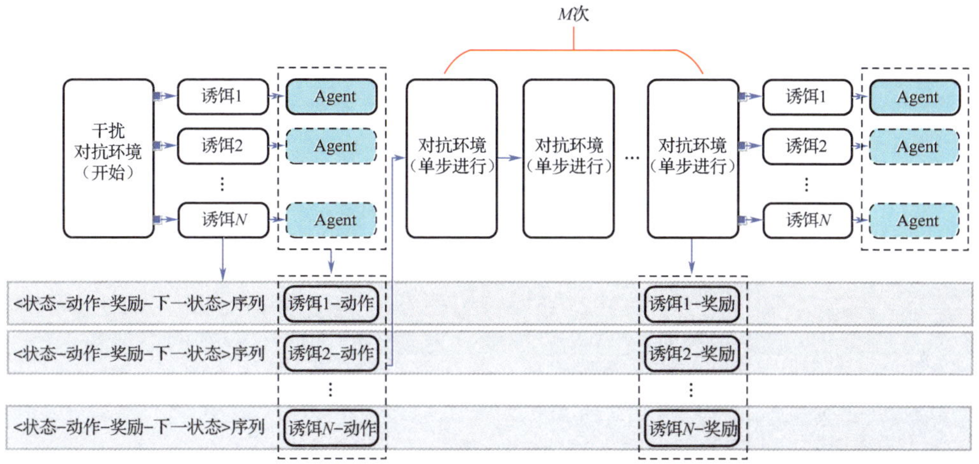

图 6.10　雷达有源诱饵策略-价值网络异步决策结构

图 6.10 中，异步决策结构可以理解为智能体决策动作会被执行多次，环境所反馈的收益是过程奖励积累。实际上，对于雷达有源诱饵而言，尽管强调干扰策略的实时性，但也会突出正确干扰策略的延续性与错误行为感知纠正，因而不会快速频繁地改变其“移动平台”机动干扰动作行为。

第二点是关于序列样本的“宽度”，主要考虑有源诱饵数量与制导武器数量这两个方面对智能体决策网络训练的影响。这里，状态空间是采用定长列表来表示雷达有源诱饵集群的状态，但当诱饵个数增加，定长列表利用率增大，序列样本之间影响会增大。映射到实际场景中，当有源诱饵之间存在冲突或者协同关系时，智能体决策行为可能会互相影响，在只使用少量有源诱饵进行干扰对抗的训练场景下，并不能反映出这种情形，从而降低智能体对不同干扰场景的泛化性能。对此，本章采取了一种递进训练策略，先设置固定数量雷达有源诱饵，但每间隔一定训练周期（iteration），递进增加制导武器数量，从而覆盖雷达有源诱饵对制导武器进行单独干扰、协同干扰以及互相冲突等多种情形。理论上，当智能体学会处理雷达有源诱饵协同与冲突关系时，序列样本的“宽度”可以做到向下兼容，即多个诱饵训练的决策网络也可以直接用于单个诱饵自主干扰场景。

6.3.3 基于截断形式近端策略优化算法实现

本章中，PPO 算法实现采用的是截断形式，PPO 截断算法伪代码如下：

算法 PPO 截断算法

输入：初始化的策略网络与价值网络参数

for 训练周期 iteration=1,2,⋯ **do**
    根据当前策略 π_k 收集状态动作的采样轨迹$\{s_1,a_1,r_1,s_2,\cdots\}$
    结合价值网络估计每个状态动作对的优势 $A(s_t,a_t)$
    for 网络权重更新次数 epoch=1,2,⋯ **do**
        根据 PPO-截断目标函数，计算 PPO 损失
        采用均方误差计算价值网络损失
        计算策略梯度与价值梯度，更新价值网络与策略网络参数
    end for
end for
return 更新后的策略网络与价值网络

结合 PPO 截断算法、雷达有源诱饵自主干扰智能体模型与完全去中心化训练结构，可以绘制算法实现流程如图 6.11 所示。

雷达有源诱饵自主干扰智能体训练流程整体上可以分为初始化、环境更新、交互采样与网络训练 4 个部分，如图 6.11 中①～④标注所示。

第一部分是初始化，包括智能体策略网络与价值网络参数初始化、训练参数设置、迭代次数设置、雷达有源诱饵决策步长 M、初始环境中的有源诱饵数量 N 设置、制导武器数量 U 设置、递进迭代次数等。

第二部分是环境更新，是指随着迭代周期增加，动态改变环境参数设置。根据 6.3.2 节递进策略，当迭代周期 i 可以整除递进周期 E 时，环境中制导武器数量 U 增加 1，当数量超过状态空间固定长度时，再重置 U=1。

第三部分是交互采样，交互采样嵌套在一次迭代周期内，集群中每个诱饵分开单独获取状态，代入到策略网络中进行动作决策。等所有诱饵均做完决策，这些动作集中作用于环境，环境再进行 M 次单步更新并反馈每个诱饵各自奖励数值。针对每个有源诱饵，程序单独维护一条状态动作采样轨迹，用来存储<状态-动作-奖励-下一状态>序列，直到一次对抗结束。对抗结束标志是每一

个制导武器得到最终结果，即命中舰船目标或者脱靶。

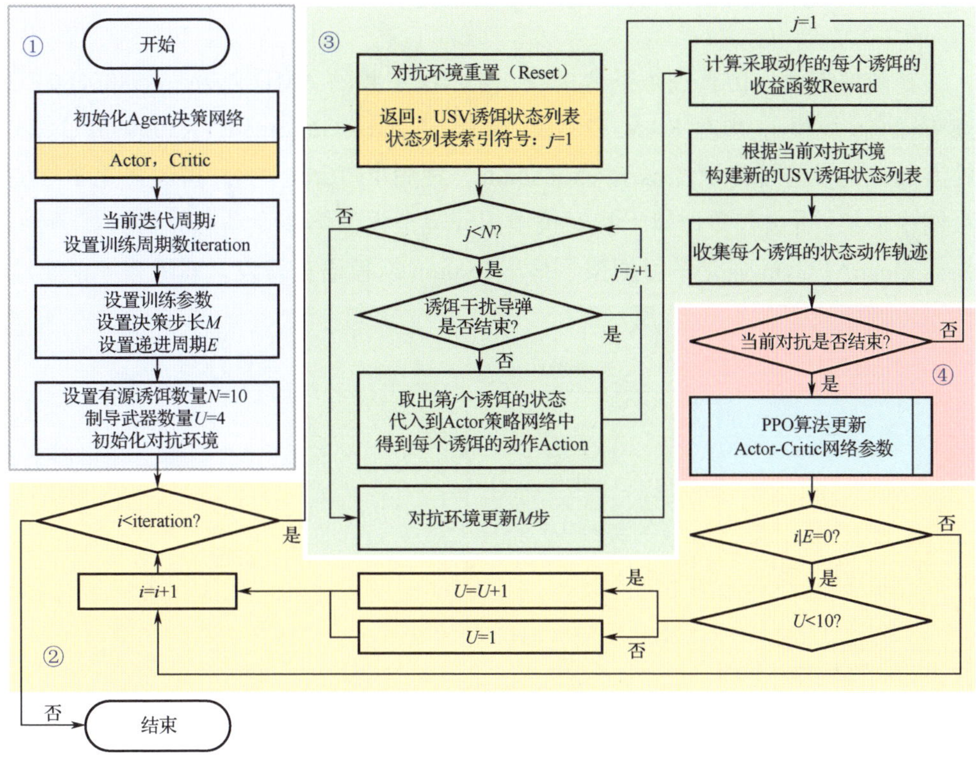

图 6.11　雷达有源诱饵自主干扰完全去中心化 PPO 算法实现流程

第四个部分是网络训练，对每个雷达有源诱饵采样得到的状态动作序列，结合当前策略网络与价值网络，采用 PPO 截断算法并依次代入，计算 PPO 损失与价值网络损失，而后使用梯度下降算法更新策略网络与价值网络参数。

将上述四个部分组合，就实现了雷达有源诱饵自主干扰强化学习算法。

6.4 雷达有源诱饵自主干扰仿真与试验分析

本节对雷达有源诱饵自主干扰强化学习方法进行仿真试验，分析算法在单个和多个有源诱饵干扰对抗场景下的训练过程，并将训练好的模型用于其他模拟场景，验证模型和算法的有效性。

6.4.1 仿真训练环境构建与参数设置

在硬件方面，仿真训练平台搭载 3.2 GHz 主频的 AMD Ryzen 7 5800H CPU（8 核心 16 线程），内存 RAM 32 GB，配有 NVIDIA GeForce RTX3060 GPU。软件方面，开发环境为 PyCharm+Anaconda，使用 PyTorch 1.8.0 搭建强化学习决策网络框架。雷达有源诱饵干扰对抗虚拟环境是根据第 2 章动态对抗仿真平台，根据 OpenAI Gym 强化学习框架，基于 Python 编程语言开发。训练程序框架结构与可视化窗口如图 6.12 所示。

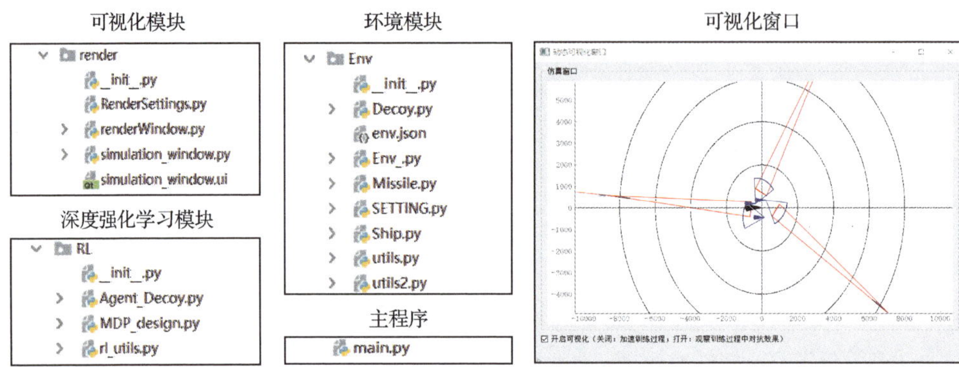

图 6.12　训练程序框架结构与可视化窗口

这里可视化方案采用的是 PyQtGraph 框架，可实时绘制对抗训练过程，观察智能体决策行为在雷达有源诱饵上的作用。同时，为了能够在训练过程中打开/关闭可视化，方便观察训练效果且不影响训练速度，这里采用了多进程方式实现，并基于 PyQt5 加入了可视化控制。当初始化雷达有源诱饵集群干扰对抗任务时，环境可以随机生成对抗场景，也可以基于 JSON 配置文件构建相对特定的初始干扰态势，便于分析算法性能。

经过多次试验与参数调优，雷达有源诱饵自主干扰智能体训练超参数以及决策网络参数设置如表 6.1 所示。

表 6.1　雷达有源诱饵自主干扰智能体训练超参数与决策网络参数

参数	值	参数	值
训练周期	2000	策略网络学习率	0.0001
仿真步长	0.1 s	价值网络学习率	0.0001
决策步长	3 s	策略网络更新次数	10

续表

参数	值	参数	值
折扣因子	0.9	价值网络更新次数	10
优势函数参数	0.9	PPO 截断参数	0.2
递进周期	300	诱饵干扰惩罚	-50

6.4.2　雷达有源诱饵独立场景训练分析

为检验智能体学习能力和训练算法性能，首先在固定有源诱饵数量与制导武器数量的场景下，对决策网络训练效果与性能进行分析。

1. 单个雷达有源诱饵自主干扰

考虑干扰目标分配之后，雷达有源诱饵不一定处在最优干扰站位，这里先假设有源诱饵从舰船所在位置开始采取干扰措施，制导武器从不同方向随机来袭，其雷达导引头对舰船目标跟踪距离为 10 km，初始化场景如图 6.13 所示。

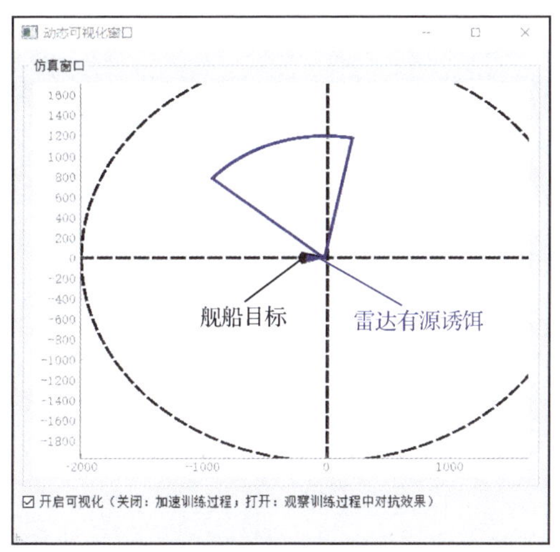

图 6.13　单个雷达有源诱饵自主干扰初始化场景

基于本章算法训练智能体的收益曲线如图 6.14 所示。

图 6.14（a）表示初始化后，智能体未经训练在 2000 次仿真对抗中每个周期累计收益情况；图 6.14（b）表示智能体在 2000 次训练过程中的每个周期累计收益情况。图中曲线背景阴影表示单个周期的收益波动，实线部分表示经过平滑处理后的累计收益。直观比较图 6.14（a）和图 6.14（b）可以看出，智能体决策网络在经过训练后，其可以获得的收益增大，但是也注意到，单次收益

波动范围也有所增加，这是由于雷达有源诱饵实现有效干扰会带来较大的额外收益。结果表明，雷达有源诱饵智能体决策网络逐渐向能够实现有效干扰的自主行为方向更新。

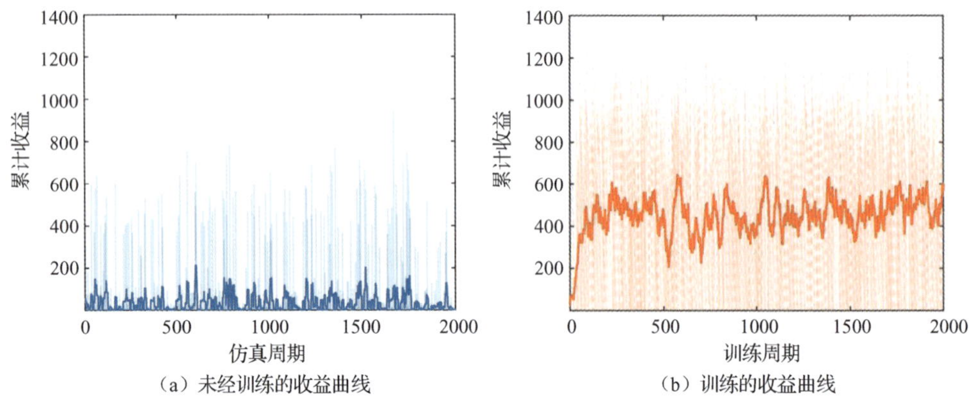

（a）未经训练的收益曲线　（b）训练的收益曲线

图 6.14　单个雷达有源诱饵自主干扰训练智能体的收益曲线

将 2000 次训练/仿真周期的结果，用干扰成功率形式加以表示，如图 6.15 所示。其中，图 6.15（a）采用平均平滑的形式，反映了训练前后智能体决策网络可以实现有效干扰的概率，图 6.15（b）反映了 2000 次训练过程中，累计成功干扰次数占总训练次数的比例。从中可以看出，经过训练后，智能体决策网络有效干扰成功率从原先的 0.1 上升到 0.5 以上，显示了算法训练的有效性。同时注意到，在经过 500 个训练周期以后，有源诱饵累计干扰成功率趋于平稳。

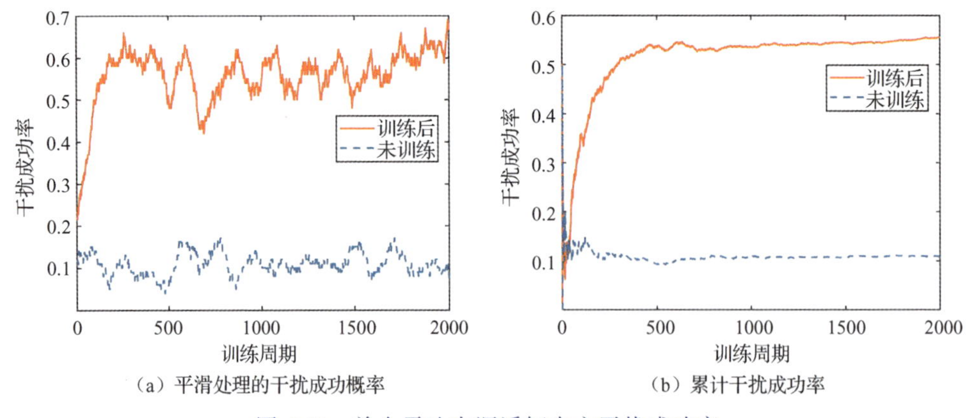

（a）平滑处理的干扰成功概率　（b）累计干扰成功率

图 6.15　单个雷达有源诱饵自主干扰成功率

将上述训练好的“1 对 1”智能体决策模型代入随机测试环境中，另外进行仿真测试，其中部分随机对抗场景截图如图 6.16 所示。

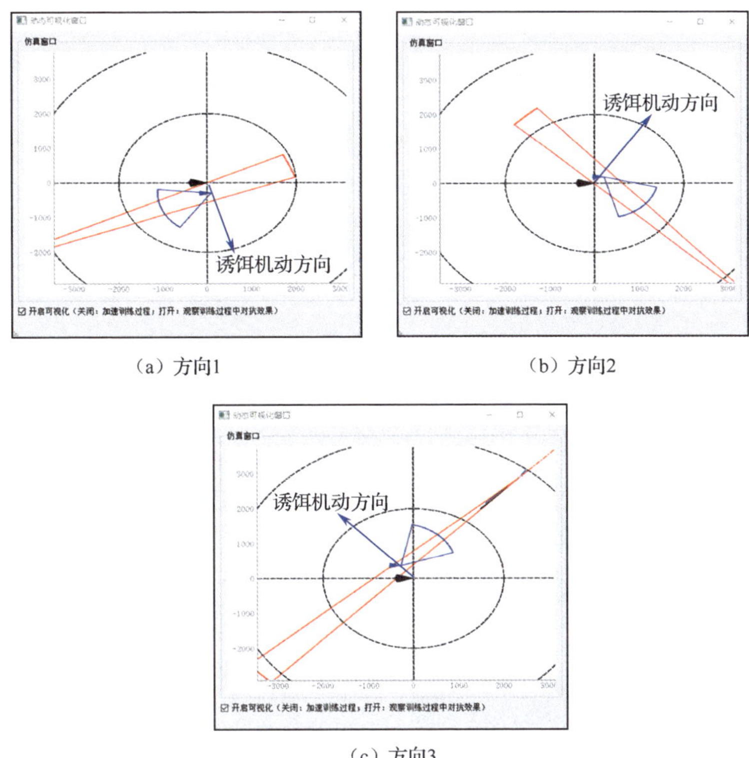

（a）方向1　　（b）方向2

（c）方向3

图 6.16　基于“1 对 1”智能体决策模型的单个雷达有源诱饵自主干扰的部分随机对抗场景截图

从图 6.16 所示的雷达有源诱饵自主干扰行为上看，智能体学会沿着导引头波束横向方位上对跟踪波束进行拖引诱偏，初步验证了本章设计构建的 MDP 模型与强化学习算法在有源诱饵自主干扰上的适用性。

2. 多个雷达有源诱饵自主协同干扰

在干扰目标分配中，存在多个雷达有源诱饵同时干扰一个制导武器雷达导引头的情形。这里，在设置多个有源诱饵干扰场景时，进一步考虑初始场景下雷达有源诱饵满足干扰态势的要求，而后对随机场景下多个诱饵自主干扰决策网络进行训练。根据第 4 章干扰阵型分析，仿真设置雷达有源诱饵与舰船目标之间的距离在[0 m,300 m]区间随机分布，初始化场景如图 6.17 所示。

基于本章模型与算法，2 个与 3 个雷达有源诱饵同时干扰一个制导武器的训练曲线如图 6.18 所示。

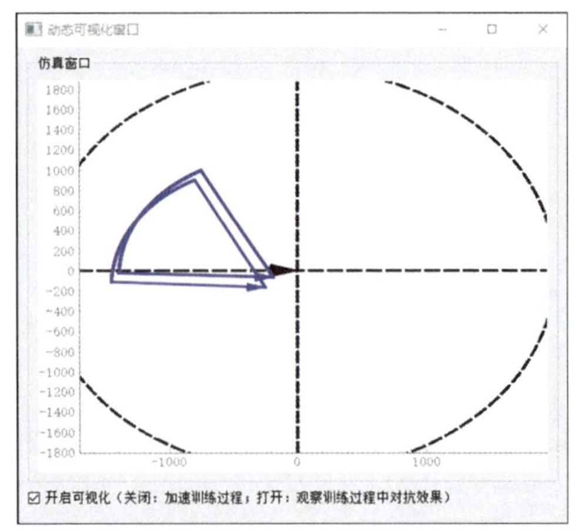

图 6.17 多个雷达有源诱饵自主干扰初始化场景

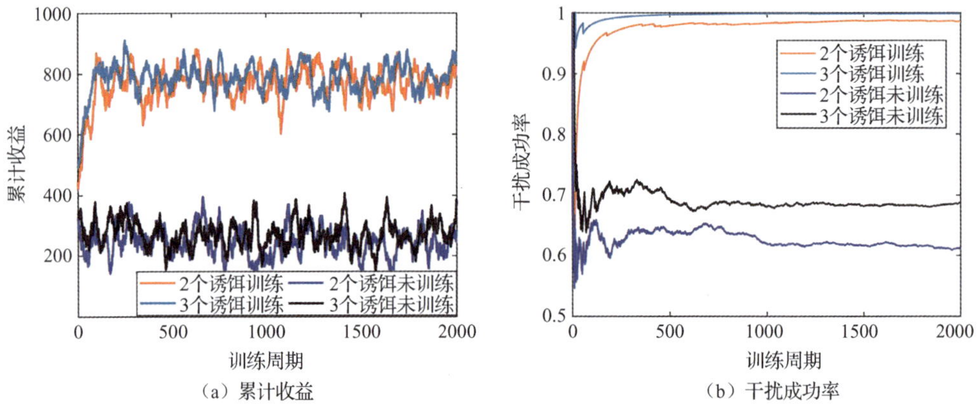

（a）累计收益　　（b）干扰成功率

图 6.18　多个雷达有源诱饵自主干扰训练曲线

图 6.18 中，多个雷达有源诱饵累计收益是每个诱饵累计收益求和取平均，并对比训练前后收益变化与干扰成功率变化情况。与仿真 1 不同，这里诱饵初始干扰态势满足干扰要求，因而收益不是从 0 开始。从累计收益变化看，经过训练以后，收益由原先 200～400 提升到 1000 以上；在干扰成功率上，初始可行随机干扰态势下干扰成功概率为 0.6～0.7，经训练后提升到 0.9～1.0。结果表明了本章构建的智能体及算法在多雷达有源诱饵自主干扰行为决策上的适用性。结合累计收益与干扰成功率，训练周期小于 500 时就趋于平稳。进一步观察决策网络输出，在 3 个雷达有源诱饵干扰一个制导武器场景下，每个诱饵采取不同动作的概率如图 6.19 所示。

从图 6.19 可以看出，不同诱饵决策动作概率分布相近，其“移动平台”采取相同或者接近的机动行为可能性较大，这在多雷达有源诱饵干扰对抗中表现出协同的特点。

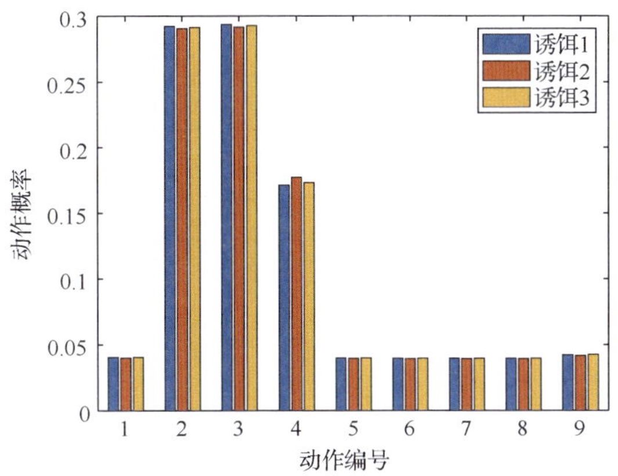

图 6.19　多个雷达有源诱饵决策动作的概率

3. 多个雷达有源诱饵自主分布干扰

考虑空间中分布式部署的多个有源诱饵干扰多个制导武器的对抗情形，假设干扰一个制导武器的雷达有源诱饵数量不超过 3 个。自主干扰场景如图 6.20 所示，其中部分场景训练曲线如图 6.21 所示。

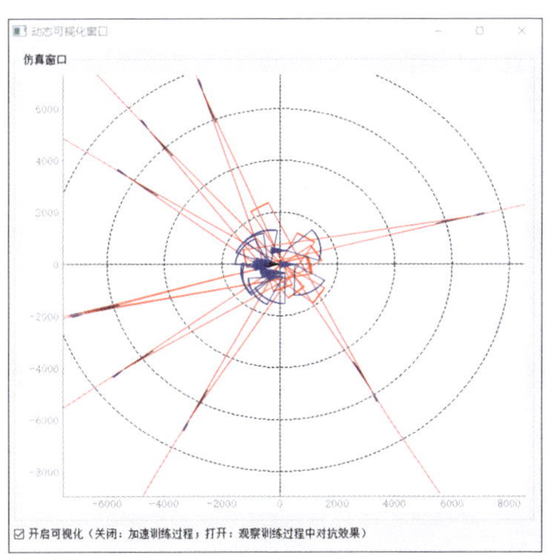

图 6.20　多个雷达有源诱饵自主干扰场景

图 6.21 中，对多制导武器干扰成功的含义是指所有制导武器在受干扰后均脱靶，如果其中一个命中了舰船目标，则表示此次干扰失败。图例中“a vs b”表示干扰对抗场景中使用了 a 个雷达有源诱饵来干扰 b 个制导武器。在多诱饵

与多制导武器对抗背景下，累计收益是指所有制导武器受干扰后收益和的平均值。基于图 6.21 所示收益曲线，收益均值结果始终维持在 700～800 附近，与第 2 部分结果接近，未随着制导武器数量的增加而降低，表明决策网络在雷达有源诱饵空间分布式多对多自主干扰问题上的适用性。

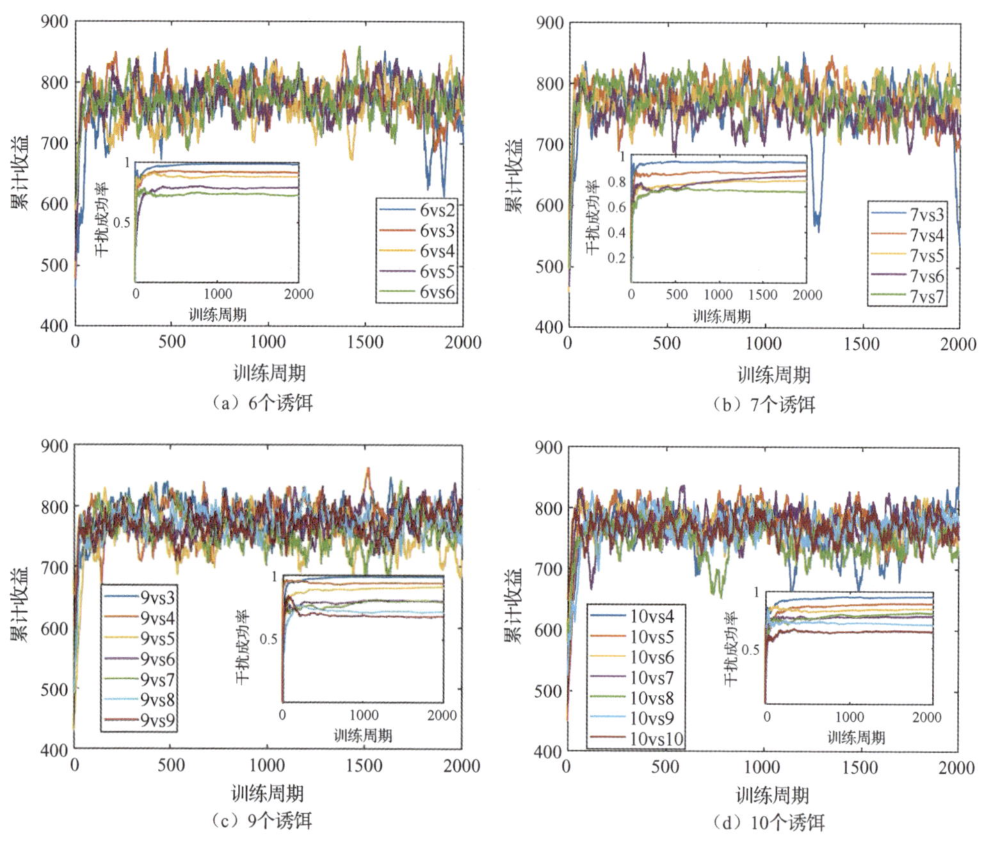

图 6.21　多诱饵-多制导武器分布式自主干扰训练曲线

而在图 6.21 的子图中，我们注意到，干扰成功率随着制导武器数量增加而逐渐降低，这是由于成功率计算是建立在所有制导武器都被有效干扰的基础上，这可以理解为每一个制导武器被有效干扰的概率累乘，即制导武器数量增加 1 个，则成功率会乘以 1 个折扣因子。

从图 6.21 所示干扰成功率收敛过程可以看出，尽管有源诱饵数量与制导武器数量增加会使问题规模更加复杂，但是对比仿真 1，智能体干扰成功率稳定收敛的训练周期要明显小于 500，这是由于在完全去中心化 PPO 训练算法中，单个周期内每个诱饵的采样轨迹都会独立地更新决策网络参数，而多个有源诱饵增加了采样轨迹数量，增大了单个训练周期的样本数，使决策网络更新更加频繁。

在部分固定场景下，多雷达有源诱饵分布式自主干扰过程可视化图像如图 6.22 所示。

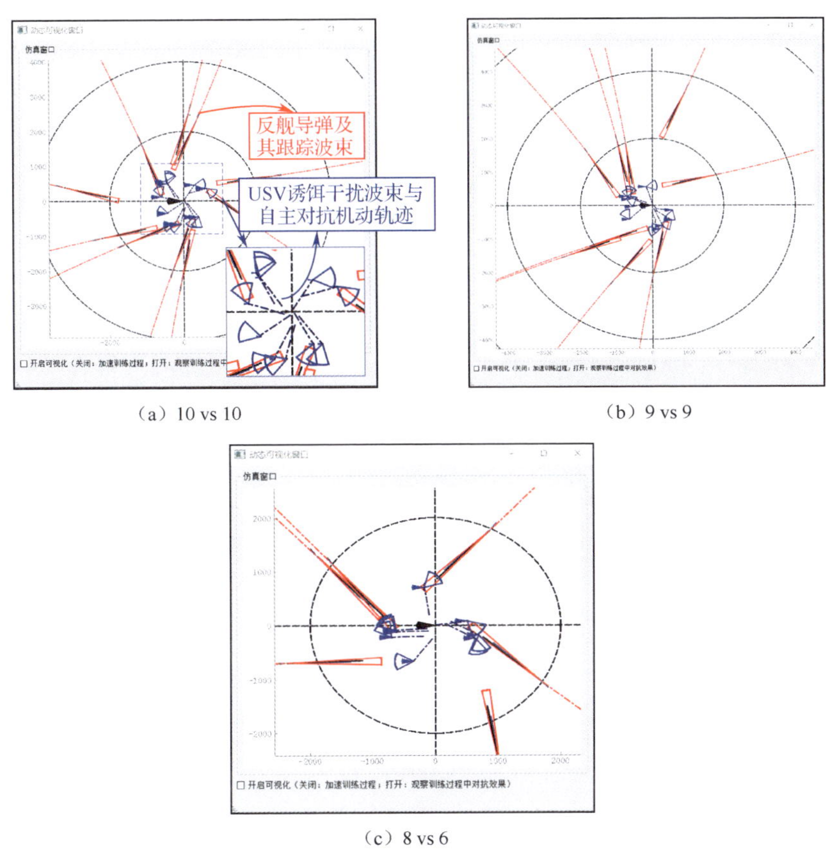

（a）10 vs 10

（b）9 vs 9

（c）8 vs 6

图 6.22　多诱饵-多制导武器分布式自主干扰过程可视化图像

图 6.22 中，为了更好地观察干扰对抗过程，与前文可视化图像不同，这里减小了制导武器跟踪波束的可视覆盖距离。结合雷达有源诱饵干扰机动轨迹与制导武器受干扰后轨迹可以看出，这里集群中每个雷达有源诱饵针对自身干扰对象，在捕获其跟踪波束后，其“移动平台”会根据其来袭方向采取最大化脱靶距离的机动策略，同时决策网络能够兼顾有源诱饵之间的相互作用，避免出现干扰效果冲突的情形，整体上实现了对多个不同方向制导武器的有效干扰，结果验证了本章雷达有源诱饵自主干扰智能体在不同规模干扰对抗场景下的学习能力。

6.4.3 雷达有源诱饵递进结构训练分析

6.4.2 节仿真主要是基于某一固定场景对智能体决策网络进行训练。在实际对抗中，来袭制导武器数量以及使用雷达有源诱饵数量可能会发生变化，如果直接将基于某个固定场景训练好的决策网络直接用于其他不同场景，可能会造成决策行为混乱。这里将部分固定场景训练模型用于其他不同情形，得到动态测试结果如图 6.23 所示。

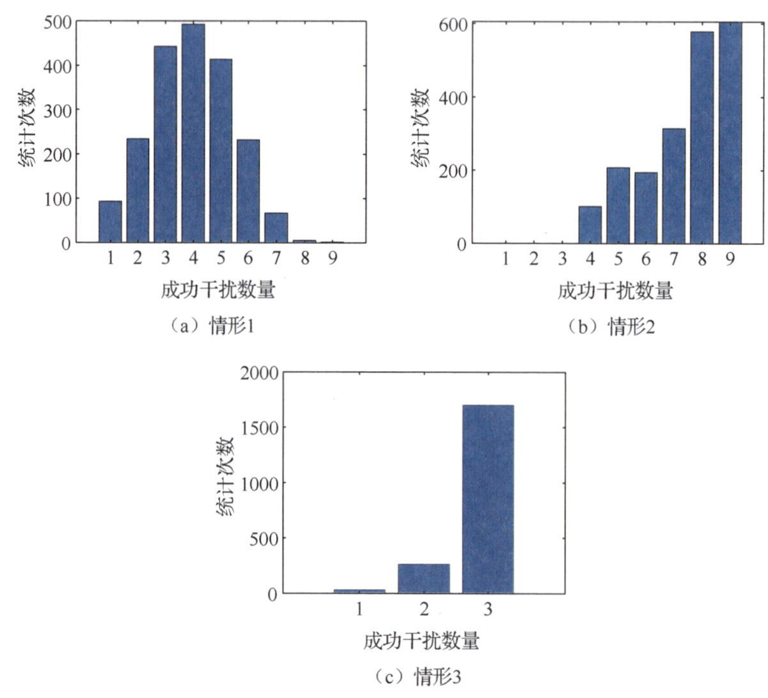

图 6.23　固定场景训练模型用于不同情形的动态测试结果

图 6.23 中，柱状图表示在不同情形下 2000 次随机仿真对抗，成功干扰制导武器数量的分布情况。其中，图 6.23（a）情形 1 是指将“3vs3”训练模型直接用于“9vs9”场景，从中可以发现，“3vs3”决策模型总体上只能成功干扰 2～6 个制导武器，难以有效干扰全部，说明“3vs3”智能体无法对“9vs9”规模干扰对抗场景做出正确的行为决策。图 6.23（b）所反映的情形 2，是将“6vs6”训练模型用于“9vs9”场景，对比图 6.23（a）可以看出，此时对所有制导武器进行有效干扰的情况有所改善，但仍然小于图 6.21（c）中直接在“9vs9”场景下训练模型达到的干扰成功率。图 6.23（c）所示情形 3，是将“9vs9”训练模

型用于“9vs3”场景，测试模型向下兼容的能力，从成功率看，其表现仍然是弱于图 6.21（c）中“9vs3”决策模型。由此可见，在单个固定场景训练决策模型，存在泛化性能不足的缺点。

为了能够使雷达有源自主干扰智能体决策模型不局限于某一种单一固定场景，根据 6.3.2 节递进策略与图 6.11 所示算法实现流程，结合 6.4.2 节中的训练周期，设置递进周期 E=300，得到训练过程累计收益曲线如图 6.24 所示。

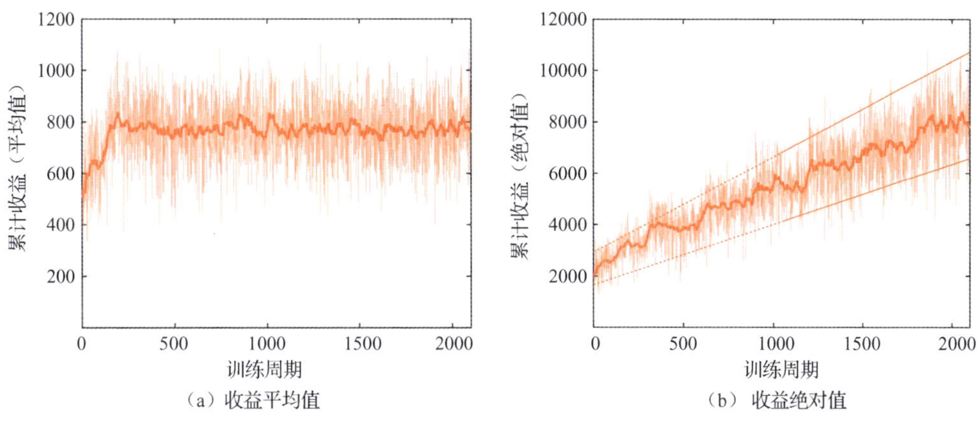

（a）收益平均值　　（b）收益绝对值

图 6.24　递进策略下的训练过程累计收益曲线

图 6.24 中，每经过 300 个训练周期，在环境重置时增加制导武器数量。其中，图 6.24（a）累计收益平均值含义与图 6.18 相同，是指多个有源诱饵的收益求和取平均，而在图 6.24（b）中，累计收益绝对值是站在制导武器视角，计算多个制导武器脱靶距离变化过程收益与受干扰后结果收益之和。从图 6.24（a）可以发现，在递进策略下，算法训练收敛过程与固定场景接近，制导武器数量增加没有引起智能体累计收益产生较大波动起伏，对比图 6.23，当模型与场景不匹配，会直接导致自主干扰效果明显减弱，这说明在对抗场景接近的条件下，自主干扰决策模型具有一定通用性。进一步结合图 6.24（b），收益绝对值递增式地稳定上升，表明决策模型只需要经过较为短暂的学习训练，就可以满足对新场景的干扰需求，即采用递进方式训练能够使决策网络快速适配其他对抗场景。

图 6.24（b）中，注意到随着递进方式的执行，累计收益上下波动幅度逐渐增大，这与图 6.21 中呈现的干扰成功率随着制导武器数量增加而降低结果相似，制导武器数量增多会使所有制导武器都被成功干扰的可能性降低，表现为累计收益波动幅度增大。进一步对比递进策略与固定场景在训练过程中的所有制导

武器都被干扰的成功率收敛值，如图 6.25 所示。

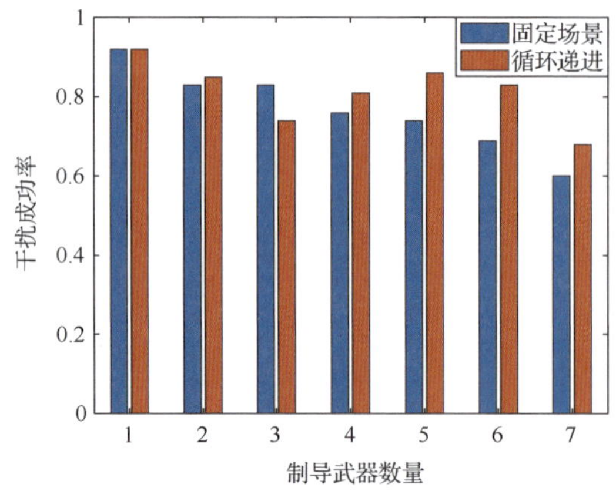

图 6.25　递进策略与固定场景干扰成功率对比

图 6.25 中，横坐标是对抗场景中制导武器的数量，在递进策略训练过程中，该数量会逐步增加。结果显示，在制导武器数量为 6 时，即“10vs6”对抗场景下，递进策略训练模型的干扰成功率要略低于固定场景，而在其他场景下，结果均优于固定场景训练模型，表现出了递进训练方式的优势。而更为重要的是，递进策略训练模型可以覆盖其他场景，可以使用同一个智能体决策网络实现雷达有源诱饵在不同场景下的自主干扰决策，测试其用于不同对抗场景的干扰成功率分布如图 6.26 所示。

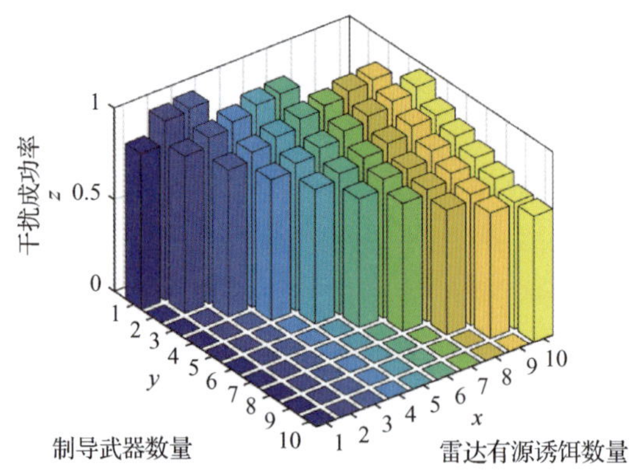

图 6.26　递进策略训练模型用于不同对抗场景的干扰成功率分布

图 6.26 中，x、y 轴分别表示不同场景下雷达有源诱饵数量与制导武器数量，z 轴表示在递进训练模型在不同数量诱饵与制导武器的测试场景中对所有制导武器的干扰成功率。由 6.2.1 节自主干扰问题边界，这里不考虑同一阶段对抗中

单个诱饵将多个制导武器作为主体干扰对象的情形，并且不使用超过 3 个有源诱饵干扰同一个制导武器，存在这些情形场景的干扰成功率在图 6.26 中显示为 0。结合干扰成功率具体数值，在测试环境中，递进策略训练的智能体决策模型在其他场景下对所有制导武器实现全部有效干扰的概率可以达到 0.67 以上，说明决策模型适用于多种不同场景，表现出较好的泛化性能，验证了本章所提出的递进策略具有良好的向下兼容性，实现了适用性更广的雷达有源诱饵自主干扰。

6.5 本章小结

结合雷达有源诱饵“移动平台”平台的机动性与灵活性，本章基于深度强化学习方法，探索研究了雷达有源诱饵自主干扰问题。首先，根据干扰对抗时序关系，通过分析自主干扰与干扰阵型优化和干扰目标分配的内在关系，明确了本章研究的雷达有源诱饵自主干扰可用于解决在单一波次中的动态机动干扰问题，并基于深度强化学习方法理论，将自主干扰问题建模为马尔可夫决策过程，提出了固定状态空间长度、基于角度信息排序、基于诱饵视角切换和基于制导武器基准选定的状态空间表示方法，设计了离散化的动作空间与多类型奖励结合的收益函数；在此基础上，针对自主干扰智能体模型构建与训练，考虑有源诱饵与制导武器状态量纲与绝对值差异，搭建了具有输入分支结构与采用最大值归一化处理的自主干扰决策神经网络，结合决策过程与干扰过程时效差异以及集群多智能体特征，提出了基于 PPO 算法的去中心化异步递进训练结构；最后，基于动态对抗仿真系统开发了雷达有源诱饵自主干扰训练环境，通过仿真试验，验证了自主干扰决策模型、训练结构与算法的有效性。

结果表明，本章所提出的深度强化学习决策模型，实现了雷达有源诱饵集群干扰的自主动态响应，尽管在决策行为上局限于诱饵“移动平台”的机动策略，但是也为后续雷达有源诱饵更高自由度的自主对抗研究提供了一种范式方法。

参考文献

[1] 张一帆. 美军无人作战系统大调整[N]. 环球时报，2023-08-31(8).

[2] Vinyals O, Babuschkin I, Czarnecki W M, et al. Grandmaster level in StarCraft II using multi-agent reinforcement learning[J]. Nature, 2019, 575(7782): 350-354.

[3] Hu J, Wang L, Hu T, et al. Autonomous maneuver decision making of dual-UAV cooperative air combat based on deep reinforcement learning[J]. Electronics, 2022, 11(3): 467.

[4] Qu X, Gan W, Song D, et al. Pursuit-evasion game strategy of USV based on deep reinforcement learning in complex multi-obstacle environment[J]. Ocean Engineering, 2023, 273: 114016.

[5] Du J, Futoma J, Doshi-Velez F. Model-based reinforcement learning for semi-markov decision processes with neural odes[J]. Advances in Neural Information Processing Systems, 2020, 33: 19805-19816.

[6] O'Donoghue B, Osband I, Munos R, et al. The uncertainty bellman equation and exploration[C]//Proceedings of the 35th International Conference on Machine Learning. Stockholm: MLR Press, 2018: 3836-3845.

[7] Sutton R S, Barto A G. Reinforcement learning: An introduction[M]. London: MIT Press, 2018.

[8]夏家伟，刘志坤，朱旭芳，等. 基于多智能体强化学习的无人艇集群集结方法[J]. 北京航空航天大学学报，2023, 49(12): 3365-3376.

[9] Zhang K, Yang Z, Liu H, et al. Fully decentralized multi-agent reinforcement learning with networked agents[C]//Proceedings of the 35th International Conference on Machine Learning. Stockholm: MLR Press, 2018: 5872-5881.

[10] Hernandez-Leal P, Kartal B, Taylor M E. A survey and critique of multiagent deep reinforcement learning[J]. Autonomous Agents and Multi-Agent Systems, 2019, 33(6): 750-797.

[11] Tampuu A, Matiisen T, Kodelja D, et al. Multiagent cooperation and competition with deep reinforcement learning[J]. PloS One, 2017, 12(4): e0172395.

[12] 张伟楠，沈键，俞勇. 动手学强化学习[M]. 北京：人民邮电出版社，2022.

[13] Lowe R, Wu Y, Tamar A, et al. Multi-agent actor-critic for mixed cooperative-competitive environments[J]. Advances in Neural Information Processing Systems, 2017, 30: 6380-6391.

[14] Hüttenrauch M, Adrian S, Neumann G. Deep reinforcement learning for swarm systems[J]. Journal of Machine Learning Research, 2019, 20(54): 1-31.

[15] François-Lavet V, Henderson P, Islam R, et al. An introduction to deep reinforcement learning [J]. Foundations and Trends® in Machine Learning, 2018, 11(3-4): 219-354.

[16] Van Hasselt H, Guez A, Silver D. Deep reinforcement learning with double q-learning[C]//Proceedings of the 30th AAAI Conference on Artificial Intelligence. Phoenix Arizona: AAAI Press, 2016: 2094-2100.

[17] Xu Z, Cao L, Chen X, et al. Deep reinforcement learning with sarsa and Q-learning: A hybrid approach[J]. IEICE Transactions on Information and Systems, 2018, 101(9): 2315-2322.

[18] Pan J, Wang X, Cheng Y, et al. Multisource transfer double DQN based on actor learning[J]. IEEE Transactions on Neural Networks and Learning Systems, 2018, 29(6): 2227-2238.

[19] Agarwal A, Kakade S M, Lee J D, et al. Optimality and approximation with policy gradient methods in markov decision processes[C]//Proceedings of the 33rd Conference on Learning Theory. Boulder Colorado:MLR Press, 2020:64-66 .

[20] Bhatnagar S, Sutton R S, Ghavamzadeh M, et al. Natural actor–critic algorithms[J]. Automatica, 2009, 45(11): 2471-2482.

[21] Silver D, Lever G, Heess N, et al. Deterministic policy gradient algorithms[C]// Proceedings of the 31st International Conference on Machine Learning. Beijing: MLR Press, 2014: 387-395.

[22] Bai X, Lu C, Bao Q, et al. An improved PPO for multiple unmanned aerial vehicles[C]. IOP Publishing. Journal of Physics: Conference Series, 1757(2021): 012156.

[23] Yu C, Velu A, Vinitsky E, et al. The surprising effectiveness of ppo in cooperative multi-agent games[J]. Advances in Neural Information Processing Systems, 2022, 35: 24611-24624.

[24] 施伟，冯旸赫，程光权，等. 基于深度强化学习的多机协同空战方法研究[J]. 自动化学报，2021, 47(7): 1610-1623.

[25] Engstrom L, Ilyas A, Santurkar S, et al. Implementation matters in deep rl: A case study on ppo and trpo[C]//Proceedings of the 8th International Conference on Learning Representations. Addis Ababa: OpenReview.net, 2020.